JN103687

Information & Computing ex.-49

文科系のための
コンピュータ リテラシ
[第8版]
―Microsoft Office による―

草薙信照・植松康祐＝共著

サイエンス社

■教材ファイルの配布サービス

本書の「基本課題」または「発展課題」において，🗁マークとファイル名を記載してあるものは，データ ファイルを用意しました．これを利用すればデータの入力作業を省略できるので，本来の課題作業だけに時間を割くことができます．

すべてのファイルは ZIP 形式で圧縮して，1 つのフォルダにまとめてあります．ZIP 形式の圧縮フォルダ機能は，Windows（XP 以降）に標準で搭載されており，これを展開すると，次のようなファイルが現れます．

第2章 Word 実習：テキスト形式	（例）chapt21.txt	
画像ファイル	（例）img2801.jpg	
第3章 Excel 実習：CSV 形式	（例）chapt31.csv	
第4章 PowerPoint 実習：RTF 形式	（例）chapt42.rtf	
第5章 Web との連携：HTML 形式	（例）page1.html	

それぞれのファイルを開き，Word なら".docx"形式，Excel なら".xlsx"形式，PowerPoint なら".pptx"形式として保存しなおしてください．書式や文字飾り等は，一切定義されていません．

これらをサイエンス社のホームページに掲載しますので，ダウンロードしてご利用ください．なお，再配布は自由に行っていただいて結構ですが，著作権は筆者らが保持します．

サイエンス社のホームページ	https://www.saiensu.co.jp
教材ファイル名	literacy8.zip

第8版に寄せて

「文科系のためのコンピュータ リテラシ」の初版を出したのは1997年の春のことです．それ以降，多くの読者の方々に支え続けていただき，初版から第7版に至るまでそれぞれ刷を重ねて，ここに第8版を出版させていただく運びとなりました．実に四半世紀以上にわたって，仕事でもプライベートでも，ずっとWindowsとOfficeのお世話になりながら，それらを題材にしてこのような本を書かせていただいてきたことを思うと，まことに感慨深いものがあります．

ここ10年ほどで私が感じているのは，ＰＣというハードウェアの進歩は一段落したということです．私は趣味として，毎年1台の自作ＰＣを組み立てているのですが，個々の部品の性能は確かに向上しているものの，ワクワクするような気持ちは衰えてきています．

一方で，マイクロソフト社が2015年7月にWindows 10をリリースした際，これがWindowsの最後のバージョンであるとアナウンスされたことは広く知られています．つまり，ソフトウェアに関しても基礎的な部分の進歩は一段落したということでしょう．これを受けて私が，自身の役割は「第7版」の執筆で終えることになる，と考えたのは当然のことでした．

ところがマイクロソフト社は先の方針を転換し，2021年10月にWindows 11をリリースしました．そしてこれに機を合わせるようにOffice 2021もリリースされました．私はもちろん，早々にそれぞれを導入して使い込んでみたわけですが，その際の印象は「見た目は変わったが，本質的にはほぼ同じ」というもので，本書の新版は不要と判断していました．しかしながら，昔から使っている者には「以前とほぼ同じ」であっても，新しいユーザーには未知のOSとアプリですから，それに対応したテキストが必要であると考え直して第8版に着手した次第です．

学生諸君が就職して会社のオフィスに配属されたとき，モバイル端末ではなくＰＣで作業をすること，そのとき指先入力ではなくキーボードとマウスによる処理が必須であることに気づくでしょう．確かにＡＩ（人工知能）は飛躍的な進化を遂げており，われわれの生活に影響を与えるようになっていることは間違いありませんが，ＡＩがWordで日報を書いてくれるわけではなく，ＡＩがExcelで業務に必要な数式を考えてくれるわけでもなく，ＡＩがPowerPointで顧客の心に響くスライドを描いてくれるわけでもありません．すべて，あなたたち自身が自分の考えと感性に基づいて生み出すものであり，そのためには，キーボードとマウスを駆使するコンピュータ リテラシの確かな技術を身につけることが必須です．本書がその一助となれば幸いです．

本書の執筆にあたっては，いつものことながら多くの方々からご支援をいただきました．とりわけ，初版からずっとお世話をいただいているサイエンス社の田島 伸彦 氏，企画から最終校正に至るまで丁寧に対応していただいた足立 豊 氏と仁平 貴大 氏には，心より厚くお礼を申し上げます．

2023年11月

著者　草薙 信照 ［第1章，第2章，第4章，第5章，付録］
　　　植松 康祐 ［第3章］

第7版の「追記」より

　ここで，Windows 7/Office 2010 の登場に先駆けて行われたマイクロソフト社の大きな方針変更を，紹介しておきます．それは「外来語カタカナ用語末尾の長音表記」に関することです．

　従来，マイクロソフト社は，外来語カタカナ用語末尾の長音処理に関して，JIS 用語や学術用語に規定されていない用語については，2 音の用語は長音符号を付け，3 音以上の用語の場合は長音符号を省くことを原則とする，という主旨の表記ルールを採用していました．

　しかし 2008 年 7 月に，同社は「今後の製品やサービスの開発において国語審議会の報告を基に告示された 1991 年 6 月 28 日の内閣告示第二号をベースにしたルールへ原則準拠する」という方針を決定，公表しています．このルールでは，英語由来のカタカナ用語において，言語の末尾が -er／-or／-ar などで終わる場合に，長音符号を付けることを推奨しています．具体的には，以下のような例があげられます．

（英語表記）	（旧表記）	（新表記）
browser	ブラウザ	ブラウザー
computer	コンピュータ	コンピューター
explorer	エクスプローラ	エクスプローラー
folder	フォルダ	フォルダー
printer	プリンタ	プリンター

　筆者らは，初版の執筆に着手した当時から，マイクロソフト社が概ね JIS 用語に準じた長音表記を行っていることに注目し，むしろ積極的に JIS で規定されている「情報処理用語」を拠り所とする基本方針を堅持してきました．

　それゆえに，先の第 5 版の執筆（2010 年 12 月）に際して，一気に方針を転換することはできませんでしたが，Windows や Office において固有名詞的に利用される言葉（"エクスプローラー"や"スライド マスター"など）については，マイクロソフト社の方針に従って長音符号をつけることとしました．

　その一方で，一般的な情報処理用語と考えられる言葉（"コンピュータ"や"プリンタ"など）については，従来どおり長音符号を省いていました．

　この件については，未だに過渡的な状況にあると認識しており，第 7 版に関しても（第 5 版，第 6 版と同様に）やや曖昧な対応になっていることをご理解ください．

以上

第1版のはしがき

　最近のコンピュータの普及・発展には著しいものがあり．社会活動のあらゆる分野で，幅広く使われるようになっています．コンピュータはまさしく21世紀の社会における「読み・書き・ソロバン」の役割を果たすことでしょう．このような変化に対応するため，大学など教育機関においても，コンピュータを利用する情報処理教育，いわゆるコンピュータ リテラシの重要性が強調され，理科系はもとより，文科系においてもカリキュラムに組み入れられています．

　ワープロや表計算などコンピュータ利用に関する書物はこれまでに数多く出版されています．初心者を対象に画面をおって自習できるように工夫がなされたものや，機能別に解説された逆引き形式のものまで数多くの種類の書物があります．しかし，多くの書物はソフトウェアの機能解説が中心に書かれています．

　本書は，今日の文科系学生が習得しなければならないコンピュータ リテラシを目標にしたテキストです．コンピュータ リテラシの中でも最も基本となるワープロと表計算を中心に置いています．ワープロでは，レポートや卒業論文を書き上げるために必要な機能のみならず，実務的な文書フォーマットを扱うことにより，卒業後もビジネスで活用できるまでの技術を養います．表計算では，データを科学的に分析するのに必要な知識と技術を身につけるため，実用的にも意味のある例題を取り上げています．ワープロと表計算のソフトウェアとしては，広く使用されているMicrosoft社のMicrosoft Office for Windows 95（以下，Office 95）のWordとExcelを選びました．

　本書の特徴は，読者のレベルと目標に応じて3段階のコースで学習できるようになっていることです．すなわち，

　　①標準コース：基本課題について，例文入力から始めることで，キー入力になれる
　　　　とともに，各章でねらいとしている基本的な技術を身につけるコース．
　　②発展コース：基本課題に加えて，各章末に用意されている発展課題を行うことで，
　　　　基本課題の理解を深めるとともに，より高度な技術を身につけるコース．
　　③短縮コース：時間の余裕のない読者のために，基本課題の例文をE-Mailから取り
　　　　込み，入力時間を省略して標準コースを学習するコース．

　本書は，本編であるWord編とExcel編の他に，本編を学習するために必要な基礎知識を説明した序編，インターネットの利用について説明した補編，及び付録から構成されています．Word編とExcel編は，大学での講義を考慮し，いずれも13章から構成されており，半年あるいは1年間で基本技術を習得できるようになっています．ただ，Excelについては，実際の応用例を重視したために，例題として初級レベルを超えると思われるものも含まれています．学習の進度に応じて適宜取捨選択してください．この他，Office 95の新しいバージョンであるOffice 97の機能についても脚注等で解説し，読者の便を図っています．

　本書がコンピュータ リテラシのテキストとして広く受け入れられ，大学のみならず，社会におけるコンピュータ活用の一助になれば幸いです．

　最後に，本書の執筆に当たり，ご支援を頂いた大阪国際大学経営情報学部の学部長・西田俊夫教授，及び牧之内三郎教授，竹之内脩教授の諸先生，編集に協力して頂いた小林正樹，黒部尚志，遠藤久雄の諸君，ならびに出版にあたってお世話頂いたサイエンス社の田島伸彦氏に厚くお礼を申し上げます．

　1997年 4月

　　　　　　　　　　　　編著者　　太 田 忠 一（編者）
　　　　　　　　　　　　　　　　　植 松 康 祐（Excel編）
　　　　　　　　　　　　　　　　　草 薙 信 照（序編，Word編，補編）

文科系のためのコンピュータ リテラシ
[第8版]

目 次

第8版に寄せて

第1章　Officeアプリケーションの基礎

第2章　Word実習

第3章　Excel実習

第4章　PowerPoint実習

第5章　Webとの連携

付録

第1章　Office アプリケーションの基礎

1.1 Windowsの 基本操作

◇このセクションのねらい

コンピュータの基本ソフトウェア＝OS の役割を理解するとともに，代表的な OS である Windows の基本機能を学びながら，基本的な操作方法を習得しましょう．

1.1.1 Windows の動作環境

【コンピュータを構成するもの】

一口にコンピュータといっても，家庭や職場に広く普及しているパーソナル コンピュータ（パソコン，以下「PC」）から，特殊な分野でしか利用されない超高速のスーパー コンピュータ（スパコン）まで，様々なものがあります．しかし，それらの基本構成や動作原理はほとんど同じであって，いかなるコンピュータも「ハードウェア」と「ソフトウェア」の両方がないと機能しません．

ハードウェアの構成

入力装置
```
タッチパネル
キーボード
マウス
スキャナ 等
```

コンピュータ本体
```
中央処理装置(CPU)
  制御装置
  演算装置

主記憶装置
```

出力装置
```
ディスプレイ
プリンタ
スピーカ 等
```

外部記憶装置
```
ハードディスク
CD / DVD / BD
フラッシュメモリ 等
```

外部通信装置
```
モデム
LAN
Bluetooth 等
```

【ハードウェア】

コンピュータのハードウェアは，本体と周辺機器とに分けられます．

本体はいうまでもなくコンピュータの中核をなす部分で，中央処理装置（CPU）と主記憶装置から構成され，人間の脳にあたる役割を果たします．

周辺機器は，入力装置，出力装置，外部記憶装置，外部通信装置に分類され，本体の制御装置からの命令を受け，主記憶装置とデータの交換を行いながら，それぞれの役割を果たします．

なお，入力，出力，制御，演算および記憶の役割は，コンピュータの 5 大機能ともいわれます．

OSとアプリケーション

```
コンピュータ
本体

周辺機器

OS

アプリケーション A
アプリケーション B
アプリケーション C
 ・
 ・
 ・
 ・
アプリケーション N

利用者
```

【ソフトウェア】

コンピュータのハードウェアは，ソフトウェアを交換することによって，いろいろな装置に変身します．つまりコンピュータの性格と能力を決定するのがソフトウェアであるといえます．

ソフトウェアは，OS（Operating System，基本ソフトウェア）とアプリケーションとに分けられます．OS はハードウェアの上でアプリケーションを使えるようにするための，基盤となるソフトウェアです．そしてアプリケーションとは，文書を作る，計算をする，画像を処理する，といった個々の機能を提供するソフトウェアです．

※以下ではアプリケーションのことを「アプリ」と呼ぶことにします．

◇ *Keywords*

OS, スタート画面, デスクトップ画面, スタート メニュー,
アプリ(アプリケーション), タッチ操作, マウス操作,
ウィンドウ, マルチ タスク, タスク切り替え, システム トレイ

Windows という OS

　Windows はマイクロソフト社が開発している OS
で, 1995 年に登場した Windows 95, 2001 年に登場
した Windows XP, 2009 年に登場した Windows 7,
2015 年に登場した Windows 10 などを経て, 現在の
Windows11 へと進化してきました.

　Windows という OS は, 頻繁にアップデートをす
ることで常に機能改善や新機能の追加が行われてい
ます. 本書の内容は 2023 年秋時点の Windows 11 を
対象として書かれているので, 最新版では画面構成や
機能配置が異なるかもしれません.

【Windows 11のスタート メニュー】

　Windows 7までは, デスクトップ画面の左下方に
ある[スタート]ボタンを押すと, アプリやフォルダ
の一覧がリスト表示され, ここから目的のアプリを
起動していました.

　Windows8では, 新たに「スタート画面」と「アプ
リ ビュー」が用意され, 従来のデスクトップ画面
は補助的な位置づけに回されました. これはタブ
レットでの利用を強く意識したもので, アプリや
フォルダの一覧がタイル状に表示され, ここから目
的のアプリを起動していました.

　Windows 10では, Windows 7までのアプリ一覧表
示とWindows 8のスタート画面（タイル表示）を合
わせたような「スタート メニュー」が採用されま
した.

　そして, Windows 11では[スタート]ボタンとス
タート メニューが中央寄りに配置されました. ス
タート メニューにはピン留めされたアイコンが並
び, [すべてのアプリ]ボタンをクリックするとアプ
リ一覧が並ぶというデザインになりました.

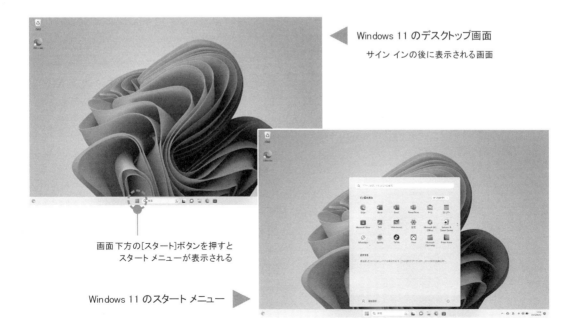

Windows 11 のデスクトップ画面
サイン インの後に表示される画面

画面下方の[スタート]ボタンを押すと
スタート メニューが表示される

Windows 11 のスタート メニュー

PIN とは

　PIN (Personal Identification Number，個人識別番号)というのは，4桁以上の数字で構成される暗証番号のことで，特定の PC にのみ対応するものです．

　Microsoft アカウントとそのパスワードの組合せが漏えいすれば，その被害はインターネット上のあらゆるサービスに及びます．

　これに対して，PIN が漏えいしてもその PC に侵入されるだけであって，その先にある Microsoft のサービスに侵入されることはありません．

スタート メニューの構成

検索バー　　アプリ一覧　　[すべてのアプリ]　　　　[電源]
　　　　　　　　　　　　　　ボタン　　　　　　　　ボタン

1.1.2 Windows 11 の起動から終了まで

【サイン イン】

　コンピュータの電源 ON によって Windows 11 が起動した後，「サイン イン」といって，組織から与えられた[ユーザー名]と[パスワード]を入力する操作が要求されます．

　個人所有のPCを使用している場合にはユーザー名の代わりに Microsoft アカウントの入力を，あるいはパスワードの代わりに"PIN"と呼ばれる個人識別番号の入力を求められることもあります．

【スタート メニュー】

　[スタート]ボタンを押した時に現れる「スタートメニュー」は，電源や設定などのボタンが配置された部分と，アプリ一覧を表示する部分から構成されます．[すべてのアプリ]ボタンをクリックすれば，インストール済みのすべてのアプリが，アルファベット順／50音順に一覧表示されます．

【アプリの起動と終了】

　ここでは Windows アプリの1つ，Excel を起動する手順を見てみましょう（右図）．

　最も基本的な方法は，[スタート]ボタンを押したときに現れるアプリ一覧の中から Excel を選択するものです．

　他には，デスクトップやタスクバーなど，定められた場所に Excel のアイコンを配置しておき，それをクリックして起動する方法があります(具体的な作業手順については，§1.1.4で解説します)．

　アプリを終了するときは，アプリの右上にある[閉じる]ボタンをクリックするか，タスクバーにあるアイコンの上で右クリックして[ウィンドウを閉じる]を選択します．

【シャットダウン】

　[スタート]ボタンを押すと，スタート メニューの左下方に[電源]ボタンが現れます．これをクリックして[シャットダウン]を選択すれば，電源を切ることができます．

サイン イン ～ Excel で作業をしてから, シャットダウンするまでの流れ

電源ON ～ サイン イン

電源ONのあと, サイン イン画面が出たら
ユーザー名（Microsoftアカウント）と
パスワードを入力する

Windowsが起動すると,
デスクトップ画面が表示される

次のいずれかの方法でExcelを起動する
• [スタート]ボタン①を押して,
　アプリ一覧②の中から Excel を選択する
• デスクトップ下方にあるタスク バー③に
　ピン留めされた Excel のアイコンをクリックする

Excel で作業を行ってファイルを保存した後,
Excelを終了する

[スタート]ボタン①を押したときに現れる
[電源]ボタン④をクリックし, 次に現れる
[シャットダウン] ⑤を選択する

シャットダウン

1.1.3 マウス操作とタッチ操作

【ポインティング デバイスの役割】

　ポインティング デバイスの役割は，画面に表示されているオブジェクト（操作対象）を選んで命令を与え，コンピュータを操作することです．

　ポインティング デバイスの中で，最も一般的に利用されているのはマウスです．標準的なマウスには左ボタン／右ボタン／ホイールがあって，画面上に表示されるマウス ポインタとこれらを巧みに操ることで，複雑な作業や素早い操作を行うことができるようになっています．

　これまでの Windows と，その上で動作するアプリの多くは，マウス操作を前提とした作りになっています．したがって，タッチ操作がいかに直感的で使いやすいといっても，大量の文字を入力したり，複雑な計算式を組み立てたり，精密な図形を描いたりするような場面では，マウス操作の方がはるかに効率が良いといえるでしょう．

> ### タッチ操作でできること／できないこと
>
> 　タッチ操作は Windows 7 からサポートされていますが，機能的にはマウスの代わりに使うといった程度のものでした．
>
> 　Windows 8 以降になると，タブレットの普及もあいまって，マウスやキーボードなしでも使えるようタッチ操作は重要な役割を持つようになっています．
>
> 　とはいえ，Office シリーズを含む多くの Windows アプリはマウス操作を基本としているため，ウィンドウの細い枠を捉えたり小さなアイコンのメニューを押すといった基本的な操作ですら，タッチ操作では困難なことがあります．

【タッチ操作に適したリボンへの切り替え】

　タッチ スクリーンでは，メニューなどの小さなボタンを指で操作しやすくする工夫が必要です．

　Office 2013以降は，クイックアクセス ツールバーのユーザー設定機能を使って，[タッチ/マウス モードの切り替え]ボタンを表示することができます．ここで[タッチ]を選択すると，ボタンの間隔が広がって指先でも押しやすくなります．

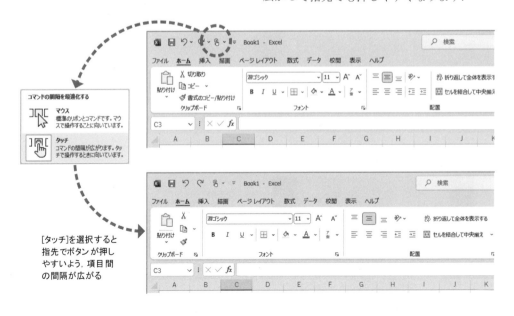

[タッチ]を選択すると指先でボタンが押しやすいよう，項目間の間隔が広がる

タッチ スクリーンにおけるタッチ操作とマウス操作の対応

【タッチスクリーンにおけるタッチ操作】	【マウス操作】

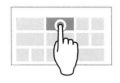 ■対象を選択する

対象をタップする（軽くたたく）

対象をクリックする
（左ボタンを押して離す）

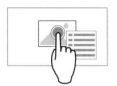 ■ショートカット メニューを呼び出す

対象を長押ししてから指を離す

対象の上で右クリックする
（右ボタンを押して離す）

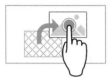 ■対象を移動する

対象をドラッグする
（指で押したまま位置を動かす）

対象をドラッグする
（ボタンを押したまま位置を動かす）

 ■対象を回転する

対象を2本の指で回転する

アプリケーションが用意する
回転機能を使う

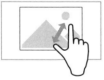 ■対象を拡大する

対象をストレッチする
（2本の指の間隔を広げる）

Ctrlキーを押しながら,
ホイールを拡大方向に回す

 ■対象を縮小する

対象をピンチする
（2本の指の間隔を狭める）

Ctrlキーを押しながら,
ホイールを縮小方向に回す

■縦方向のスクロール

2本の指を置き, 縦方向にスライドする	ホイールのスクロール機能を使う

■横方向のスクロール

2本の指を置き, 横方向にスライドする	ホイールのスクロール機能を使う

その他の主な
アクションと操作

■開いているすべてのウィンドウを表示する

3本の指を置き, 上にスワイプする	[デスクトップの表示]ボタンをクリック

■開いているすべてのウィンドウを最小化する

3本の指を置き, 下にスワイプする	[デスクトップの表示]ボタンをクリック

- スライド：指を触れたまま滑らせる
- スワイプ：指を触れたまま短くなぞる

※ [デスクトップの表示]ボタンは
　システム トレイの右端にあります

1.1.4 デスクトップとウィンドウ

【デスクトップとスタート ボタン】

　Windows 11 のデスクトップ画面の中央下部には[スタート]ボタン 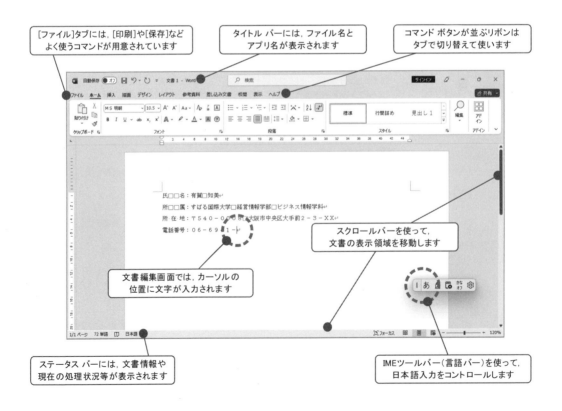 があり，これをクリックすればすべてのアプリを表示することができます．さらに「スタートにピン留め」をしておけば，よく使うアプリを素早く見つけることができます．

　それとは別に，デスクトップ画面からアプリを直接起動する方法が2つあります．1つは画面下方にあるタスク バーにピン留めする方法，もう1つはデスクトップ上にアイコンを置く方法です．

　右ページに示す作業手順に従って，Wordのアイコンを登録してみましょう．作業を終えたら，それぞれのアイコンをクリックして，Wordが起動されることを確認しましょう．

【ウィンドウ各部の名称と役割】

　Word を起動すると，下図のようなウィンドウが表示されます．

　アプリの種類によって細部は異なりますが，メニューや各種のバーなど，基本的な構成要素や配置はほとんど同じです．

　ここからは，Windows 11 のデスクトップ画面とOffice アプリとの組合せについて，マウスで操作することを前提として解説を行います．

　ご利用のコンピュータの環境によって，掲載した図とイメージが異なるかもしれませんが，細部の相違は気にしなくても大丈夫でしょう．

[ファイル]タブには，[印刷]や[保存]などよく使うコマンドが用意されています

タイトル バーには，ファイル名とアプリ名 が表示されます

コマンド ボタンが並ぶリボンはタブで切り替えて使います

スクロールバーを使って，文書の表示領域を移動します

文書編集画面では，カーソルの位置に文字が入力されます

ステータス バーには，文書情報や現在の処理状況等 が表示されます

IMEツールバー（言語バー）を使って，日本語入力をコントロールします

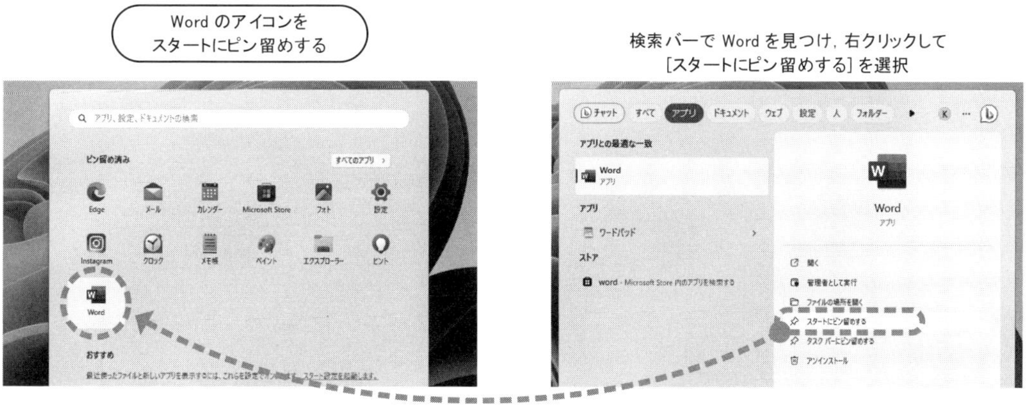

Word のアイコンを
スタートにピン留めする

検索バーで Word を見つけ，右クリックして
[スタートにピン留めする] を選択

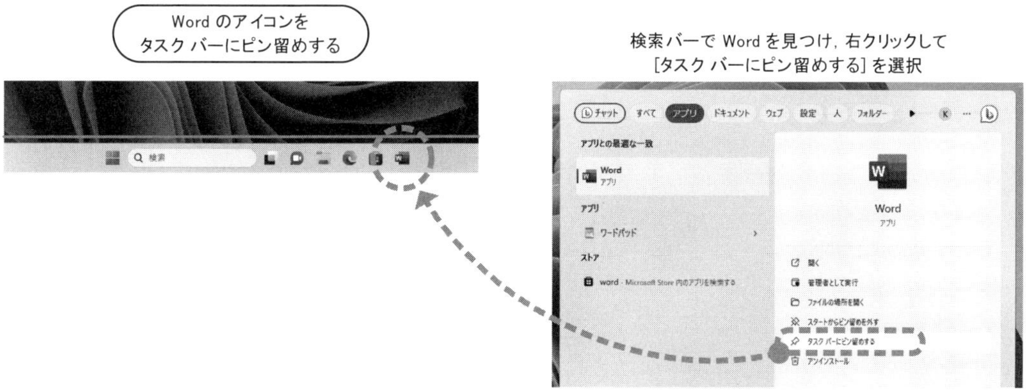

Word のアイコンを
タスク バーにピン留めする

検索バーで Word を見つけ，右クリックして
[タスク バーにピン留めする] を選択

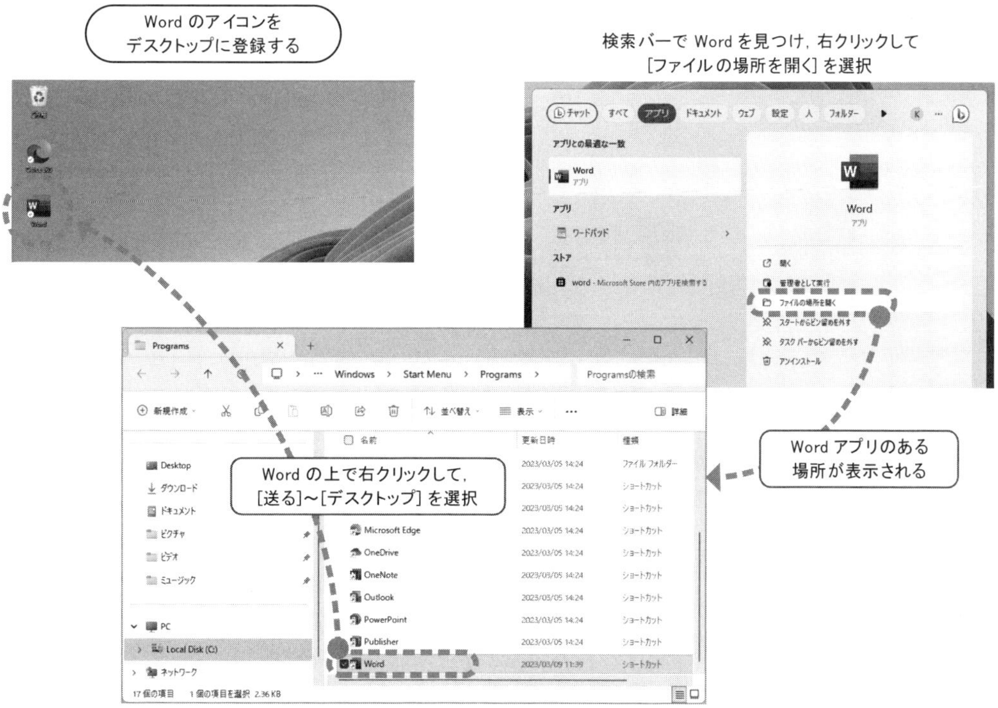

Word のアイコンを
デスクトップに登録する

検索バーで Word を見つけ，右クリックして
[ファイルの場所を開く] を選択

Word アプリのある
場所が表示される

Word の上で右クリックして，
[送る]～[デスクトップ] を選択

1.1.5 マルチ タスクとタスクの切り替え

【マルチ タスクとは？】

「タスク」というのはコンピュータが実行する「仕事」のことですが，一般には 1 つのアプリが 1 つのタスクに相当すると考えてもよいでしょう．

1 つのコンピュータで 1 つのアプリしか実行できない状態が「シングル タスク」，複数のアプリを同時に実行して利用できる状態が「マルチ タスク」ということになります．

Windows はマルチ タスクに対応した OS です．そして，複数のタスク（つまり実行中のアプリ）を管理するために，タスク バーがあります．

では，実際に 2 つのアプリ Word と Excel を同時に実行して，これらをどのようにして切り替えることができるのかを見てみましょう．

【Word と Excel の起動】

まず，1 つめのアプリ Word を起動し，続いて 2 つめのアプリ Excel を起動します．

前項に示した要領で，Word や Excel のようによく利用するデスクトップ アプリのアイコンは，タスク バーにピン留めするか，デスクトップ上に置いておくと便利です．

複数のアプリを起動したとき，通常は，後から起動したアプリのウィンドウが上に重なって表示されていきます．

タスク バー　　　　　システム トレイ

【タスク バーの表示】

ユーザーが起動したアプリは順番に，タスク バー上のアイコンにマークがついていきます．

複数のアプリを起動してウィンドウが重なり，先に開いたウィンドウが見えなくなっても，タスク バーを見れば，どのようなアプリが実行中であるのかがすぐにわかります．

ところで，タスク バーの右端にはシステム トレイ（通知領域）と呼ばれる領域があります．ここには，OS が自動的に起動する基本的なプログラム，例えばカレンダー時計やスピーカー音量，ネットワーク接続などの動作状況が表示されています．

タスク バーの活用と限界

アプリのウィンドウが最大表示になっているときでも，タスク バー上のアイコンは利用することができます．一方，デスクトップ上のアイコンは，ウィンドウの下に隠れて利用することができません．

しかしながら，タスク バーの領域は限られているので，小さいアイコンでも表示できる数には限界があります．一方，デスクトップ領域は広いので，名前付きの大きなアイコンであっても，たくさん配置することができます．

このような特性をよく理解して，タスク バーとデスクトップを使い分けてください．

【タスク切り替え】

　複数のアプリを同時に実行できるといっても，キーボードやマウスの操作に反応するのは 1 つのアプリ，1 つのウィンドウだけです．そのような状態にあるウィンドウのことを「アクティブ ウィンドウ」，それ以外のウィンドウのことを「非アクティブ ウィンドウ」といいます．

　また，Word から Excel へ，Excel から Word へと，アクティブなウィンドウ（アプリ）を切り替えることを「タスク切り替え」といいます

【Windowsフリップ】

　[Alt]キーを押しながら [Tab]キーを押して，[Alt]キーを押したままにすると，Windows フリップが現れます．ここには，実行中のすべてのアプリがサムネイルとともに表示されます．

　[Alt]キーを押したままの状態でさらに [Tab]キーを押せば，1 回押すごとに 1 つずつアプリが切り替わっていきます．そして，[Alt]キーを離せば，選択中のアプリに切り替えることができます．

Windowsフリップ機能によるタスク切り替え

[Alt]キーを押しながら
[Tab]キーを押す

【スナップ レイアウト】

　Windows 11 では，新たに「スナップ レイアウト」という機能が用意されました．これはアプリの[最大化]ボタンをポイントすると使用できます．表示されたレイアウト内のゾーンをクリックすると，現在のアプリがその位置に配置されます．

　なお，レイアウトのパターンやゾーンの数は，デスクトップ画面のサイズや向きに応じて自動的に調整され，表示されます．

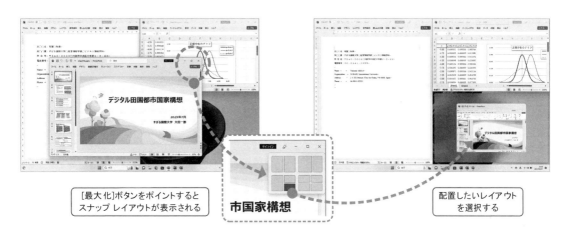

[最大化]ボタンをポイントすると
スナップ レイアウトが表示される

配置したいレイアウト
を選択する

1.2　Officeの基本機能

◇このセクションのねらい

「Office」を構成するアプリ群の種類と，それぞれの役割を理解しましょう．メニューやヘルプなどの基本的な使い方を習得するとともに，ファイルの概念を学びましょう．

1.2.1 Office アプリの構成

【Office アプリとは何か】

「Office」というのは，1つのアプリ（アプリケーション）ではありません．複数のアプリが，統一された操作性をもち，緊密に連携するよう作られたアプリ群のことを指します．

ここでは，マイクロソフト社から発売されているアプリ群（下表を参照）のことを「Office アプリ」と呼ぶことにします．

Windows 95 という OS の登場に合わせて「Office 95」が発売されてから 20 年以上が経過し，現在では「Microsoft 365」が一般に利用されています．

各バージョンのデータは上位互換になっているので，これまでの Office 各バージョンで作成されたデータは，そのまま Microsoft 365 でも利用できます．ただし，その逆は必ずしも保証されないので注意が必要です．

2021 年秋に発売された Office 2021 は Office 2019 の後継となるもので，"永続ライセンス"といって一度購入すればサポートが切れるまで使い続けることができます．

これに対して，"サブスクリプション ライセンス"といって，年間または月間契約で使用権を購入する Microsoft 365（旧 Office 365※）があります．継続して使用する場合は更新が必要になりますが，最新の Office を利用可能であることと，付加的なサービスがあることが特徴です．

つまり両者の主な相違点は購入方法とその後のサポート方法にあり，アプリとしての機能面ではほとんど同等と考えてよいでしょう．

※マイクロソフト社は 2020 年 4 月に，「Office 365」の名称を「Microsoft 365」に変更しました．

【Microsoft 365 の構成】

Microsoft 365のOfficeアプリはマイクロソフト社のWebサイトから常に最新版が配信されており，オフラインでもオンラインでも利用できます．

学校などで一括契約している場合は「Microsoft 365 Education」というサービスを利用できますが，学校を卒業した後に続けて利用したい場合は，「Microsoft 365 Personal」というサービスを購入して利用することになるでしょう．

先にも述べたように，本書では Windows 11 のデスクトップ画面と Office 2021 アプリ（Word / Excel / PowerPoint）との組合せについて，マウスで操作することを前提として解説を行います．

ご利用のコンピュータの環境によって，掲載した図とイメージが異なるかもしれませんが，細部の相違は気にしなくても大丈夫でしょう．

Office 2021 と Microsoft 365 のアプリ構成比較

アプリ名	Office Home & Business 2021	Microsoft 365 Personal	概要
Word	○	○	日本語ワードプロセッサ
Excel	○	○	表計算，データの分析と可視化
PowerPoint	○	○	スライド作成，プレゼンテーション実施
Access	―	○	データベースの構築，大量情報の活用
Outlook	○	○	電子メールなど総合的な情報管理
OneNote	―	○	情報共有と共同作業の効率化
Publisher	―	○	高品質文書の作成をはじめ，多彩なツール群
OneDrive	―	○	ネットワーク上にデータを保存するサービス
その他	―	○	エディター，Defender，Teams，Forms など

◇ *Keywords*
リボンとタブ, Backstageビュー, クイックアクセス ツールバー, ダイアログ ボックス, ミニ ツールバー, ショートカット メニュー, 元に戻す(アンドゥ), ヘルプ機能, フォルダ, ファイルの名前

【ワードプロセッサ Word】

文書の作成, 編集, レイアウト, 印刷などを行うアプリで, DTPでも利用できるほど高度な編集機能を備えています.

【プレゼンテーション PowerPoint】

発表用の資料を効率的に作成し, 動きのあるスライドを提示するなど, プレゼンテーション機能に特化したアプリです.

【メーラ Outlook】

インターネットやグループウェアなどにおいて, 電子メール（E-Mail）の送受信やスケジュールの管理などを行うアプリです.

【表計算 Excel】

ワークシートと呼ばれる広大な格子状の表を使って, さまざまな計算やデータ処理, グラフ作成などを行うことができます.

【データベース Access】

大量のデータを蓄積し, データの入力, 更新, 検索, 出力などを効率的に行うためのアプリです（本書では扱いません）.

【ブラウザ Edge】

インターネットでWebページを閲覧するためのアプリで, Windows 11に標準で搭載されています.

1.2.2 リボンの機能

Office 2003 までは，いろいろなコマンド（処理命令）を選択するための方法として，メニュー バーとツール バーが用意されていました．この方法は，エクスプローラーやメモ帳など，いくつかのアプリで今でも採用されています．

しかし，Office 2007 以降ではメニュー バーとツール バーがなくなり，新たに作られたリボンに，すべてのコマンドが割り当てられています．リボンは複数のタブで構成されており，関連する機能ごとにまとめられています．

【リボンの機能】

アプリのタイトル バーと編集画面の間にあって，多くのボタンが並んだ部分がリボンです．

リボンの上部には，[ファイル]，[ホーム]，[挿入]，[レイアウト]，[表示]などのタブがあり，タブごとに関連する機能がまとめられています．そして，タブをクリックすることで，必要なコマンド群（メニュー）に切り替えることができます．

リボンには，常に表示されているタブ以外にも，編集対象に応じて自動的に呼び出されるタブがあります．例えば，最初に表を作成する際には[挿入]タブの[表]ボタンを使いますが，あとでその表を編集するときには，表ツールとして[テーブル デザイン]タブと[レイアウト]タブが現れて，表編集に便利な多くの機能が利用できるようになります．

【ファイル タブと Backstage ビュー】

Office 2010 以降のリボンには，[ファイル]タブが用意されました．

[ファイル]タブをクリックしたときに現れる画面を Backstage ビューといいます．ここには，ファイルの新規作成や既存ファイルの呼び出し，編集したファイルの保存や印刷など，最も基本的な機能が割り当てられています．

Backstage ビューの画面は広く，使用可能なコマンドとその使い方に関する詳しい情報を得ることができるので，たいへん使いやすいものになっています．

リボンに割り当てられたタブとコマンド群

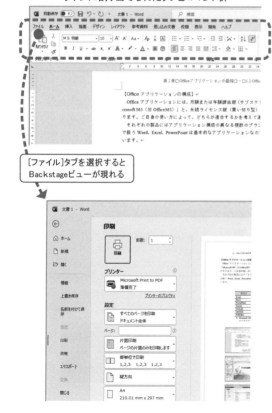

[ファイル]タブを選択すると
Backstageビューが現れる

【Wordのリボン】

Word でよく利用されるタブと，そのリボンを下図に示しました．Office 共通のタブとして[ファイル], [ホーム]のほか, [挿入], [レイアウト], [表示]などがあります.

リボン上で右クリックして[リボンを折りたたむ]を選択すると，タブだけが表示されるので作業領域が広くなります（ExcelとPowerPointでも同様）．

■Wordの[ホーム]タブのリボン

[挿入]タブ

[レイアウト]タブ

[表示]タブ

リボンを折りたたんだ状態

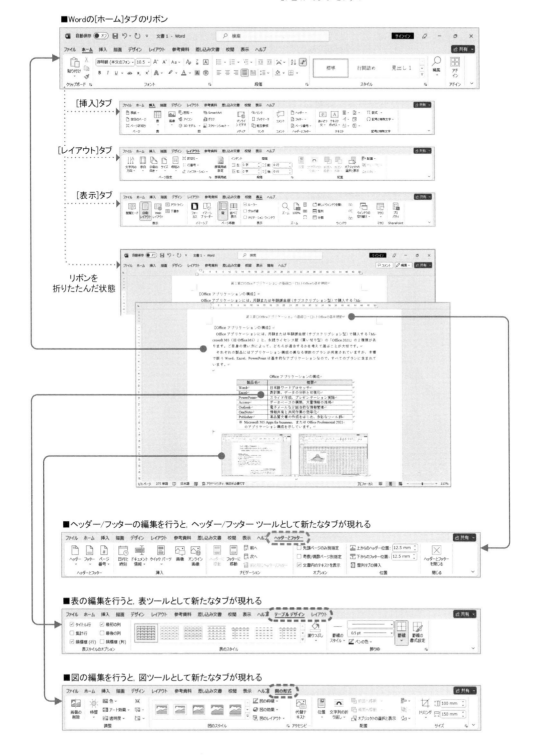

■ヘッダー/フッターの編集を行うと，ヘッダー/フッター ツールとして新たなタブが現れる

■表の編集を行うと，表ツールとして新たなタブが現れる

■図の編集を行うと，図ツールとして新たなタブが現れる

マクロの編集やVBAプログラミングを行う場合には，[開発]タブを表示しておくと便利です．

初期設定では表示されませんが，オプションを使って設定を変更すると，それ以降は常に表示されるようになります（WordとPowerPointでも同様）．

【Excel のリボン】

Excel でよく利用されるタブと，そのリボンを下図に示しました．ここで特徴的なのは，ワークシート関数を使うための[数式]タブと，データベース処理などに使われる[データ]タブです．

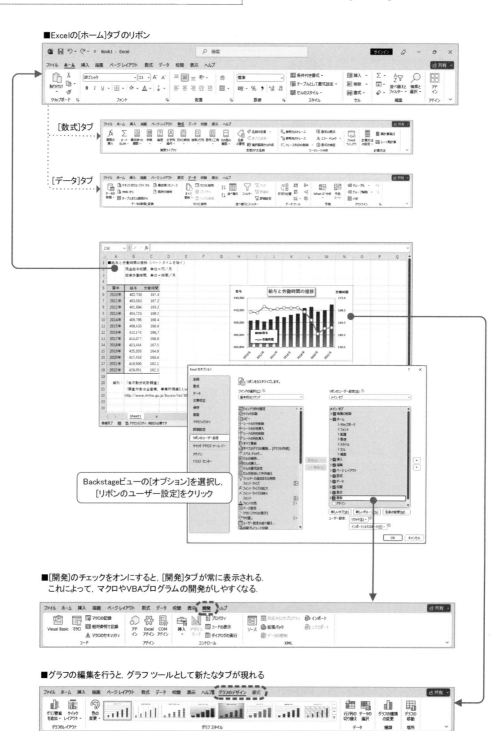

■Excelの[ホーム]タブのリボン

[数式]タブ

[データ]タブ

Backstageビューの[オプション]を選択し，
[リボンのユーザー設定]をクリック

■[開発]のチェックをオンにすると，[開発]タブが常に表示される．
これによって，マクロやVBAプログラムの開発がしやすくなる．

■グラフの編集を行うと，グラフ ツールとして新たなタブが現れる

【PowerPoint のリボン】

　PowerPoint でよく利用されるタブと, そのリボンを下図に示しました. ここで特徴的なのは, スライド デザイン時に使われる[デザイン]タブと[画面切り替え]タブ, プレゼンテーション実行時に使われる[スライド ショー]タブです.

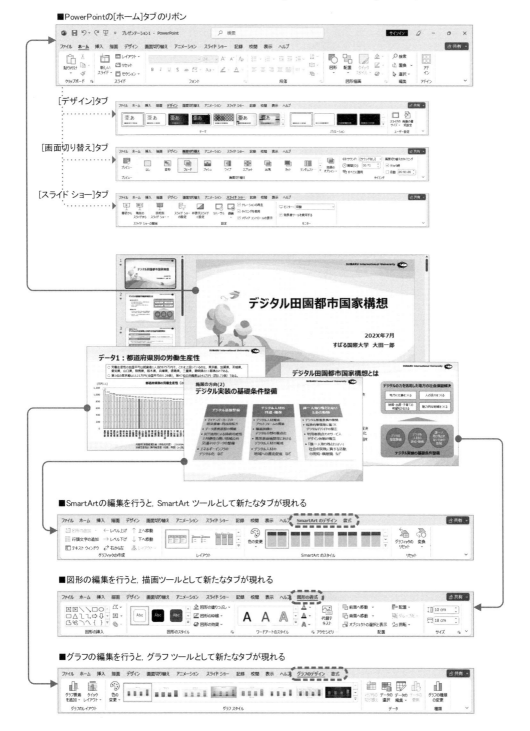

1.2.3 メニューの使い方

　Office アプリで利用できるすべての機能はリボンに割り当てられています.

　そして前述のように, [タッチ/マウス モードの切り替え]ボタンを表示しておけば, [タッチ]を選択することで, ボタンの間隔が広がって指先でも押しやすくなります（§1.1.3）.

　そしてもう1つの特徴は, フォントの種類やサイズなどを変更する際に, ボタンをポイントするだけで, 変更後の様子を一時的に確認できるリアルタイム プレビュー機能です.

> リアルタイム プレビューとは, 変更後の様子を一時的に確認できる機能です. そのままクリックすれば変更が適用されますが, マウス ポインタをずらせば, 変更は適用されずに元のままとなります.

【リボンとボタン】

　リボンそのものがタブで分類されていますが, 各リボンに配置されたボタンもグループごとにまとめられています.

　1つ1つのボタンが大きくなり, 具体的なイメージが図示されているので, 使いたい機能が探しやすくなっています.

　また, 左図の[余白]ボタンのように, ボタンの下に ▼ が表示されている場合は, ボタンをクリックすると, 多くの選択肢が変更後のイメージとしてわかりやすく表示されます.

ボタンをクリックすると, 具体例がわかりやすく表示される

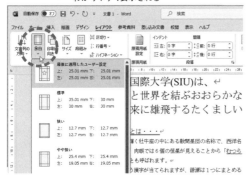

【ダイアログ ボックス】

　ほとんどの機能は, リボンに配置されたボタンをクリックするだけで利用できますが, グループの右下にダイアログ ボックス起動ツール が表示されている場合は, これをクリックすると, そのグループに関連するダイアログ ボックスが表示されます. ダイアログ ボックスを呼び出すと, さらに詳細な設定を行うことができます.

　左の[レイアウト]タブの例では, [文字列の方向] [余白] [印刷の向き] [段組み]などはリボン上のボタンで設定できますが, 1行の文字数や1ページの行数などは, [ページ設定]ダイアログ ボックスを呼び出さないと設定できません.

ダイアログ ボックス起動ツール をポイントすると, ダイアログ ボックスのプレビューが表示され···

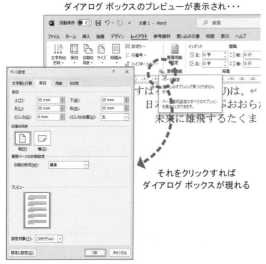

それをクリックすればダイアログ ボックスが現れる

<ダイアログ ボックスの使い方>

　ダイアログ ボックスはいろいろな部品で構成されていますが,よく利用される部品の名称とその使い方は下図のとおりです.

　この他にも,文字列を入力するときに使われる[テキスト ボックス]などがあります.

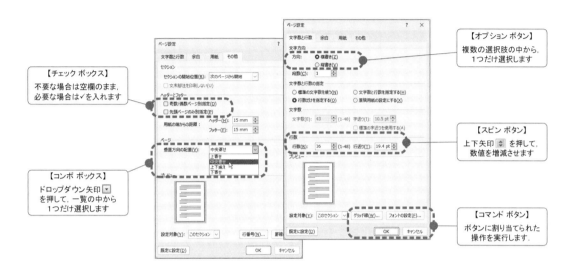

【チェック ボックス】
不要な場合は空欄のまま,必要な場合は✓を入れます

【コンボ ボックス】
ドロップダウン矢印 ▼ を押して,一覧の中から1つだけ選択します

【オプション ボタン】
複数の選択肢の中から,1つだけ選択します

【スピン ボタン】
上下矢印 ▲▼ を押して,数値を増減させます

【コマンド ボタン】
ボタンに割り当てられた操作を実行します.

【クイックアクセス ツールバー】

　タイトル バーの左端にあるのがクイックアクセス ツールバーです.ここには使用頻度の高い機能を配置することができるようになっており,初期状態では,[上書き保存]ボタンなど3つのボタンが配置されています.

　クイックアクセス ツールバーの右端にあるボタン ▼ をクリックすると,ユーザー設定のためのメニュー一覧が表示されます.ここで追加したい項目に(いくつでも)チェックを入れると,クイックアクセス ツールバーに追加され,簡単に利用できるようになります.

　メニュー一覧の中に追加したい項目が見当たらない場合は,[その他のコマンド]をクリックして[オプション]ダイアログ ボックスを呼び出します.

　[コマンドの選択]で[リボンにないコマンド]を選ぶと,リボン上にも見当たらなかったコマンドを利用できるようになります.

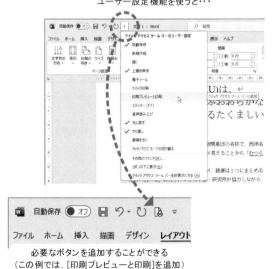

クイックアクセス ツールバーの
ユーザー設定機能を使うと・・・

必要なボタンを追加することができる
(この例では,[印刷プレビューと印刷]を追加)

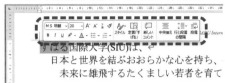

文字列を選択すると，ミニ ツールバーが現れる

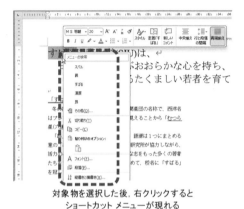

対象物を選択した後，右クリックすると
ショートカット メニューが現れる

【ミニ ツールバー】

　マウスのドラッグで範囲指定をしてからボタンを離したとき，ポインタの近くに現れる小さなツールバーがミニ ツールバーです．

　ここには，フォントや段落の書式設定に関するボタンなど，よく利用される機能が集められています．

＜ショートカット メニュー＞

　ところで，範囲指定をした文字列の上で右クリックすると，ミニ ツールバーとともにショートカット メニューが現れます．

　ショートカット メニューは，選択している対象物に対して適用できる操作をメニュー形式で表示するもので，図や表などを編集する際にも有効です．

　なお，ミニ ツールバーはマウスの動かし方によって消えることもありますが，右クリックで呼び出したショートカット メニューは安定して利用することができます．

【コマンドの取り消し】

　多くの操作は，1つめの動作でメニュー一覧を表示するか，リアルタイム プレビューを表示して確認した後，2つめの動作で確定します．したがって，2つめの動作を行う前にコマンドを取り消すことができます．

　コマンドを取り消すには，メニューあるいはボタン以外の適当な位置にマウス ポインタを移動してから，クリックします．

　これに対して，1回の動作でコマンドを実行してしまうような操作では，基本的には途中で取り消すことはできません．

　このような場合でも，クイックアクセス ツールバーの [元に戻す] 🔙 をクリックすると，1つ前の処理を取り消して元の状態に戻すことができます（このような機能のことを「アンドゥ」ともいいます）．もちろん，この方法は他の方法でコマンドを実行した場合でも有効です．

　元に戻したこと自体が間違いであった場合は，その隣にある [やり直し] 🔄 をクリックします．

誤って文字列を削除（クリア）した場合でも・・・

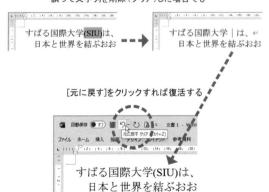

[元に戻す]をクリックすれば復活する

【ヘルプ機能の活用】

　最近では,OSでもアプリでも,個々のソフトウェアが非常に多くの機能を提供するようになりました.しかし,ユーザーにとって機能のすべてを知ることは難しい上に,詳細な使い方を理解することはもっと困難です.

　そこで用意されたのが,ソフトウェアの機能の一部として提供される強力な「ヘルプ機能」です.これは一種のデータベースでもあるので,高速なキーワード検索や,関連する項目へのリンクなども備えています.

　リボンの[ヘルプ]タブをクリックして,コマンド群の中にある[ヘルプ]をクリックすると,ヘルプウィンドウが現れます.

　主画面には,書籍の目次のように見出しが並んでおり,詳しい解説が体系的に整理されているので,階層的に表示される見出しを追いながら,知りたい項目を探し出すことができます.

　また,主画面の上部には,検索する語句を入力するためのテキスト ボックスがあります.ここで,質問したい内容をキーワードや文章で入力して[検索]ボタン🔍をクリックすると（あるいは[Enter]キーを押すと）,該当するトピックの一覧が表示されます.これをたどっていけば,必要な詳細説明を見つけることができるでしょう.

リボンの[ヘルプ]タブをクリックし,[ヘルプ]をクリックすると,ヘルプ ウィンドウが現れる

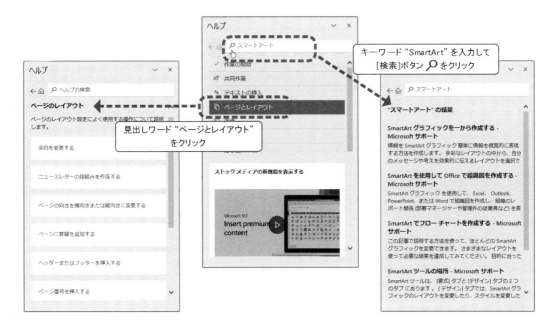

キーワード "SmartArt" を入力して[検索]ボタン🔍をクリック

見出しワード "ページとレイアウト" をクリック

1.2.4 ファイルの概念

【ファイルとは?】

コンピュータで情報を保存するときの基本的な単位が「ファイル」です.

Word で作成した文書や Excel で作成したワークシートなどは,データ ファイルと呼ばれます.一方,Windows のような OS,Word や Excel を含むアプリ(アプリケーション ソフトウェア)などは,プログラム ファイルと呼ばれます.

【フォルダ】

情報が保存されたファイルを整理するために,関連するファイルだけをまとめておく「入れ物」がフォルダです.1つのフォルダの中にはいくつでもファイルを入れることができますし,さらに別のフォルダを作って細分化し,階層構造(木構造)を形成することもできます.

なお,以前にディレクトリとかサブ ディレクトリと呼ばれていた概念は,フォルダという概念に統合されました.

【ファイルの名前】

ファイルには必ず名前をつけますが,その構成は次のようになります.

[主ファイル名]＋[拡張子]

主ファイル名は,利用者自身が内容を区別できるように,自由に設定することができます.

拡張子はファイルの種類を表すもので,例えばWord の文書なら".docx",Excel のワークシートなら".xlsx"というように,大まかなルールがあるので勝手につけることはできません.

なお,フォルダの名前も自由に設定できますが,一般に拡張子はつけません.

主ファイル名に使える文字数は,全角・半角に関わらず 200 文字以上も使えるので,ファイル名でその内容を具体的に表すことができます.

ただし,古い Windows OS とファイルを共有して使うことがある場合には,制限文字数を超える部分は認識されなくなるので注意が必要かもしれません.

ドライブとは?

データ ファイルは,必ずハードディスクやUSBフラッシュ メモリなどの「外部記憶装置」に保存する必要があります.

Windowsでは,外部記憶装置はすべて「ドライブ」という概念で扱われます.それは前身であるMS-DOSの時代から受け継がれており,ドライブ名(番号)はアルファベットの A から Z までと決められています.

歴史的な背景から,A と B はフロッピーディスクに割り当てられ,ハードディスクの名前は C から順に割り当てられます.そして,DVDドライブやUSBフラッシュメモリなどがある場合には,ハードディスクに続くアルファベットが割り当てられます.

※最近ではOneDriveなどネットワーク上のデータ保存領域が広く普及していますが,これにドライブ名を割り当てるには工夫が必要です.

パスとは?

パスとは,ファイルがどこにあるのかを正確に示す「道筋」のことです.ドライブ名から始まり,いくつかのフォルダを経由して,ファイルに至るわけですが,一般には次のように記述されます.

[ドライブ名:]￥[フォルダ名1]￥[フォルダ名2]￥・・・￥[ファイル名]

ここで ￥ は区切りに使われる記号です.また,パスの長さには一定の制限があります.

ファイル名に使えない文字

ファイル名に使用できない文字としては,スラッシュ /,円記号 ￥,大なり記号 >,小なり記号 <,アスタリスク *,疑問符 ?,ダブル クォーテーション ",縦棒 |,コロン :,およびセミコロン ; など(すべて半角)があります.

それ以外の半角文字と,すべての全角文字は,自由に使用することができます.

2つの保存方法

WordやExcelをはじめ，ほとんどのアプリでは2つの保存方法が用意されています．

新規に文書やデータを作成したとき，あるいは名前を変えて保存し直すときには[名前を付けて保存]を選択します．このとき，保存する場所とファイル名を確認することが大切です．

同じ名前のままで内容だけを更新したいときには，[上書き保存]を選択します．そうすると，何の設定も必要ないまま保存が行われます．

【ファイルを保存する】

ファイルの保存は，[ファイル]タブをクリックして呼び出される Backstage ビューで行います．ここでは，「名前を付けて保存」を行う手順について説明します．

下図のようなダイアログ ボックスが現れたら，次の階層をたどりながら保存場所を決めます．

[コンピューター]（または[ネットワーク]）
→ ドライブの選択
→ フォルダの選択

次に，前ページの説明をよく読んで，目的に合ったわかりやすいファイル名（主ファイル名）を入力します．[ファイルの種類]は，アプリによって指定されていることが多いので，普通はそのままにしておきます．

以上の設定と確認が終わったら，[保存]をクリックします．

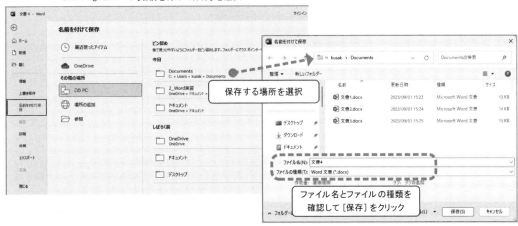

Backstageビューの [名前を付けて保存] を選択

エクスプローラーの活用

エクスプローラーを使えば，Windows のファイル管理を効率的に行うことができます．

エクスプローラーの画面には，使っているコンピュータだけでなく，ネットワークで接続されたコンピュータも含めて，ドライブやフォルダの階層構造と，各フォルダの中にあるすべてのファイルを一覧表示することができます．

そして，新しいファイル（フォルダ）の作成，名前の変更，削除，コピー，移動，並べ替えなど，ファイル管理に必要なあらゆる作業を行うことができます．

【ファイルを開く】

すでに保存されたファイルを呼び出すときには，Backstage ビューにある[開く]を使います．

ダイアログ ボックスが現れたら，ファイルの保存と同じ要領でドライブやフォルダを指定し，表示されたファイル一覧の中から目的のファイル名を選択して，[開く]をクリックします．

1.2.5 以前の Office ファイルとの互換性

【新しくなったファイル形式】

Office 2007 以降，Word / Excel / PowerPoint のファイルは「Microsoft Office オープン XML 形式」と呼ばれる形式で保存されるようになり，Office 2003 以前のファイルとの互換性が失われています．これに伴って，ファイルの拡張子も次のように変更されました．

Word	; .docx	←	.doc
Excel	; .xlsx	←	.xls
PowerPoint	; .pptx	←	.ppt

以下，Excel を例としてとりあげ，ファイルの互換性について説明を行います．

Excelの行数と列数

Excel 2003までのワークシートの大きさは65,536行×256列でした．

それがExcel 2007以降は，1,048,576行×16,384列，実に1024倍に拡張されています．

【新しい Office アプリで古いファイルを開く】

新しい Excel を使っている時に，Excel 2003 以前のファイル（拡張子 .xls）を開くのは簡単です．

ただし，ファイルを開いただけでは「互換モード」となっているため，Excel の新機能は利用できません．例えば，ワークシートで扱える最大行数は 65,536 行のままです．

[ファイルの種類]で新しい Excel ブック形式（拡張子 .xlsx）を選択して保存しなおせば，変換は完了です．この後は，ワークシートで扱える最大行数が 1,048,576 行に広がります．

【古い Office アプリで新しいファイルを開く】

新しい Excel で作成したファイルを，古い Excel で開くには，ちょっとした作業が必要になります．

前項で示した手順に従って Excel のファイルを保存する際に，[ファイルの種類]を確認してください．通常は "Excel ブック (*.xlsx)" を選択すればよいのですが，ここで "Excel 97-2003 ブック (*.xls)" を選択して保存しておきます．

これで，Excel 97 / 2000 / XP / 2003 を使ってこのファイル（拡張子 .xls）を開くことができるようになります．ただし最大行数は 65,536 行になること，使用できる色数が減ることなど，いくつかの制約があります．

同様に，Word と PowerPoint にも，Office 2003 以前のシステムで開くことができる保存方法（ファイルの種類）が用意されています．

1.2.6 インターネットとの連携

マイクロソフト社は継続的に，Office アプリとインターネットの連携を強化しており，現在では以下のような連携機能が用意されています．

【Web ページとして保存】

Microsoft 365 では，Word / Excel で作成した文書を直接，HTML 形式で出力することができます．

例えば Word を使えば，文字と写真・図だけで構成されるような単純な Web ページはもちろん，フレーム構造を持った Web ページを作ることもできます（§5.2.1 を参照）．

また Excel を使えば，ワークシートの表やグラフはもちろん，複数のワークシートを切り替えられるような Web ページを作ることができます（§5.2.2を参照）．

【PDF / XPS ドキュメントの作成】

Microsoft 365 では，Word / Excel / PowerPoint で作成した文書を PDF（Portable Document Format）形式，あるいは XPS（XML Paper Specification）形式で保存することができます（§5.2.3 を参照）．

どちらも，文書内のすべての内容・書式を維持したままファイルの共有を可能にする「固定レイアウト」の電子文書ファイル形式です．これらのファイルを画面表示または印刷するとき，意図した書式が正確に維持されるだけでなく，第三者がファイルの内容を変更することも困難であるため，文書の保管・配布方法として優れています．

【Web 版 Office の利用】　※§5.3 を参照

マイクロソフト社は 2009 年から，インターネット環境と Web ブラウザさえあれば Word / Excel / PowerPoint の主要機能を利用できる Web 版の Office アプリ "Office Web Apps" というサービスを提供し，その機能を継続的に強化してきました．

その後，2014 年 2 月に名称を "Office Online" に変更，さらに 2019 年 7 月には正式名称を "Office"（あるいは Office for the Web）に変更しました．

これによって，デスクトップ版 Office アプリとの区別が困難になったため，本書では，デスクトップ版を "Office〈Desktop〉"，Web 版を "Office〈for the Web〉" のように区別して表記します．

PowerPointとWebページ

PowerPointもバージョン2007までは，Word / Excel と同様に，プレゼンテーション用のWebページを作ることができました．

しかし，新しいPowerPoint 2010以降は，HTML形式での出力のサポートをやめてしまいました．そのかわり，それと同等以上の機能がWeb版のPowerPointアプリで実現されています．

Web版Office と Microsoftアカウント

Web版Officeを含めて，マイクロソフト社は多くのインターネット上のサービスを提供していますが，これらを利用するためには，Microsoftアカウントを取得しておく必要があります．

Microsoftアカウントは，マイクロソフト社のメールアカウントを新規申請すれば自動的に取得できますが，既に持っている他社のメール アドレスを使って申請・取得することもできます．

1.3 日本語入力の方法

◇このセクションのねらい

日本語の「漢字かな交じり文」を効率よく入力するために，日本語入力システム（IME）の機能を学びます．そして，ローマ字入力の方法，連文節変換の方法などを習得しましょう．

1.3.1 日本語入力システムの使い方

【日本語入力システムの役割】

日本語版の Windows 11 には，Microsoft-IME という日本語入力システム（Input Method Editor，以下では IME と表記）が標準で装備されています．

IME の役割は，たかだか 100 個しかキーのないキーボードを使って，英数字以外にも「かな」「漢字」など多くの文字種を有する日本語を，正確かつ効率よく入力することにあります．

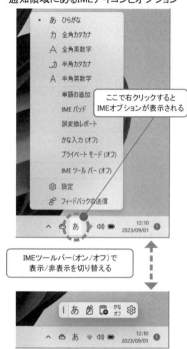

通知領域にあるIMEアイコンとオプション

ここで右クリックすると
IMEオプションが表示される

IMEツールバー（オン／オフ）で
表示/非表示を切り替える

デスクトップに表示されるIMEツールバー

【IME ツールバーの表示／非表示】

通常，IME ツールバーはデスクトップ上に置かれていますが，これをタスク バーの通知領域に入れてしまうこともできます．

そのような状態は，IME ツールバーを右クリックして，[IME ツールバー（オン／オフ）]で切り替えることができます．

IME のプロパティ設定画面

この画面は次の手順で開きます；
[設定]ボタン～[IMEの設定]～[全般]

【IME のプロパティ】

IME ツールバーの[設定]ボタン🔘をクリックして，[IME の設定]を選択すると，日本語入力システム IME に関するさまざまな設定を行うためのダイアログ ボックスが現れます．

メニューの中から[全般]を選択すると，左図のような設定画面が現れるので，うっかりと変更してしまった場合など，これを参考にして設定を戻してください．設定が完了したら，ダイアログ ボックスを閉じます．

特に[ハードウェア キーボードでかな入力を使う]という項目については，本書の内容と密接な関係があるので，必ずオフにしてください．

次項で説明するように，本書では「かな入力」ではなく「ローマ字入力」を推奨しているので，この設定はたいへん重要です．

◇ *Keywords*

日本語入力システム(IME)，IMEツールバー，入力モード，
ローマ字入力，全角文字/半角文字，句読点，禁則文字，
[変換]キー，挿入モード/上書きモード，連文節変換，IMEパッド

◆解説1 句読点の用い方

日本語の文で用いられる句点「。」と読点「、」には，いくつかの組合せがあります．

(1) 。（まる）　　　、（てん）

(2) 。（まる）　　　，（コンマ）

(3) ．（ピリオド）　，（コンマ）

文化庁『言葉に関する問答集 総集編』（1995年3月）によると，(1)は縦書きでも横書きでも使われるもの，(2)は横書きの文書で広く使われるもの，そして(3)は横書きの科学的な読み物や論文で使われるもの，という説明があります．

現在，多くの日本語ワープロでは(1)を標準設定としているようです．IME も例外ではありませんが，前ページで紹介したプロパティ設定画面で，句読点の組合せを変更することができます．

句読点の設定（IMEのプロパティ設定画面）

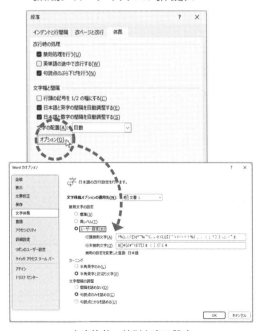

◆解説2 禁則文字について

原稿用紙のマス目に文字を書く際，たまたま行の先頭に句読点「。」「、」が来てしまうときは，マス目をはみ出してでも行末に置きます．

同様に行頭に置きたくない文字として，「?」や「!」，各種の終わり括弧 」，』，），］，>，｝，】，… などがあり，これらを「行頭禁則文字」といいます．

逆に，行末に置きたくない文字としては，各種の始め括弧「，『，（，［，<，｛，【，… のほか，「$」や「¥」などがあり，これらを「行末禁則文字」といいます．

禁則文字は固定的なものではなく，例えば拗音や促音「ゃゅょっ…」などは，行頭禁則文字として扱われる場合とそうでない場合とに分けられます．

禁則文字の選択・変更は，Word の[ホーム]タブにある[段落]グループから[段落]ダイアログ ボックスを呼び出し，[体裁]タブの[オプション]をクリックして現れる画面で行います．

[段落]ダイアログ ボックスの [体裁]タブ

文字体裁～禁則文字の設定

1.3.2 かな入力とローマ字入力

【かな入力】

50音といわれる「かな文字」は,実際には「あ」から「ん」までの46文字で,それに濁音と半濁音,さらに拗音・促音・長音などが加わります(詳細は付録3「ローマ字/かな対応表」を参照してください).

キーボードに書かれた「かな文字」を押すだけなので単純なようですが,覚えるべき文字数が多く,習得するのに時間がかかるのが難点です.その上,英語を入力するためには,別にアルファベットの配置も覚える必要があります.

【ローマ字入力】

アルファベット26文字だけで英語はもちろん,すべての「かな文字」も入力することができます.したがって覚えるキーの数が少なく,習得が速いのが特徴です.

難点は,頭の中で「かな」を「ローマ字」に変換する必要があることです.

```
す は ゛ る          (4回)
s  u  b  a  r  u     (6回)


す は ゛ る こ く さ い た ゛ い か ゛ く   (14回)
s  u  b  a  r  u  k  o  k  u  s  a  i  d
a  i  g  a  k  u                         (20回)
```

【キー ストローク数】

同じ文字列を入力するのに必要なキー ストローク数を比べてみましょう.キー ストローク数の少ない方が,入力スピードは速いことになります.

冒頭の「すばる」という文字入力の例では,ローマ字入力では6回,かな入力では4回なので,ローマ字入力の方がかな入力よりも1.5倍の手間がかかることになります.

もう少し長い文字列「すばるこくさいだいがく」の場合,ローマ字入力では20回,かな入力では14回なので,その差は約1.4倍になります.

【ローマ字入力のすすめ】

一般に日本語の文章では,ローマ字入力のキーストローク数はかな入力の 1.3～1.4 倍になるといわれています.しかし,これに英文や数字・記号が混じれば,この差は実際にはもっと小さくなります.

覚えるべきキーの数が圧倒的に少ないこと,英文と日本文の混じる場合でも連続的に入力できることなども考慮して,本書ではローマ字入力を推奨します.

1.3.3　入力モードの切り替え

入力モードの切り替え

全角文字：アイウエオ　ａｂｃｄｅ　１２３４５
半角文字：ｱｲｳｴｵｶｷｸｹｺ　abcdefghij　1234567890

未確定状態：あいうえお ， ａｂｃｄｅｆｇ
確定状態　：あいうえお ， ａｂｃｄｅｆｇ

未確定状態：じょうほうしょり
漢字に変換：情報処理
確定状態　：情報処理

【IME で用意されている入力モード】

　IME を標準状態で使っていると，ローマ字で入力した文字は，即座にひらがなに変換されていきます．これは IME の初期入力モードが全角の[ひらがな]モードに設定されているためです．

　IME ツールバーの入力モードを変更して，いろいろな文字を入力してみましょう．

【全角文字と半角文字】

　日本語ワープロでは漢字の大きさを基準として，漢字 1 文字分の大きさで表示される文字を「全角」，半分の幅で表示される文字を「半角」といいます．一般的に，かなや漢字は全角で，英数記号は半角で入力すると考えておけば無難でしょう．

　Word をはじめとするほとんどのワープロでは，文字のサイズや縦横比を自由に変更できるので,カタカナを無理に半角にする必要はありません．

【未確定状態と確定状態】

　文字入力中の画面をよく見ると，入力したばかりの文字列には点線の下線がついているのがわかります．これが「未確定状態」で，[Enter]キーを押すと点線の下線が消えて「確定状態」になります．

【漢字への変換】

　未確定の状態にある文字列は，[変換]キー（または[Space]キー）を押すことによって漢字に変換され，[Enter]キーを押すことで確定されます．

　いったん確定状態になると，他の文字種に変換することはできません（ただし，再変換が可能な場合もあります）．

■キーボードから「ｊｏｕｈｏｕｓｈｏｒｉ」と入力した場合の例

入力モード		画面に表示される文字	漢字への変換
あ	ひらがな	じょうほうしょり	○
カ	全角カタカナ	ジョウホウショリ	○
A	全角英数	ｊｏｕｈｏｕｓｈｏｒｉ	×
⌐カ	半角カタカナ	ｼﾞｮｳﾎｳｼｮﾘ	○
A	半角英数	Jouhoushori	×

※[半角英数]以外のときに表示されるアンダーラインは，その文字列が
　変換可能（未確定）状態であることを示しています．

1.3.4 文字入力の基本操作

【日本語入力システムの確認】

　文字入力を始める前に，IME の状態，すなわち入力方式の選択，入力モード，変換モードなどを確認しておきましょう．

【挿入モードと上書きモード】

　Word 2021 の初期状態は「挿入モード」に設定されており，以前のバージョンのように[Ins]キーを押しても「上書きモード」に切り替えることはできません．

　[Ins]キーによる「上書きモード」への切り替えを有効にするためには，左図の手順を参考にしてください．

```
（参考）
☑ 上書き入力モードの切り替えに Ins キーを使用する(O)
☐ 上書き入力モードで入力する(V)
   Wordのオプション～詳細設定～編集オプション
   の中にあるチェックボックスのオン/オフで切り替え
```

【文字の入力】

　文字キーを押すと，編集画面上でカーソル｜が点滅している位置に，その文字が入力されます．

　[半角英数]モード以外の場合，入力直後の文字列にはアンダーラインがついていますが，これは未確定状態であることを表しているので，[Enter]キーを押して入力文字を確定します．

　文字列が行末に達しても，かまわずに文字入力を続ければ，自動的に折り返して新しい行に文字が入力されていきます．

　行の途中で折り返したいときや段落を変えたいとき，あるいは新しい行を挿入したいときには，入力文字の確定とは別に，[Enter]キーを押します（これを「改行」または「改段落」といいますが，詳しい説明は§2.3を参照してください）．

　[Ctrl]キーを押しながら[Enter]キーを押すと，「改ページ」が行われます（このようなキー操作は，[Ctrl] + [Enter]というように表現します）．

入力直後の文字列は
未確定状態

すばるこくさいだいがく

[Enter]キーを押して
ひらがなで確定

すばるこくさいだいがく

[変換]キーを押して
漢字に変換

すばる国際大学

[Enter]キーを押して
漢字で確定

すばる国際大学

【文字の削除】

　[BackSpace]キーはカーソル｜の左側にある文字を，[Del]キーはカーソル｜の右側にある文字を削除します．

　したがって，入力作業中に入力したばかりの文字を削除するには，[BackSpace]キーを使うと便利です．逆に，入力が済んだ後の編集作業の際に，特定の文字や選択範囲を削除する場合などは，[Del]キーの方が使いやすいでしょう．

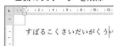

[BackSpace]キー を押して
左側の文字 "う" を削除

すばるこくさいだいがくう

[Del]キー を押して
右側の文字 "う" を削除

すばるこくさいだいがくう

すばるこくさいだいがくう

[Del]キー を押して
選択範囲をすべて削除

1.3.5 連文節変換

【効率的な文章入力】

　文章は文の組合せであり，文は単語の組合せです．つまり，文章を入力するということは，名詞，動詞，形容詞，助詞など，多くの単語を組み合わせて「漢字かな交じり文」を完成させることに他ならないわけです．

　文章入力の基本は「単語」単位で入力と変換を繰り返す「単語変換」ですが，「文節」を理解して，文節単位での入力と変換を繰り返す「単文節変換」を行えば作業効率は向上します．

文節とは？

　文節とは「文を読む際，自然な発音によって区切られる最小の単位」（『広辞苑』より）のことです．

　例えば，"春の"という文節は，"春"という名詞と"の"という助詞，2つの単語が結合したものです．あるいは，"美しく"という文節は，"美しい"という形容詞の語尾が変化したものですから，単語の数は1つです．

■単語変換と文節変換

入力する文字列	春の小川は、さらさら行くよ。
単語変換	はる▼の▽おがわ▼は、▽さらさら▽いく▼よ。▽
単文節変換	はるの▼おがわは、▼さらさら▽いくよ。▼
連文節変換	はるのおがわは、▼さらさらいくよ。▼

※　▼印は[変換]キーを，▽は[Enter]キーを押す位置を示します

【連文節変換とは？】

　複数の連続する文節をひとまとめにして，入力・変換を行う方式が「連文節変換」です．

　長い文字列を一挙に入力することで作業の流れがよくなり，[変換]キーを押す回数も減るので，単文節変換に比べて作業効率がさらに向上します．

　しかしながら，あまり欲張ると入力ミスや誤変換に対応できず，かえって作業効率を落とすこともあります．慣れないうちは一度に入力する文節数を少なくしたり，読点「、」で区切って変換するなどの工夫をしましょう．

　1回目の変換で正しい「漢字かな交じり文」になるとは限らないので，5つの基本操作をうまく組み合わせて，正しい文章に仕上げてください．

連文節変換における5つの基本操作

(1) 最初の変換　　　　　　[変換]
(2) 文節の区切り直し　　　[shift]+[→] または [shift]+[←]
(3) 再変換　　　　　　　　[変換]
(4) 文節の移動　　　　　　[→] または [←]
(5) 全文の一括確定　　　　[Enter]

■文節区切りが紛らわしい文例

	今日は医者に入ったよ。
	今日は医者には行ったよ。
きょうはいしゃにはいったよ。	今日歯医者に入ったよ。
	今日歯医者には行ったよ。
	今日配車には行ったよ。
	今日敗者には言ったよ。

1.3.6 いろいろな変換方法

【漢字変換と同音異義語】

　入力モードが[ひらがな]であることを確認して，ローマ字で"ｇｉｊｕｔｕ"と入力していきます．すると，画面上では"ぎじゅつ"と表示され，未確定状態になっています．ここで[変換]キーを押すと，"技術"という漢字に変換され，[Enter]キーを押して確定します．

　"いどう"のように同音異義語がある場合には，[変換]キーを2回，3回…と押すことによって，複数の候補を表示させ，その中から適切な一語を選択し，[Enter]キーを押して確定します．
　IMEでは同音異義語以外にも，変換しうるあらゆるパターンの文字種（全角ひらがな，全角カタカナ，半角カタカナ，全角英数，半角英数）を選択候補として提示してくれます．

【ファンクション キーによる変換】

　ひらがなとして入力された文字を，カタカナや英数字に変換するもう1つの方法は，未確定状態のままでファンクション キー[F6]～[F10]を押すことです（下表を参照）．

【コード入力】

　読み方がわからない漢字や，変換キーを押しても表示されない漢字は，漢字辞典などで「JIS コード」を調べます．例えば「醫」という漢字を入力するには，"６Ｅ５０"と入力して，未確定状態のままで[F5]キーを押します．

> 　未確定状態の文字を，他の文字種に変換する方法をみていきましょう．
> 　入力方式が「ローマ字」，入力モードが「全角ひらがな」になっていることを確認してください．

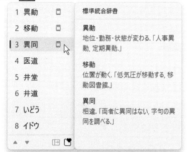

同音異義語の表示と選択

> 　JIS コードとよく似たものに「シフト JIS コード」と「区点コード」がありますので，漢字辞典などで漢字コードを調べるときにはよく注意しましょう．

入力	変換キー	(1回)	(2回)	(3回)	(4回)
ぎじゅつ	[変換]	技術	ぎじゅつ	ギジュツ	技術
ぎじゅつ	[F6]	ぎじゅつ	ギじゅつ	ギジゅつ	ギジュつ
ぎじゅつ	[F7]	ギジュツ	ギジュつ	ギジゅつ	ギじゅつ
ぎじゅつ	[F8]	ｷﾞｼﾞｭﾂ	ｷﾞｼﾞｭつ	ｷﾞｼﾞゅつ	ｷﾞじゅつ
ぎじゅつ	[F9]	ｇｉｊｕｔｕ	ＧＩＪＵＴＵ	Ｇｉｊｕｔｕ	ｇｉｊｕｔｕ
ぎじゅつ	[F10]	gijutu	GIJUTU	Gijutu	gijutu
６Ｅ５０	[F5]	洦／醫			
５５５Ｃ	[F5]	啜／學			
くにがまえ	[F5]※	□	囘四囚因囮回圀囿囹団囲囶困…		

※部首名からの漢字検索を有効にするためには「以前のバージョンのMicrosoft IMEを使う」をオンにしておく必要があります．

1.3.7 IME パッドの活用

【IME パッドの機能】

読み方がわからない漢字，あるいは[変換]キーを押しても候補が表示されないような漢字を入力する場合には，IME パッドを利用します．

IME ツールバーの[IME パッド]ボタン  をクリックすると，IME パッドが現れますが，ここには5種類の入力方法が用意されています．入力方法の切り替えは，画面左側にあるアイコンで行います．

IMEパッドの呼び出し

<手書き>

マウスを使って入力画面に文字の概形を描くと，それに近い形状の漢字の一覧が表示されます．目的の漢字を選択してクリックすると，編集中の位置に挿入されます．

<文字一覧>

[文字カテゴリ]に表示されるリストの中から，目的の文字種を選択すると，該当する文字の一覧が表示されます．

漢字や記号のほか，ギリシャ文字やキリル（ロシア）文字，単位記号なども選択できます．

<ソフト キーボード>

画面に現れるキーボードを使って，マウスだけであらゆるキー操作ができるようになります．

さらにキーボードのキー配列も，英語配列だけでなく JIS 配列／50 音配列など，5種類の中から選択できます．

<総画数>

漢字の総画数を指定すると，該当する漢字の一覧が表示されます．なお，同じ画数の中では「部首」順に並んでいます．

<部首>

部首の画数をもとに部首名を指定すると，該当する漢字の一覧が表示されます．なお，同じ部首名の中では「総画数」順に並んでいます．

1.4　インターネットの利用

◇このセクションのねらい

インターネットの意味や接続方法などの基礎知識を学ぶとともに，代表的なサービスである WWW と E-Mail の基本的な使い方を習得しましょう．

1.4.1　インターネットとは？

【インターネットとは？】

　インターネットの原型は，アメリカが軍事目的で開始した実験的なネットワークである "ARPA net"です．そのプロジェクトに関わった研究者たちの手によって，大学や研究機関における学術利用のためのネットワークに発展し，さらに現在のように全世界の人々が利用できるネットワークになりました．世界のインターネット人口は 2006 年に 10 億人を超え，2020 年には 50 億人を超えたといわれています．

　ところで，「インターネット」には，特定のネットワーク サービス組織がありません．世界中に散在するネットワーク（商用オンラインサービスや地域ネットワーク，企業内 LAN，WAN など）が，網の目のような通信回線によって相互接続された状態が「インターネット」であると認識してください．

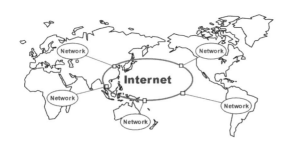

【インターネットで利用できるサービス】

　一般に，インターネットといえば，Web ページ（ホームページ）や SNS をイメージする方が多いかもしれません．

　しかし，Web ページも SNS も，WWW 技術を使ったサービスの一部にすぎず，その WWW 技術もインターネット技術全体から見れば，ほんの一部でしかありません．

　インターネットという世界的規模のネットワーク上で利用できるサービス（技術）は，左図に示すようにいろいろあります．本書では，この中でも最もよく利用されている次の 2 つをとりあげて，後節で詳しく解説を行います．

> ➤ E-Mail （電子メール）
> ➤ WWW （World Wide Web）

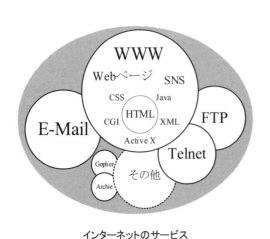

インターネットのサービス

◇ *Keywords*

インターネット, LAN, WAN, WWW（World Wide Web）,
Web ブラウザ, URL, お気に入り, Web ページの検索,
E-Mail, メーラ, メールアドレス, 添付ファイル

1.4.2 インターネットの利用環境

【接続方法の種類】

WWW サービスを利用して Web ページなどを見るためには，「IP 接続」といってコンピュータが常に双方向通信できる方法で接続する必要があります．

IP 接続には，常時接続が保証される専用線接続（主に組織向き），必要なときだけ接続するダイヤルアップ接続のほかに，ADSL／VDSL／光回線等のブロードバンド接続，Wi-Fi による無線接続など，多くの接続方式があります．

【ハードウェアと OS】

コンピュータをインターネットに接続するためには，LAN コネクタやモデムなどのハードウェアが必要になりますが，コンピュータの機種や通信の接続方式によって，必要な機器やセットアップの方法は異なります．

ほとんどの PC 用 OS（Windows, Mac OS, Linux など）は，インターネット接続を前提としているので，様々な接続方法に応じたネットワーク設定が簡単に行えるようになっています．

【Web ブラウザとメーラ】

インターネットの WWW サービスを利用するためには「Web ブラウザ」と呼ばれるアプリが，E-Mail サービスを利用するためには「メーラ」と呼ばれるアプリが必要になります．

Windows 11 では，これまで広く利用されていた Internet Explorer がなくなり，Edge が既定のブラウザになりました．他にも Chrome, Firefox, Safari, Opera などの Web ブラウザが広く利用されているので，自身の好みと目的に応じて，適切なアプリを選んでください．

また，Office には "Outlook" というメーラが含まれていますが，これと異なるメーラ アプリを使っても全く支障はありません．

当然のことですが，コンピュータをインターネットと接続するためには，その間の通信手段を確保する必要があります．ただし，学校や会社などが組織としてインターネットに接続している場合は，各個人がそれを意識する必要はありません．

Edge と Internet Explorer (IE)

マイクロソフト社は 2020 年頃から，Windows を利用しているユーザーに対して，Web ブラウザは IE よりも Edge を利用するよう呼びかけてきました．それは，処理スピードとセキュリティの両面で Edge の方が優れているからです．

なお，Edge には IE モード（Internet Explorer モード）があって，これを使えば IE のみに対応する Web コンテンツを開くことができるようになります．

1.4.3 WWWの利用

【WWW と Web ブラウザ】

WWW サービスを利用すれば，書式付きテキスト，画像，音声などのデータが，GUI（Graphical User Interface）を介して提供されます．利用者は，「Web ブラウザ」と呼ばれるアプリを利用することにより，容易に画面上の文字や画像を閲覧あるいは取得することができます．

以下では，Windows 11 で推奨されている Edge を使って，Web ブラウザの使い方を説明します．

WWWとは，1989年にCERN（ヨーロッパ素粒子物理学研究所）によって開発された，インターネット上での情報提供サービスのことです．

WWW＝World Wide Webには，「世界中に張り巡らされた，蜘蛛の巣のようなネットワーク」という意味があります．

【Web サイト / Web ページ / ホームページ】

これら3つの用語は混同されることが多いですが，それぞれには明確に異なる定義があります．

Web サイトとは同一組織による Web ページの集合のことであり，それらの最上位に位置して表紙・目次の役割を果たす Web ページがホーム ページです．具体例をあげると次のようになります．

"総務省の Web サイトには多くの情報が掲載されていますが，ホームページから「政策」〜「白書」とたどっていくと，情報通信白書の Web ページを見つけることができます．"

EdgeとCopilot

Edgeの右上にあるアイコン をクリックすると，Copilot（コパイロット＝副操縦士の意味）のサイド バーが現れ，チャット画面が現れます．

ここで「Copilotとは何ですか」と質問したところ，次のような回答が返ってきました（原文のまま）．

"Copilotとは、Microsoftが開発した生成AIの製品の一つです。自然言語を利用してドキュメントやコードの生成などができるツールです。Microsoft 365のアプリケーションと連携して、ユーザーの生産性や創造性を向上させることができます。"

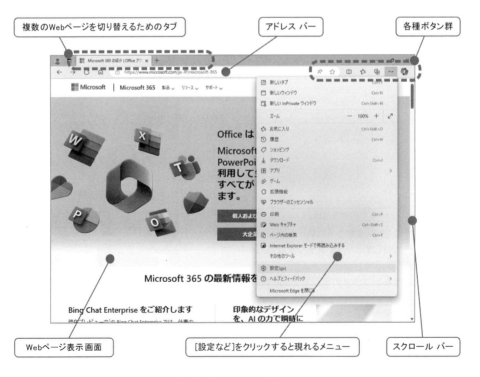

ブラウザ Edge の画面構成

【Web ブラウザを使ってみよう】

Web ブラウザの基本的な使い方を学び，とりあえずいろいろな Web サイトにアクセスして，Web ページを開いてみましょう．

慣れてきたら，Web 検索サイトを使ってキーワード検索を行い，該当する Web ページを日本国内あるいは世界中から探し出して，アクセスしてみましょう．興味のある Web ページを見つけたら，「お気に入り」に登録しておくと便利です．

【URL の入力】

ブラウザを起動したとき，どこかの Web ページが自動的に現れるのは，あらかじめブラウザに「スタート ページ」が設定されているためです．

自分の好きな Web ページを呼び出す方法の1つは，直接 URL を指定することです．例えば日本における Microsoft 365 の Web ページにアクセスするには，アドレス バーに

https://www.microsoft.com/ja-jp/microsoft-365

と入力して，[Enter]キーを押します．

表示された Web ページの上でマウス ポインタを動かすと，ポインタが手指の形になる箇所がいくつかあります．これは「ハイパーリンク」（あるいは単に「リンク」）といって，ここをクリックすると，あらかじめ関連づけられた他の Web ページを呼び出すことができます．

その他に，ツールバーの[戻る]，[進む]，[更新]，[ホーム]などの使い方を知っていれば，世界中のWebページを渡り歩くのに困ることはありません．

URLとは？

世界中に存在するWebページを特定するために割り当てられる名前（https://www.……のように表記されます）がURL（Uniform Resource Locator）です．

これらは，絶対に世界中で重複しないように管理されており，指定した「ページ」に間違いなく接続できるようになっています．

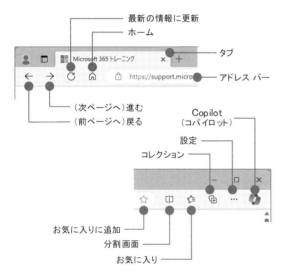

ブラウザEdgeの操作に使う 主なボタン

リンクされた項目をクリックしながら，ハイパーリンクをたどる

[お気に入りに追加] をクリック

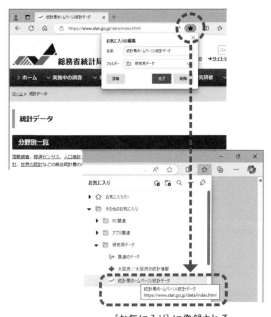

[お気に入り] に登録される

【お気に入りの登録】

やっと見つけた Web ページをもう一度見つけるのに苦労したり，面倒な URL をアドレス バーに入力しなければならないことがあります．このような手間を省くためにも，気に入った Web ページを見つけたら[お気に入り]に登録しておきましょう．

Edge のアドレス バーの右端にある[お気に入りまたはリーディング リストに追加]ボタン ☆ をクリックすればダイアログ ボックスが表示されます．ここで Web ページ名と保存する場所を確認して[追加]ボタンをクリックすれば登録は完了です．

登録済みの Web ページにアクセスしたいときは，Edge の右上方にある[ハブ]ボタン ☆ をクリックします．[お気に入り]に登録された Web ページの一覧が表示されるので，目的の Web ページを選択してください．

[検索ボックス] に"統計局 統計データ"
というキーワードで入力して検索を実行

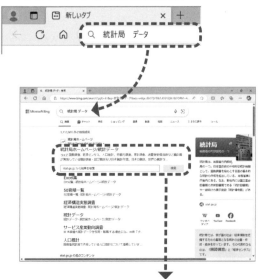

検索結果一覧の中から，ハイパーリンクを
たどって目的のWebページを表示する

【Web ページの検索】

キーワードを指定して，それに関連する Web ページを探す機能が「検索」です．

URL を入力したのと同じアドレス バーに，検索用キーワードを入力して[検索]ボタン 🔍 をクリックすると，世界中の Web ページを検索した結果としての一覧が表示されます．

なお，ブラウザ Edge には，標準でマイクロソフト社の"Bing"という検索サイトが登録されていますが，"Google"や"Yahoo!"など，使い慣れた他の検索サイトに変更することも可能です．

気に入った Web ページを見つけることができたら，[お気に入り]に登録しましょう．

【その他の基本機能】

画面に表示された Web ページは，画像も含めてすべて印刷することができます．その他にも，テキストのコピー，画像の保存，ソース表示など多くの機能があります．

これらの機能は画面上部にあるコマンド バー，あるいは表示画面上を右クリックしたときに現れるショートカット メニューから利用することができます．

1.4.4 E-Mail の利用

E-Mail（電子メール）とは，特定の利用者間で手紙のようにメッセージを交換するサービスのことです．「差出人」から発信されたメッセージは，「差出人」が指定した「受取人」しか見ることができません．そして世界中のどこからでも，低コストで，すばやく連絡がとれる，といった利点があります．

【E-Mail アプリ】

E-Mail サービスを利用するためには，E-Mail アプリ（メーラ）が必要になります．

ここでは Office パッケージに標準で含まれているメーラ＝Outlook を例として取り上げ，E-Mail の利用方法を見ていきます．

【E-Mail を使ってみよう】

E-Mail の使い方を学ぶ上で効果的な方法は，「自分宛てにメールを送信する」ことです．

これによって送信／受信の手順を理解できるだけでなく，E-Mail 機能が正常に機能しているかどうかのチェックにもなります．

要領がわかってきたら，身近にいる友人とメールのやり取りをしてみます．Word で作った文書や，デジタルカメラで撮影した画像などのファイルを添付して送信する方法，逆に友人からのメールに添付されたファイルをダウンロード（保存）する方法も習得しましょう．

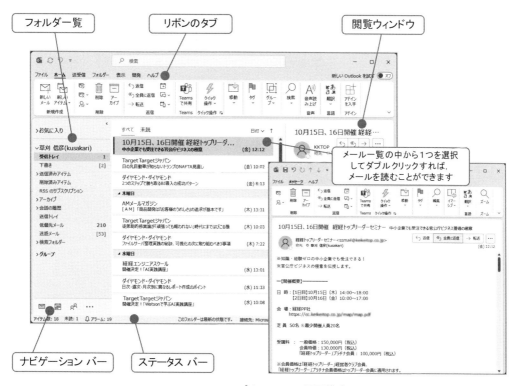

E-Mailアプリ Outlook の画面構成

【受信した E-Mail を読む】

　自分宛てのメールを「読む」前には必ず，リボンの[送受信]タブにある[すべてのフォルダーを送受信]ボタンをクリックして，新着メールのチェックを行います.

　フォルダ一覧の中にある[受信トレイ]をクリックすると，画面右側に自分宛てのメール一覧が，差出人名や受信日時とともに表示されます. 一覧の中のどれかをダブル クリックすると，メッセージ ウィンドウが現れてメール内容が表示されます.

【新しい E-Mail を送信する】

　[ホーム]タブの[新しい電子メール]ボタンをクリックすると，メッセージ ウィンドウが現れますが，ここで必ず入力するのは，次の3項目です.

　　[宛先] 相手のメール アドレスを指定します
　　[件名] 用件を1行に要約して記述します
　　[本文] 手紙の用件を記述します

　同じ内容のメールを別の人にも同時に送信したい場合には，[CC]（Carbon Copy の略）の欄にその人のメール アドレスを指定します.

　一度送信したメールを取り消すことはできないので，宛先や内容などをよく確認してから[送信]ボタンをクリックしてください.

メール アドレスについて

　E-Mailを送受信するためには，（郵便に住所・氏名が必要なように）お互いが「メール アドレス」を持っていなければなりません.

　これらは，絶対に世界中で重複しないように管理されており，指定した相手の手元に間違いなくメールが届くようになっています. メール アドレスの詳細については，当該組織の担当者から説明を受けてください.

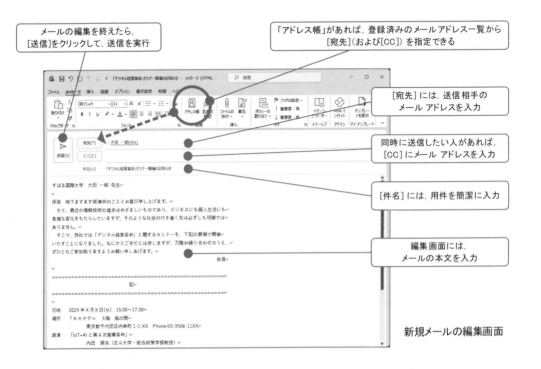

新規メールの編集画面

メールの編集を終えたら，[送信]をクリックして，送信を実行

「アドレス帳」があれば，登録済みのメールアドレス一覧から[宛先]（および[CC]）を指定できる

[宛先]には，送信相手のメール アドレスを入力

同時に送信したい人があれば，[CC]にメール アドレスを入力

[件名]には，用件を簡潔に入力

編集画面には，メールの本文を入力

受信したメールの[返信]ボタンをクリックすると,
メッセージ ウィンドウが現れる

[宛先]と[件名]は
自動的に設定される

自分で入力した
本文

元のメッセージの
引用

【送信時】[挿入]タブの[ファイルの添付]をクリック

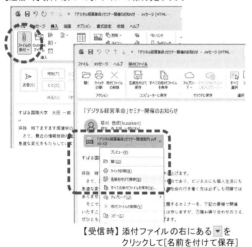

【受信時】添付ファイルの右にある▼を
クリックして[名前を付けて保存]

1バイト文字(半角の英数記号)だけを利用した
フェイス マークの例

【基本形】

(^_^)	(*_*)	(+_+)	(−_−)
(;_;)	(>_<)	(-.^)	(`*´)
:-)	:-(	:-D	:-P

【応用編】

(^_^)/	(^o^)/	ハーイ
^_^;	(^_^;)	あせ
<(_ _)>		おねがい
(-.-)y-~~~		たばこ
(-_-)zzz		おやすみ
(^_^)/~~~		さようなら
(/^^)/		こっちにおいといて…
{{ (>_<) }}		さむい!

【E-Mail に対して返信する】

　自分宛てのメールに対して返事を書く場合,「返信」機能を使うと便利です.

　差出人からのメールを読みながら,[メッセージ]タブにある[返信]ボタンをクリックすると,メッセージ ウィンドウが現れます.

　そこにはすでに,[宛先]として差出人のメールアドレスが,[件名]として元の件名に"RE:"(Replyの意味)が付加されたものが表示されています. そして[本文]にも,差出人からのメッセージの引用が掲載されているので,宛先を間違うことなく,的確な返事を書くことができます.

【添付ファイル】

　Word や Excel の文書ファイル,写真や動画などのファイルを,「添付ファイル」として,E-Mail のメッセージと一緒に送信することができます.

　逆に,受信した E-Mail にファイルが添付されてきた場合は,適当な場所に保存してから開くようにしましょう.

　最近では,悪意の有無に関わらず,コンピュータウイルスに感染したファイルが添付されてくることが多くなっています. 不明な差出人からのメールを読まないことはもちろん,すべての添付ファイルは必ずウイルス チェックを行ってから開く,というくらいの用心深さが必要です.

◆フェイス マーク(顔文字)

　E-Mail は,基本的に文字しか扱えない世界ですが,その文字だけで一種の絵 (^o^) を描いて,表現を豊かにすることができます. これらは総称して「フェイス マーク(顔文字)」と呼ばれます.

　2バイト文字(日本を含めた各国独自の文字や記号)を使った,ユニークなフェイス マークもありますが,それらは同じ文字コードを扱える環境でしか読めません. 欧米はもちろんアジア圏でも読めないことがあるので,国際的な E-Mail の送受信を行う人は注意が必要です.

　左の例を参考にして,皆さんもオリジナルのフェイス マークを考案してみてください.

第2章 Word 実習

2.1 ワープロの概念と基本機能

◇このセクションのねらい

ワープロの概念と基本的な機能について理解しましょう．キーボードの使い方，文字の入力と削除などの基本的な操作を習得しましょう．

2.1.1 Word の機能と画面構成

ワードプロセッサ（以下，ワープロ）は，単なる文章入力と清書のための道具ではありません．表やグラフ，図や写真を含んだ文書を簡単に編集できるのはもちろん，文字の表現力やレイアウト機能も充実し，ほとんど DTP（Desk Top Publishing）アプリケーションに近い役割を果たせるようになっています．

本書の原稿はすべてWordで書き上げ，そのまま製版機から出力したもので，WordのDTP機能が十分なものであることを示しています．

Word の基本的な画面構成は，下図のようになります．

画面中央に広がる文書編集領域の周囲に，タイトル バーとリボンのタブ，ルーラーやスクロールバーなどが配置されています．

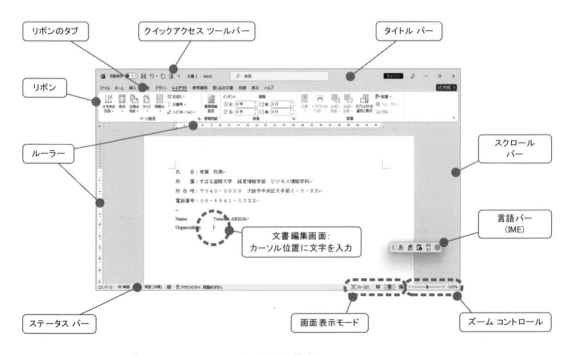

Wordの画面構成

◇ *Keywords*
Wordの作業環境, 画面表示モード, ページ設定,
用紙サイズ, 余白, 文字数と行数, ヘッダー／フッター,
名前を付けて保存／上書き保存, 印刷プレビュー

◆文字を入力してみよう

　まず Word を起動して, 簡単な文字入力や画面表示の設定など, ひととおりの操作を実際に行ってから終了してみましょう.

　§1.3 の「日本語入力の方法」を参考にして, とりあえず自分のプロフィール（氏名, 所属, 住所, 電話番号など）を入力してみましょう.

氏　　名：有賀　知美

所　　属：すばる国際大学　経営情報学部　ビジネス情報学科

所 在 地：〒５４０－０００８　大阪市中央区大手前２－３－ＸＸ

電話番号：０６－６９４１－０３ＸＸ

Name:　　　　　　　Tomomi ARIGA

Organization:　　　SUBARU International University

Address:　　　　　 2-3-XX　　Otemae, Chuo-ku Osaka, 540-0008, Japan

Phone:　　　　　　 06-6941-03XX

◆解説：間違いやすい文字

　アルファベットを活字にすると, かえって区別し難くなる場合があります. 例えば「lolo」という文字列などは, 英字のエル「L」とオー「O」なのか, 数字の「1」と「0」なのか, これだけを見たのでは判断がつきません.

　セミコロン「；」とコロン「：」, コンマ「，」とピリオド「．」などは, もともと間違いやすい文字です.

　実際には, 必ず区別できるような相違点があるので, 前後の関係から判断するとともに, フォントの「クセ」を覚えましょう.

フォントの種類	エル	オー	いち	ゼロ
MS 明朝	L, l	O, o	1	0
MS ゴシック	L, l	O, o	1	0
Arial	L, l	O, o	1	0
Arial (Italics)	*L, l*	*O, o*	*1*	*0*
Century	L, l	O, o	1	0
Century (Italics)	*L, l*	*O, o*	*1*	*0*
Courier New	L, l	O, o	1	0
Courier New (Italics)	*L, l*	*O, o*	*1*	*0*
Times New Roman	L, l	O, o	1	0
Times New Roman (Italics)	*L, l*	*O, o*	*1*	*0*

2.1.2 文書作成の開始

【新しい文書の作成】

　Word を起動した直後には，文書編集を開始するための Backstage ビュー画面が現れ，あらかじめ用意されている多くのテンプレートが表示されます．

　ここでは"白紙の文書"を選択して，新しい文書の編集作業に入りましょう．

【作業環境の確認】

　文書の編集や作業環境の設定に必要な機能はすべて，画面上方にあるリボンに配置されています．リボンのタブを切り替えながら，必要な機能がどこにあるのかを確認しておいてください．

　[ホーム]タブにある[編集記号の表示/非表示]では，"表示"を選択しておきます．次に，[表示]タブをクリックして，[ルーラー]にチェックが入っていることを確認してください．

　その他にも，日本語入力システム（IME）のツールバー＝IME ツールバーの状態，画面のズーム倍率，上書きモードのオン／オフなど，目的に合った作業環境に設定しておくことが大切です．

Wordの初期状態

　Wordを起動した直後であっても，使っているコンピュータや環境によっては，画面の状態が異なることがあります．

　このような初期状態を，できるだけ一致させるのに必要な基本知識をまとめてみました．

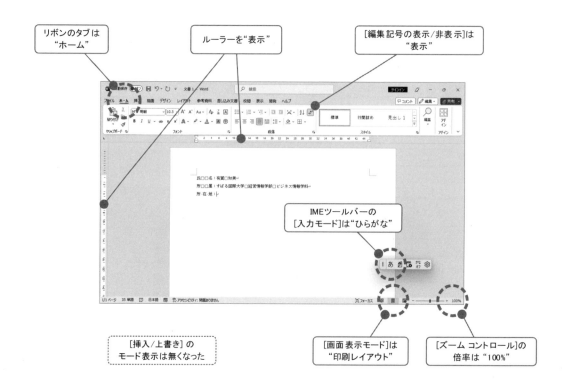

リボンのタブは
"ホーム"

ルーラーを"表示"

[編集記号の表示/非表示]は
"表示"

IMEツールバーの
[入力モード]は"ひらがな"

[挿入/上書き]の
モード表示は無くなった

[画面表示モード]は
"印刷レイアウト"

[ズーム コントロール]の
倍率は"100%"

[画面表示モード]の切り替えボタン

リボンの [表示] タブ　　　ステータス バー

【5つの画面表示モード】

Word には5つの表示モードがあります．それぞれの特徴を知った上で効果的に使い分けましょう．

それぞれのモードは，リボンの[表示]タブにあるボタンで切り替えますが，よく利用される閲覧／印刷レイアウト／Web レイアウトの3つは，ステータス バーのボタンで切り替えることもできます．

<印刷レイアウト>

印刷出力されるイメージで表示しながら編集することができる，最も基本的な表示モードです．

レイアウト枠，段組み，ヘッダー／フッター，脚注をはじめ，あらゆる書式設定を画面上で正確に確認することができます．

<閲覧>

画面上で文書を読みやすくすることだけを目的とした表示モードです．

ツールバーやメニューが非表示になり，文書を表示する領域が広がりますが，編集作業はできなくなります．

<Web レイアウト>

Web ブラウザで表示したときのレイアウトを確認しながら，編集するときに用います．

文字列はウィンドウに合わせて折り返され，表や画像も Web ブラウザに表示したときのレイアウトになります．

<アウトライン>

長い文章の全体構成（アウトライン）を考えたり再構成するのに用いる，特殊な表示モードです．

文章を「本文」と「見出し」で管理・編集することができますが，ページ区切りやヘッダー／フッター，図などは表示されません．

<下書き>

入力や編集の作業効率を優先するための表示モードで，文字の書式設定は反映されますが，ページのレイアウトなどは単純化して表示されます．

ページ罫線，ヘッダー／フッター，および一部の描画オブジェクトや図は表示されません．

2.1.3 文書のページ設定

【ページ設定状況の確認】

　ワープロを使って文書を作成する場合，文字入力を始める前に必ず，基本的なページ設定を行っておきましょう．

　[レイアウト]タブにある[ページ設定]グループの [⊡] ボタンをクリックして，[ページ設定]ダイアログ ボックスを呼び出します．

　ここには，用紙のサイズや向き，横書き／縦書きといった基本的なレイアウトのほか，余白サイズや文字数・行数，ヘッダー／フッターの領域など，詳細な設定項目が用意されています．

【用紙のサイズ】

　最初に，印刷する際の用紙サイズを決めましょう．用紙サイズはJIS規格で定められており，よく使われるサイズが一覧で表示されます．

A3	297mm × 420mm
B4	257mm × 364mm
A4	210mm × 297mm
B5	182mm × 257mm
はがき	100mm × 148mm

　日本では公文書としてA4サイズを用いることが多く，本書の課題もすべてA4サイズで作成することを想定しています．

[ページ設定]ダイアログ ボックス

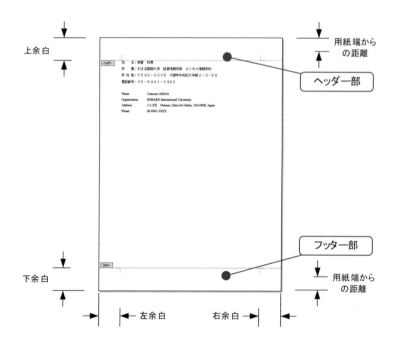

【印刷の向きと余白】

　用紙サイズが決まったら，印刷する方向を[縦]にするか[横]にするかを選択します．

　用紙の上下左右には，適度な大きさの余白を設定します．A4サイズの用紙の場合，それぞれの余白は25mm程度が適当でしょう．

　特殊な[印刷の形式]として，「袋とじ」や「見開き」などを選択することもできます．

【文字数と行数】

　用紙の方向とは別に，文字の方向として[横書き]か[縦書き]かを選択します．また，「段組み」（段数）の設定もここで行うことができます．

　次に，1行あたりの文字数と，1ページあたりの行数を設定します．

　通常は[行数だけを指定する]を選択し，文字数は自動設定にまかせて，行数を"36"前後の値に設定するとよいでしょう．

【その他の設定】

　その他にもいろいろな設定項目が用意されていますが，その中でも重要なのは[ヘッダーとフッター]の設定です（§2.3.3を参照）．

　ヘッダーが必要な場合は，上部余白の範囲内で，用紙の上端からヘッダーの上端までの距離を指定します．同様にフッターが必要な場合は，下部余白の範囲内で，用紙の下端からヘッダーの下端までの距離を指定します（左ページの図を参照）．

いろいろなページ設定

【標準的な設定】

A4，縦置き
横書き，段組みなし

A4，縦置き
縦書き，段組みなし

A4，横置き
縦書き，段組みなし

A4，縦置き
横書き，2段組み

せっかく入力した文書も，どこかに保存しておかなければ，ちょっとしたミスやトラブルで消えてしまうこともしばしばあります．

作業途中でもこまめに保存する，という習慣を身につけましょう．

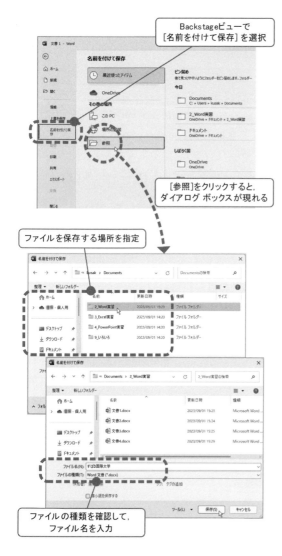

Backstageビューで
[名前を付けて保存]を選択

[参照]をクリックすると，
ダイアログ ボックスが現れる

ファイルを保存する場所を指定

ファイルの種類を確認して，
ファイル名を入力

クイックアクセス ツールバーの[上書き保存]ボタン

2.1.4 ファイルの保存と印刷

【名前を付けて保存】

新規作成した文書には名前がありません．この場合は[名前を付けて保存]という方法を取ります．

リボンの[ファイル]タブから Backstage ビューを呼び出し，[名前を付けて保存]を選択します．ここで[参照]をクリックすると，[名前を付けて保存]ダイアログ ボックスが現れます．

まず，保存する場所を指定します．初期状態では"ドキュメント"フォルダが表示されているかもしれませんが，ドライブやフォルダの階層をたどって，任意の場所に変更することができます．

例えば，USB メモリ（E ドライブ）に保存する場合は，"PC"の下にある"リムーバブル ディスク(E:)"を選択します．

次に[ファイル名]ボックスの中に，適当なファイル名を入力します．意図しない文字列がすでに入っている場合は，[Del]キーか[BackSpace]キーで削除してください．

長いファイル名を使う場合は，

2.1　ワープロの概念と基本機能

のように，内容がよくわかる名前にします．

また，8 文字以内のファイル名を使う場合には，

chapt21a

（「第 2 章第 1 節の課題 a」の意味）のように工夫する必要があります．

[ファイルの種類]は，特に指定のない限り"Word文書(*.docx)"のままにしておきます．

最後に[保存]をクリックすると，ディスクへの保存作業が始まり，完了するとダイアログ ボックスが消えます．

【上書き保存】

既存のファイルを開いて呼び出した文書，あるいは新規作成の場合でも一度保存した文書なら，上書きして保存することは簡単です．

Backstage ビューで[上書き保存]を選択するか，クイックアクセス ツールバーの[上書き保存] をクリックするだけで，保存は完了します．

【印刷作業の前に】

印刷作業に入る前に，前項「文書のページ設定」で説明したような諸設定（用紙サイズ，余白の大きさなど）の確認を行った上で，必ず文書を保存しておきましょう．

次にプリンタの準備を行います．プリンタの電源が ON になっているか，適当なサイズの用紙が入っているか，などをチェックしましょう．

【印刷プレビュー】

印刷の際は必ず，画面上で印刷イメージを確認したのちに，紙に出力する習慣をつけましょう．

リボンの[ファイル]タブから Backstage ビューを呼び出し，[印刷]を選択すれば，印刷プレビューと印刷設定メニューが同時に表示されます．

画面右側にある印刷プレビューの文字が小さすぎる，あるいは大きすぎて全体が見えないなどのときは，[ズーム コントロール]を操作して，適切な大きさの表示に変更してください．

> 現在のOfficeでは，Backstageビューにおいて[印刷]を選択するだけで，印刷プレビューと印刷設定が１つの画面でできるようになりました．
> Office 2007 以前のバージョンをお使いの場合は，印刷プレビューを行った後，[印刷]ダイアログ ボックスを呼び出して設定を行うというように，手順が異なるので注意が必要です．

【印刷設定メニュー】

画面左側の印刷設定メニューでは，[プリンター]の設定を確認してから，印刷範囲（印刷ページ）や印刷方向などを決めます．同じ文書を２部以上印刷したい場合には，[部数]の欄で指定します．

最後にメニュー上部にある[印刷]ボタンをクリックすると，印刷出力が始まります．

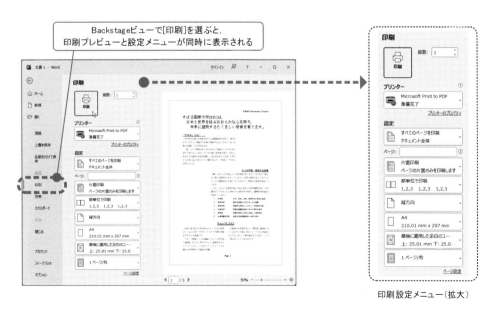

印刷設定メニュー（拡大）

2.2 編集機能と修飾機能

◇このセクションのねらい

すでに入力済みの文書を開くところから始めます。基本的な編集機能により効率的な作業を，修飾機能により見栄えの良い文書を作成する方法を習得しましょう。

◆データ入力

📁 chapt22a.txt

まず，基本課題の準備として，次のような20個のことわざを入力します。

あるいは，「教材ファイルの配布サービス」（本書の冒頭で紹介）を通じて入手したファイルがある場合は，それらの中から"chapt22a.txt"を開く（読み込む）ところから始めてもかまいません。

ローマは一日にして成らず 寄らば大樹の陰 泣き面に蜂 鶏口となるも牛後となる勿れ 見目より心 虎穴に入らずんば虎子を得ず 口は災いの門 三人寄れば文殊の知恵 時は金なり 取らぬ狸の皮算用	早起きは三文の徳 忠言耳に逆らう 燈台下暗し 逃げた魚は大きい 馬の耳に念仏 百聞は一見に如かず 覆水盆に返らず 木を見て森を見ず 雄弁は銀、沈黙は金 論より証拠

基本課題

せっかく入力したデータですが，これら20個のことわざのうち，必要な10個だけを残し，他は削除します。さらに，順序を変えるために移動を行います。このように，文章の一部または全部を削除したり移動したり，あるいは複写したりする操作のことを，編集機能といいます。

次に，ことわざの解説文と英語のことわざ（類義）を追加入力します。その後，仕上げとして文字の **フォントをゴシック** に変えたり，**サイズを大きく** したりしていきますが，これらは修飾機能の一部です。

◇ *Keywords*
（ファイルを）開く，範囲選択，削除/複写/移動，検索/置換，
フォントの種類/サイズ，ルビ（ふりがな），太字/斜体/下線，
拡張書式設定，文字の拡大と縮小，数式入力

馬の耳に念仏
【解説】（馬に念仏を聞かせても，その有難みがわからないように）いくら説き聞かせても何の効もないたとえ．
【類義】It is no use singing psalms to a dead horse.

木を見て森を見ず
【解説】細かい点を注意し過ぎて大きく全体をつかまない．
【類義】You cannot see the city for the house.

口は禍の門
【解説】うっかり吐いた言葉から禍を招くことがあるから，言葉を慎むべきである，という戒め．
【類義】Out of the mouth comes evil.

虎穴に入らずんば虎子を得ず
【解説】危険を冒さなければ功名は立てられないことのたとえ．
【類義】Nothing venture, nothing have.

三人寄れば文殊の知恵
【解説】愚かな者も三人集まって相談すれば文殊菩薩のようなよい知恵が出るものだ．
【類義】Two heads are better than one.

取らぬ狸の皮算用
【解説】不確実な事柄に期待をかけて，それをもとにした計画をあれこれ考えること．
【類義】Catch your bear before you sell its skin.

泣き面に蜂
【解説】（泣き面を蜂が刺す意）不運の人にさらに苦痛や不幸が重なることをいう．
【類義】Misfortunes never come single.

百聞は一見に如かず
【解説】何度も聞くより，一度実際に自分の目で見る方がまさる．
【類義】Seeing is believing.

見目より心
【解説】人は容貌の美しさよりも心のうるわしいのが大切である．
【類義】Handsome is as handsome does.

寄らば大樹の陰
【解説】頼る相手を選ぶならば，力のある者がよい．
【類義】Good tree is a good shelter.

日本語のことわざとその解説は，『広辞苑 第六版』（岩波書店，2008年）を参考にしています．

2.2.1 削除/複写/移動

【範囲選択の方法】

あらゆる編集・修飾の作業は，範囲選択を行うところから始まります．

範囲を選択する基本的な方法は，マウスによる「ドラッグ」です．選択したい範囲の先頭の文字でクリックし，そのまま指を離さずに最後の文字まで移動し，指を離します．

こうして選択された範囲は，画面上で網かけ表示されるので，すぐに確認できます．間違った範囲を選択したときは，範囲外の適当な位置でクリックすれば選択範囲が解除されます．

> **キーボードによる範囲選択**
>
> マウスによる範囲選択が難しいときは，[Shift]キー＋カーソルキー[↑][↓][←][→]で範囲を選択することもできます．

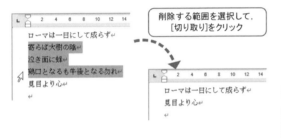

【削除】

削除したい範囲を選択して，[切り取り]をクリックします．

範囲選択をした後で[Del]キーを押しても，同じ結果が得られます．

> [切り取り]は，リボンの[ホーム]タブ，[クリップボード]グループの中にあります．移動／複写で利用する[貼り付け]と[コピー]も同じところにあります．

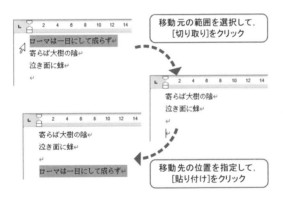

【移動】

移動したい範囲を選択して[切り取り]をクリックしたのち，移動先となる位置を指定して[貼り付け]をクリックします．

選択範囲が網かけ表示になっている状態で，移動したい位置までドラッグ アンド ドロップを行えば，移動操作になります．

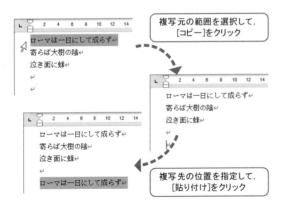

【複写】

複写したい範囲を選択してメニューの[コピー]をクリックしたのち，複写先となる位置を指定して[貼り付け]をクリックします．

選択範囲が網かけ表示になっている状態で，[Ctrl]キーを押しながら複写したい位置までドラッグ アンド ドロップを行えば，複写操作になります．

2.2.2 検索/置換とスペルチェック

【検索と置換】

　長い文章の中から特定の文字列を探し出す機能が「検索」，特定の文字列を探し出すと同時に他の文字列と交換する機能が「置換」です．

　どちらもリボンの[ホーム]タブ，[編集]グループの中にボタンが用意されています．[検索]を選ぶとナビゲーション ウィンドウが現れますが，[高度な検索]や[置換]を選ぶと，[検索と置換]ダイアログボックスが現れます．

ナビゲーション ウィンドウを使って 文字列 "災い" を検索

[検索と置換]ダイアログ ボックスを使って，文字列 "災い" を検索

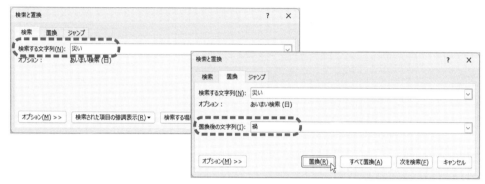

文字列 "災い" を "禍" に置換

【スペル チェック】

　スペル チェックとは，英単語のスペル（綴り）に誤りがないかどうかをチェックする機能のことです．スペル チェック用の辞書を参照して，未登録の単語を発見・指摘するだけでなく，修正候補の単語まで提示してくれます．

　自動スペル チェック機能の設定を行うには，リボンの[ファイル]タブをクリックして[オプション]を選択します．[Word のオプション]ダイアログボックスが現れたら，[文章校正]という項目を選択し，[入力時にスペルチェックを行う]にチェック☑が入っていることを確認してください．

　自動スペル チェック機能を ON にしておくと，編集中であってもスペルに誤りのある単語があれば即座に，赤色の波下線付きで表示されます．この単語の上で右クリックすると，単語の修正候補とともに，スペルチェック用のメニュー（[無視], [辞書に追加]など）が現れます．

英単語のスペルチェックと修正

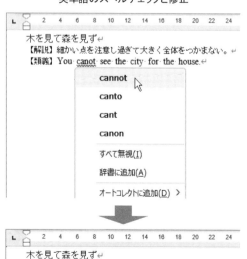

2.2.3 文字の修飾

【フォントの種類とサイズ】

いろいろな日本字フォント

いろいろな英字フォント

文書の中で，特定の範囲の文字列だけを目立たせたい場合など，文字フォントの種類（書体）やサイズを変えると効果的です．基本課題では，下図のようにフォントを使い分けています．

フォントの種類とサイズを設定するコマンドは，リボンの[ホーム]タブ，[フォント]グループの中にあります．変更したいときには，まず文字列の範囲選択を行い，

フォント（の種類）　| MS 明朝 ▼ | ，または

フォントのサイズ　| 10.5 ▼ | A⁺ A⁻ |

をクリックして，適切なもの選びます．

一般に，日本語の印刷物で標準的に使われているのは「明朝体」と呼ばれるフォントです．そして，タイトルや見出しなど，特定の語句を強調するのによく用いられるのは「ゴシック体」と呼ばれるフォントです．明朝体とゴシック体は，ほとんどのワープロに組み込まれています．

その他にも数多くのフォントが出回っていますが，あまり多くのフォントを多用しすぎると，強調や美しさという点で逆効果になることがあるので，2〜3のフォントを上手に使い分けることを覚えましょう．

フォント サイズについて

フォント サイズの指定に用いられる単位pt（ポイント）は，72ptが1インチ（25.4mm）に相当します．

したがって10.5ptの文字の大きさは約3.7mm，12ptの文字の大きさは約4.2mmになります．

基本課題で用いている書式設定

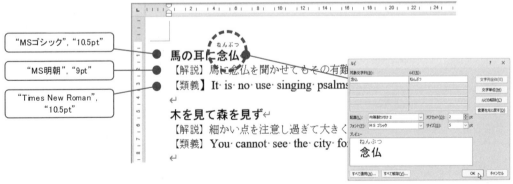

"MSゴシック"，"10.5pt"

"MS明朝"，"9pt"

"Times New Roman"，"10.5pt"

ルビを設定するダイアログ ボックス

【基本的な書式設定】

Office 2003 までは[書式設定]ツールバーと[拡張書式設定]ツールバーに分かれていた機能が，Office 2007以降はリボンの[ホーム]タブにある[フォント]グループに統合されています．

文字フォントの種類とサイズ以外にも，文字列を強調する多くの方法が用意されており，その中でも主なものを左図にまとめました．

文字列の範囲を選択してから該当するボタンをクリックすると，それぞれの強調が有効になり，もう一度クリックすると無効になります．

なお，文字列の範囲を選択した後で，[フォント]グループの右下にある ⌐ をクリックしてダイアログ ボックスを呼び出せば，リボンに用意されていない文字飾りや種々の設定を選択できるようになります．

[フォント]グループにある書式設定コマンド

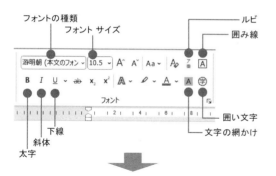

B [太字]は，**文字列を太字**にします．

I [斜体]は，*文字列を斜体*にします．

U [下線]は，文字列に下線を引きます．

ア亜 [ルビ]は，基本課題でも使っています．

A [囲み線]は，文字列を線で囲みます．

A [文字の網かけ]は，文字列の背景を網かけします．

㋐ [囲い文字]を使うと，㊞や㊞のようになります．

[フォント]ダイアログ ボックス

【拡張書式設定】

Office 2003 まで[拡張書式設定]ツールバーにあった機能のうち，[組み文字]と[文字の拡大/縮小]は，Office 2007以降ではリボンの[ホーム]タブにある[段落]グループに移動しています．

文字列の範囲を選択してから，[拡張書式]ボタン をクリックして，必要な機能を選びます．

[段落]グループにある拡張書式設定コマンド

[組み文字]を使うと，組み文字 のように表現できます．

[文字の拡大/縮小]で，縦横比が変わります．

縦横比＝50%
縦横比＝80%
縦横比＝100%
縦横比＝150%
縦横比＝200%

発展課題

ちょっと難しいかもしれませんが，数学で使われる数式を入力してみましょう．

フォントの種類やサイズをうまく組み合わせただけでは，これだけの表現はできません．ここでは，リボンの[挿入]タブ，[記号と特殊文字]グループにある[数式]コマンドを使います．

さらに，それぞれの数式について，英語での読み方を併記してありますので，こちらは英文ワープロのつもりで気楽に入力しながら，あまり馴染みのない数式の英語読みを学習してください．

> **数式入力について**
>
> Word の数式入力では，「構造」を選択して数式のパーツを組み立てる方法（本項で解説）の他にも，理系分野でよく利用される"UnicodeMath"と"LaTeX"の入力方式が用意されています．

◆課題のポイント

【数式入力の手順】

[数式の挿入]ボタン π 数式 ▾ をクリックすると，新たに[数式]タブが現れるとともに，編集画面上に"ここに数式を入力します。"という数式編集用の枠が現れます．

[挿入]タブにある[数式の挿入]ボタンをクリックすると，
数式ツールとして[数式]タブが現れる

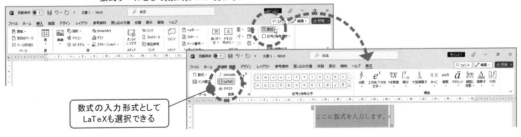

数式の入力形式として
LaTeXも選択できる

"次数付きべき乗根"の入力手順

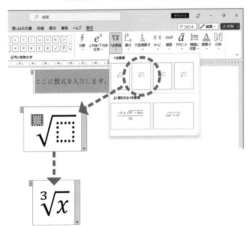

"$a+b$"のように単純な数式の場合は，数式編集用の枠内に"a＋b"と入力し，枠外の適当な場所をクリックするだけで完了です．

しかし"$\sqrt[3]{x}$"の場合には，[数式]タブの[構造]グループの中から[べき乗根]をクリックし，"次数付きべき乗根"を選んでから，指定された枠内に"3"や"x"を入力していきます．

一度入力した数式は，範囲選択をして[Del]キーで削除することができます．また，入力済みの数式を修正したい場合には，その数式をクリックするだけで，リボンが[数式]タブに変わり，数式編集用の枠が現れます．

$a+b$	a plus b.
$a-b$	a minus b.
$a \times b$	a times b. / a multiplied by b.
$a \div b$	a divided by b.
$\dfrac{a}{b}$	a over b.
$a=b$	a is equal to b. / a equals b.
$a<b$	a is less than b.
$a \geq b$	a is greater than or equal to b.

$\sqrt{x}$	the square root of x.
$\sqrt[3]{x}$	the cube root of x.
$\sqrt[n]{x}$	the n th root of x.
x^2	x squared.
x^3	x cubed.
x^n	x to the power (of) n. / x to the n. / the n th power of x.
x^{n-1}	x to the power (of) n minus one. / x to the n minus one.
x^{-n}	x to the power (of) minus n. / x to the minus n.

$\dfrac{a}{b}=c$	a over b equals c.
$\dfrac{1}{a}+\dfrac{1}{b}=\dfrac{1}{c}$	one over a plus one over b equals one over c.
$F=\dfrac{mv^2}{r}$	capital F equals small m times small v squared all over small r.
(ab)	open brackets, ab, close brackets. / bracket ab bracket. / ab in brackets.
$(a-b)(c+d)$	a minus b in brackets times c plus d in brackets.
$a_1 b_1 = a_2 b_2$	a subscript one times b subscript one equals a subscript two times b subscript two.

$\dfrac{1}{2}$	a half. / one-half.
$\dfrac{1}{3}$	a third. / one-third.
$\dfrac{3}{16}$	three-sixteenths.

0.125	(zero, oh, or nought) point one two five.
1.23	one point two three.
1550	one thousand five hundred and fifty. / fifteen hundred and fifty.

松本安弘,松本アイリン「技術英文作成ガイド」(北星堂店, 1986 年)より抜粋

2.3 レイアウト

◇このセクションのねらい

長い文章を入力しながら，段落の概念を理解しましょう．
段落の配置，箇条書き，インデント，ヘッダー/フッターなど，
高度なレイアウト機能も習得しましょう．

◆データ入力　📁chapt23a.txt

長い文章の例として，ある大学の入学案内を入力してみましょう．

最初から細かい書式設定やページ レイアウトなどに気をとられないようにして，どんどん文字を入力し，最後の段階で仕上げを行うよう心がけましょう．

すばる国際大学(SIU)は、
日本と世界を結ぶおおらかな心を持ち、
未来に雄飛するたくましい若者を育てます。

「すばる」とは・・・
冬の夜空に輝く牡牛座の中にある散開星団の名称で、西洋名はプレアデス、肉眼では6個の恒星が見えることから「むつら星(六連星)」とも呼ばれます。
「昴」という漢字が当てられますが、語源は1つにまとめる意の「統べる」にあり、6つの学部・研究所が協力しながら、活力のある教育と研究を展開し、大きな志をもった多くの若者たちを世に送り出そうという願いを込めて、校名に「すばる」を冠しました。

6つの学部・研究所を設置
SIUには5つの学部と1つの研究所があります。それぞれの学部では、基本に忠実なカリキュラムの上に、世界に通用するビジネスマンとしての実践的な力を身につけられるよう、特色ある教育を用意しています。
また、このような教育の場とは別に独立した研究機関を設け、日本国内だけではなく広く海外からも研究者を招聘し、国際的な研究協力を進めています。
文学部：文学、哲学、史学、教育学など多彩な専攻
経済学部：実学を意識したカリキュラム展開
経営情報学部：実践的な授業とコンピュータ教育の充実
社会学部：現実的課題の解決に向けた実践を重視
法学部：国際化時代に対応した新しい法学体系
社会問題研究所：高度な社会問題研究への取り組み

キャンパス ライフ
自然に恵まれた広大な緑のキャンパスは、研究はもちろんスポーツやサークルなどの課外活動を行うのにも最適です。
スポーツ施設としては400mトラックを含む陸上競技場、サッカー用グラウンド、野球用グラウンド、テニスコート、地下にアスレチックジムを備えた体育館などの施設が完備。
2箇所の大食堂以外にも、喫茶室、談話室、サロンなど学生が集い語らうことのできる場所もふんだんにあって、時の過ぎるのも忘れてくつろぐ姿があちこちで見られます。

◇ *Keywords*

段落, 改行/改段落/改ページ, レイアウト, 段落の配置,
左揃え/中央揃え/右揃え/両端揃え, インデント, 箇条書き,
段組み, ヘッダー/フッター, ページ番号

基本課題

　入力した文章をもとに, 種々のレイアウト設定を行ってみましょう. 印刷する前には, 必ずプレビューによる確認をしましょう.

※下図は『すばる国際大学入学案内』の完成イメージ

SUBARU International University

すばる国際大学(SIU)は、
日本と世界を結ぶおおらかな心を持ち、
未来に雄飛するたくましい若者を育てます。

「すばる」とは・・・

　冬の夜空に輝く牡牛座の中にある散開星団の名称で、西洋名はプレアデス、肉眼では6個の恒星が見えることから「むつら星(六連星)」とも呼ばれます。

　「昴」という漢字が当てられますが、語源は1つにまとめる意の「統べる」にあり、6つの学部・研究所が協力しながら、活力のある教育と研究を展開し、大きな志をもった多くの若者たちを世に送り出そうという願いを込めて、校名に「すばる」を冠しました。

6つの学部・研究所を設置

　SIUには5つの学部と1つの研究所があります。それぞれの学部では、基本に忠実なカリキュラムの上に、世界に通用するビジネスマンとしての実践的な力を身につけられるよう、特色ある教育を用意しています。

　また、このような教育の場とは別に独立した研究機関を設け、日本国内だけではなく広く海外からも研究者を招聘し、国際的な研究協力を進めています。

1.	文学部	：文学、哲学、史学、教育学など多彩な専攻
2.	経済学部	：実学を意識したカリキュラム展開
3.	経営情報学部	：実践的な授業とコンピュータ教育の充実
4.	社会学部	：現実的課題の解決に向けた実践を重視
5.	法学部	：国際化時代に対応した新しい法学体系
6.	社会問題研究所	：高度な社会問題研究への取り組み

キャンパス ライフ

　自然に恵まれた広大な緑のキャンパスは、研究はもちろんスポーツやサークルなどの課外活動を行うのにも最適です。

　スポーツ施設としては400mトラックを含む陸上競技場、サッカー用グラウンド、野球用グラウンド、テニスコート、地下にアスレチックジムを備えた体育館などの施設が完備。

　2箇所の大食堂以外にも、喫茶室、談話室、サロンなど学生が集い語らうことのできる場所もふんだんにあって、時の過ぎるのも忘れてくつろぐ姿があちこちで見られます。

Page 1

2.3.1 段落の書式設定

【段落とは何か？】

　段落とは，長い文章の中で，1つの主題をもってまとまった部分のことを指します．したがって，1つの文だけで一段落になることもあれば，複数の文で一段落を構成することもあります．

　ワープロで文章を入力する際に，1つの段落を入力し終わって，新しい段落に移るときは[Enter]キーを押します．

<改行>

　入力の途中で文章が1行に収まらなくなっても，行の右端で折り返して入力を続けられるのは，自動的に「改行」されているからです．

　[Shift]+[Enter]キーを押せば，行の途中の任意の位置で改行することができます．このようにして分断された前後の文章は，行が改まっても同じ段落であり，インデントや箇条書きなど段落単位で設定される書式は保存されます．

<改ページ>

　入力の途中で文章が1ページに収まらなくなっても，新しいページに移って入力を続けられるのは，自動的に「改ページ」されているからです．

　[Ctrl]+[Enter]キーを押せば，ページ途中の任意の行で改ページすることができます．

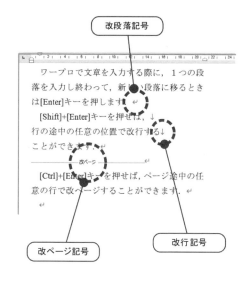

改段落記号

改ページ記号

改行記号

【段落の配置】

　一般に，文章を書くときは用紙の左端から書き始め，適切に右端で折り返します．これは段落の基本設定が，「両端揃え」になっているからです．

　これに対して，「タイトル」などは行の中央に，手紙の「日付」などは行の右端に置くことが多いものです．しかし，これを空白（スペース）やタブの挿入で実現すると，1行の幅を変えたときに配置が変わってしまうので適切ではありません．

　[ホーム]タブの[段落]グループには，☰ [左揃え]，☰ [中央揃え]，☰ [右揃え]，☰ [両端揃え]という4つのボタンがあります．段落単位で範囲選択を行ってから，いずれかのボタンをクリックしますが，通常は[両端揃え]にしておきます．

[段落]グループにある書式設定コマンド

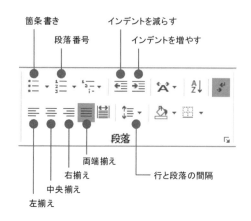

箇条書き

段落番号

インデントを減らす

インデントを増やす

両端揃え

右揃え

中央揃え

左揃え

行と段落の間隔

段落

[水平ルーラー] と [インデント マーカー]

[インデント] と [字下げインデント]の設定

複数段落を選択して [段落番号]ボタンをクリック

見本の中から[番号書式]を選択

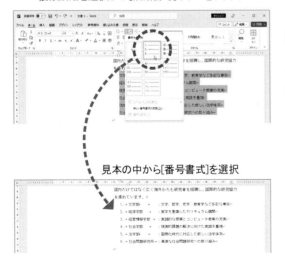

【インデント】

　ページ設定で指定した左右の「余白」は，文書全体について有効ですが，この幅を段落単位で変更することができます．

　左の余白境界から段落の左端までを[左インデント]，右の余白境界から段落の右端までを[右インデント]といい，それぞれ独立に設定できます．簡単な設定方法としては，[水平ルーラー]の[インデントマーカー]を使います．

【字下げインデント】

　インデントは段落単位で一定ですが，最初の行だけを別に指定することができます．日本文でも英文でも，最初の行だけは「字下げ」を行うことが一般的です．このような場合，空白やタブで字下げをするのではなく，最初の行だけ「字下げインデント」（あるいは「ぶら下げインデント」）を指定するとよいでしょう．

　なお，インデントにはマイナスの値も指定できますので，見出しなどを強調したい場合に，余白領域に飛び出した文字列を書くことも可能です．

【箇条書きと段落番号】

　既定では，"※　"や"■　"で行入力を始めると行頭文字を使った箇条書き，"1."や"a."で行入力を始めると段落番号を使った箇条書きであると，自動的に認識されます．

　箇条書きの自動設定は，以下の手順で ON/OFF を切り替えることができます．

　まず，リボンの[ファイル]タブをクリックして[オプション]を選択します．[文章校正]～[オートコレクトのオプション]と進み，[入力オートフォーマット]タブをクリックします．[入力中に自動で書式設定する項目]の中にある，[箇条書き（行頭文字）]と[箇条書き（段落番号）]のチェック☑を外せば，自動設定を無効にすることができます．

　入力済みの複数段落を箇条書きにするには，範囲を選択してから，[段落]グループにある[箇条書き]ボタン ≣▼，または[段落番号]ボタン ≣▼をクリックします．

　箇条書きの各項目の前につける「行頭文字」や「段落番号」は，それぞれのライブラリ見本から選ぶことができます．

2.3.2 段組み

範囲を選択して 段組みの[2段] を設定

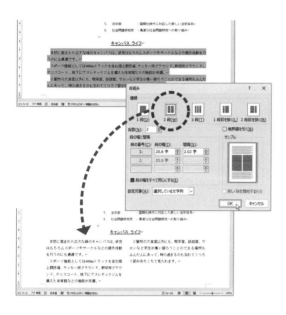

【段組み】

　多くの書籍や雑誌などでは，1つの紙面を縦または横に分割して文章を配置することで,紙面を読みやすくしています.Word では，通常は「1段組み」で編集しますが,文書全体,または選択した範囲(セクション)に対して,「2段組み」あるいはそれ以上の段組みを設定することができます.

　範囲選択をした後，リボンの[レイアウト]タブにある[ページ設定]グループの[段組み]ボタンをクリックします.ここで,表示される見本の中から[2段]を選択すれば，段組みは完了します.文書全体を対象とする場合には,範囲設定すら必要ありません.

　[段組みの詳細設定]をクリックして[段組み]ダイアログ ボックスを呼び出せば, [段の幅]や[間隔]など，詳細な設定が可能になります（左図）.

いろいろな段落書式の設定

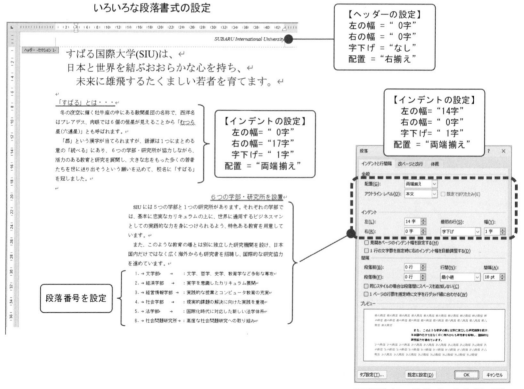

【ヘッダーの設定】
左の幅 ＝ " 0字"
右の幅 ＝ " 0字"
字下げ ＝ "なし"
配置 ＝ "右揃え"

【インデントの設定】
左の幅 ＝ " 0字"
右の幅 ＝ "17字"
字下げ ＝ " 1字"
配置 ＝ "両端揃え"

【インデントの設定】
左の幅 ＝ "14字"
右の幅 ＝ " 0字"
字下げ ＝ " 1字"
配置 ＝ "両端揃え"

段落番号を設定

[段落]ダイアログ ボックスを呼び出せば,
さらに詳細な段落書式を設定できる

2.3.3 ヘッダーとフッター

【ヘッダーとフッターの編集】

　上下左右にある余白のうち，上余白にはヘッダー，下余白にはフッターと呼ばれる情報を入力することができます．

　例えば，出版物の原稿を作る際など，ヘッダーに出版物のタイトルや章見出しを，フッターにはページ番号を挿入することができます．

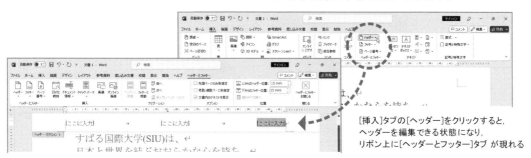

[挿入]タブの[ヘッダー]をクリックすると，
ヘッダーを編集できる状態になり，
リボン上に[ヘッダーとフッター]タブ が現れる

　リボンの[挿入]タブにある[ヘッダーとフッター]グループには，[ヘッダー]ボタンと[フッター]ボタンがあります．これをクリックすれば，ヘッダーまたはフッターの編集ができるようになり，リボン上には[ヘッダーとフッター]タブが現れます．

　ヘッダーまたはフッターの領域には，通常の文章と同じように文字を入力することができます．もちろん，フォントの種類やサイズ，行間隔や文字間隔などを設定することもできます．

【ページ番号】

　ページ番号は，ヘッダーあるいはフッターとは別に，ページの中である程度自由に配置することができます．

　リボンの[挿入]タブ，[ヘッダーとフッター]グループにある[ページ番号]ボタンをクリックすると，配置を決めるためのメニューが現れるので，[ページの下部]から適当な配置を選択するとよいでしょう．

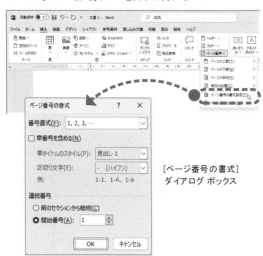

[ページ番号]ボタンを押すと現れるメニュー

[ページ番号の書式]
ダイアログ ボックス

　[ページ番号の書式設定]をクリックして[ページ番号の書式]ダイアログ ボックスを呼び出せば，[番号書式]（"1,2,3, …"，"一，二，三，…"，"1-1, 1-2, 1-3, …"など）や[開始番号]を設定することができます．

　さらに，ページ番号を直接編集することで，文字フォントの書式なども自由に変更できます．

発展課題　📁chapt23b.txt

長い文章を入力し，縦書き・2段組みで仕上げてみましょう．ここでは例文として，「著作権法」（一部を抜粋，最終改正は令和5年5月）をとりあげました．

法律の条文は箇条書きの集まりです．また，縦書きで紹介されることが多く，インデントの付け方や漢数字の使い方などについても，ほぼ一定の決まりがあるようです．

> 表示モードを[印刷レイアウト表示]にしておくと，縦書きや段組みなどの設定を確認しながら編集できます．
>
> その場合でも，印刷する前には必ず，印刷プレビューでイメージを確認してください．

著作権法（昭和四五年　五月　六日）
　　　最終改正　令和五年　五月二六日
　　　施　　行　令和六年　一月　一日

第一章　総則

第一節　通則

（目的）
第一条　この法律は、著作物並びに実演、レコード、放送及び有線放送に関し著作者の権利及びこれに隣接する権利を定め、これらの文化的所産の公正な利用に留意しつつ、著作者等の権利の保護を図り、もつて文化の発展に寄与することを目的とする。

（定義）
第二条　この法律において、次の各号に掲げる用語の意義は、当該各号に定めるところによる。
　一　著作物　思想又は感情を創作的に表現したものであつて、文芸、学術、美術又は音楽の範囲に属するものをいう。
　二　著作者　著作物を創作する者をいう。

―――――（中略）―――――

　十　映画製作者　映画の著作物の製作に発意と責任を有する者をいう。
　十の二　プログラム　電子計算機を機能させて一の結果を得ることができるようにこれに対する指令を組み合わせたものとして表現したものをいう。
　十の三　データベース　論文、数値、図形その他の情報の集合物であつて、それらの情報を電子計算機を用いて検索することができるように体系的に構成したものをいう。
　十一　二次的著作物　著作物を翻訳し、編曲し、若しくは変形し、又は脚色し、映画化し、その他翻案することにより創作した著作物をいう。

―――――（中略）―――――

第二章　著作者の権利

第一節　著作物

（著作物の例示）
第一〇条　この法律にいう著作物を例示すると、おおむね次のとおりである。
　一　小説、脚本、論文、講演その他の言語の著作物
　二　音楽の著作物
　三　舞踊又は無言劇の著作物
　四　絵画、版画、彫刻その他の美術の著作物
　五　建築の著作物
　六　地図又は学術的な性質を有する図面、図表、模型その他の図形の著作物
　七　映画の著作物
　八　写真の著作物
　九　プログラムの著作物
2　事実の伝達にすぎない雑報及び時事の報道は、前項第一号に掲げる著作物に該当しない。
3　第一項第九号に掲げる著作物に対するこの法律による保護は、その著作物を作成するために用いるプログラム言語、規約及び解法に及ばない。この場合において、これらの用語の意義は、次の各号に定めるところによる。
　一　プログラム言語　プログラムを表現する手段としての文字その他の記号及びその体系をいう。
　二　規約　特定のプログラムにおける前号のプログラム言語の用法についての特別の約束をいう。
　三　解法　プログラムにおける電子計算機に対する指令の組合せの方法をいう。

（二次的著作物）
第十一条　二次的著作物に対するこの法律による保護は、その原著作物の著作者の権利に影響を及ぼさない。

―――――（以下略）―――――

◆課題のポイント

【縦書きの際の文字表示】

アルファベットや数字などは，縦書きの際にどのように表示されるか気をつける必要があります．全角文字で入力された英数字は，かなや漢字と同様に縦方向に向きが変わりますが，半角文字で入力された英数字は横書きのままです．

正しい日本文では，数字として漢数字を使います．例えば“１２０”と入力して[変換]キーを押すと，“百二十”あるいは“一二〇”と変換されるので，これらを採用しましょう．

なお，箇条書きの自動設定は漢数字に対しても有効です．「第一条　この法律は，…」と入力して[Enter]キーを押すと，次の段落には「第二条」が自動的に現れます．

> 「縦書き」と「横書き」の切り替えは，リボンの[レイアウト]タブにある [文字列の方向]ボタンで行うことができます．

発展課題の完成イメージ

著作権法
（昭和四五年　五月　六日）
最終改正　令和五年　五月二六日
施　行　令和六年　一月　一日

第一章　総則
第一節　通則

（目的）
第一条　この法律は、著作物並びに実演、レコード、放送及び有線放送に関し著作者の権利及びこれに隣接する権利を定め、これらの文化的所産の公正な利用に留意しつつ、著作者等の権利の保護を図り、もって文化の発展に寄与することを目的とする。

（定義）
第二条　この法律において、次の各号に掲げる用語の意義は、当該各号に定めるところによる。
一　著作物　思想又は感情を創作的に表現したものであつて、文芸、学術、美術又は音楽の範囲に属するものをいう。
二　著作者　著作物を創作する者をいう。

────（中略）────

第二章　著作者の権利
第一節　著作物

（著作物の例示）
第一〇条　この法律にいう著作物を例示すると、おおむね次のとおりである。
一　小説、脚本、論文、講演その他の言語の著作物
二　音楽の著作物
三　舞踊又は無言劇の著作物
四　絵画、版画、彫刻その他の美術の著作物
五　建築の著作物
六　地図又は学術的な性質を有する図面、図表、模型その他の図形の著作物
七　映画の著作物
八　写真の著作物
九　プログラムの著作物
2　事実の伝達にすぎない雑報及び時事の報道は、前項第一号に掲げる著作物に該当しない。
3　第一項第九号に掲げる著作物に対するこの法律による保護は、その著作物を作成するために用いるプログラム言語、規約及び解法に及ばない。この場合において、これらの用語の意義は、次の各号に定めるところによる。
一　プログラム言語　プログラムを表現する手段としての文字その他の記号及びその体系をいう。
二　規約　特定のプログラムにおける前号のプログラム言語の用法についての特別の約束をいう。
三　解法　プログラムにおける電子計算機に対する指令の組合せの方法をいう。

────（中略）────

十　映画製作者　映画の著作物の製作に発意と責任を有する者をいう。
十の二　プログラム　電子計算機を機能させて一の結果を得ることができるようにこれに対する指令を組み合わせたものとして表現したものをいう。
十の三　データベース　論文、数値、図形その他の情報の集合物であつて、それらの情報を電子計算機を用いて検索することができるように体系的に構成したものをいう。
十一　二次的著作物　著作物を翻訳し、編曲し、若しくは変形し、又は脚色し、映画化し、その他翻案することにより創作した著作物をいう。

────（中略）────

（二次的著作物）
第一一条　二次的著作物に対するこの法律による保護は、その原著作物の著作者の権利に影響を及ぼさない。

────（以下略）────

2.4 作表と罫線

◇このセクションのねらい

表を構成する行と列，セルの概念について理解しましょう．
行・列の挿入と削除，列幅の変更，罫線引きなどの基本操作
も習得しましょう．

◆データ入力

📁 **chapt24a.txt**

作表のための準備として，「見積書」の原形となる文字列を入力します．まず「基本的な入力条件」をよく見て，このとおりに設定してください．

"品名"から"総金額"までの行は，項目ごとの文字列を区切るときに，[Space]キーではなく，[Tab]キーを使ってください．フォントの種類やサイズなどは，この段階では考えません．

右の完成イメージと比べると，"品名"の上に5行ほど不足していますが，これは本文の中で説明しますので，入力しないでおいてください．

基本的な入力条件

上下左右の余白	：すべて 25mm
ヘッダー/フッター	：いずれも 15mm
日本語フォント	：MS明朝，10pt
英語フォント	：Times New Roman, 10pt
行間（段落）	：最小値，12pt

202X年6月X日
No.0012345
御　見　積　書

すばる国際大学
経営情報学部　大田一郎　様

プレアデス電気(株)
法人営業部
担当：草刈　信彦
Phone：03-5321-11XX
Fax：03-5321-12XX

下記のとおり御見積申し上げます。

品　　名	仕　様　等	メーカー	数量	定価	金　額
PC-H12500i7B	パソコン本体	DL社	12	108,000	1,296,000
DP-W27HDS	液晶Display（27"）	SS社	12	38,000	456,000
DR4-3200/8G	増設Memory（8GB）	KS社	12	10,000	120,000
SHB-10G8NSR	10GBASE-T HUB	AT社	1	23,000	23,000
HL-CL9750WN	A3対応複合機	BT社	1	175,000	175,000
Ultra Office 2023	統合型ソフト	MS社	12	37,500	450,000
Net Pack Ver.23	ネット管理ソフト	NN社	12	6,500	78,000
Paint Pro Ver.23	画像処理ソフト	CR社	12	8,500	102,000

合　　計		2,700,000
出精値引	[合計]の20%	540,000
差引合計	[合計]−[出精値引]	2,160,000
消　費　税	[差引合計]の10%	216,000

総　金　額 [差引合計]＋[消費税]　2,376,000
備考：
ご注文の際には、必ず見積番号を御書き添え下さい。

◇ *Keywords*

表, 行/列/セル, グリッド線, 水平ルーラー, 列マーカー,
セルの幅と高さ, 行の挿入/削除, 列の挿入/削除,
(リボンの)[表]ツール, 罫線, 罫線削除, 計算式

基本課題

　タブ記号で区切られた文字列を表に変える方法
と，新規に表を挿入する方法を学びます．

　うまく表の枠組みができあがったら，文字位置
や列幅の調整，線引き，フォントの変更などを行っ
て表を仕上げていきます．

見積書の完成イメージ

202X年6月X日
No.0012345

御 見 積 書

すばる国際大学
　経営情報学部　大田一郎　様

プレアデス電気(株)
法人営業部
担当：草刈　信彦
Phone：03-5321-11XX
Fax：03-5321-12XX

　　　　　下記のとおり御見積申し上げます．

　　　総　金　額　：2,376,000 円（消費税含）

　　　受　渡　場　所　：ご指定場所
　　　納　入　期　日　：別途協議
　　　取　引　条　件　：従来通り
　　　見積有効期限　：３０日間

品　名	仕　様　等	メーカー	数量	定価	金　額
PC-H12500i7B	パソコン本体	DL 社	12	108,000	1,296,000
DP-W27HDS	液晶 Display (27")	SS 社	12	38,000	456,000
DR4-3200/8G	増設 Memory (8GB)	KS 社	12	10,000	120,000
SHB-10G8NSR	10GBASE-T HUB	AT 社	1	23,000	23,000
HL-CL9750WN	A3対応複合機	BT 社	1	175,000	175,000
Ultra Office 2023	統合型ソフト	MS 社	12	37,500	450,000
Net Pack Ver.23	ネット管理ソフト	NN 社	12	6,500	78,000
Paint Pro Ver.23	画像処理ソフト	CR 社	12	8,500	102,000
合　　計					2,700,000
出精値引	[合計]の20%				540,000
差引合計	[合計]−[出精値引]				2,160,000
消　費　税	[差引合計]の10%				216,000
総　金　額	[差引合計]＋[消費税]				2,376,000

備考：
　　　ご注文の際には、必ず見積番号を御書き添え下さい。

2.4.1 表の概念

【Word で作成する「表」】

Word における「表」の概念は，文字列や図を入力できる区画＝セルの集まりのことで，表計算のワークシートと同じように，「行」と「列」で構成されます（§3.1「表計算の概念と基本機能」を参照）．

それぞれのセルは独立した段落になるので，セル内での配置（垂直方向/水平方向）や，段落の書式設定も自由に設定できるようになります．

Word で「表を作成する」ということは，行数と列数を指定して四角い領域を確保することから始まります．

表の周囲や行・列の境界（グリッド線）に「線」が必要であれば，「罫線」機能を使って，太線や細線，破線や点線などを描きます．

なお，表の編集を行っている間，リボンには[表]ツールとして，新たに[レイアウト]タブと[デザイン]タブが現れ，表を編集する際に必要な多くの機能が提供されます（§2.5.2 を参照）．

「表」で範囲選択をする方法は，4つに分けられます．

セル ‥‥‥セルの左端（内側）をクリック
行　 ‥‥‥行の左端（外側）をクリック
列　 ‥‥‥列の一番上のグリッド線をクリック
表全体 ‥‥表の左上にある⊹ボタンをクリック

表のプロパティと罫線の設定

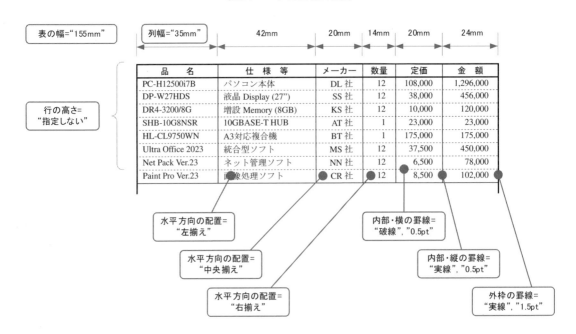

表の幅="155mm"
列幅="35mm"　42mm　20mm　14mm　20mm　24mm
行の高さ="指定しない"

品　　名	仕　様　等	メーカー	数量	定価	金　額
PC-H12500i7B	パソコン本体	DL 社	12	108,000	1,296,000
DP-W27HDS	液晶 Display (27")	SS 社	12	38,000	456,000
DR4-3200/8G	増設 Memory (8GB)	KS 社	12	10,000	120,000
SHB-10G8NSR	10GBASE-T HUB	AT 社	1	23,000	23,000
HL-CL9750WN	A3対応複合機	BT 社	1	175,000	175,000
Ultra Office 2023	統合型ソフト	MS 社	12	37,500	450,000
Net Pack Ver.23	ネット管理ソフト	NN 社	12	6,500	78,000
Paint Pro Ver.23	画像処理ソフト	CR 社	12	8,500	102,000

水平方向の配置="左揃え"
水平方向の配置="中央揃え"
水平方向の配置="右揃え"
内部・横の罫線="破線","0.5pt"
内部・縦の罫線="実線","0.5pt"
外枠の罫線="実線","1.5pt"

2.4.2 表の作成

【表の新規作成】

　では，基本課題を完成するために不足している表を新たに作成しましょう．"下記のとおり御見積…"と"品名　仕様 …"の間に，6行×2列の表を挿入します．

　挿入したい位置をクリックしてから，リボンの[挿入]タブにある[表]ボタンをクリックします．表の大きさを定義するためのグリッド（格子）が表示されるので，左上を基準にして必要な行数と列数になるまでドラッグします．

　できあがった表には 12 個のセルがありますね．基本課題の完成イメージを見ながら，必要な文字列を入力してください．

　こうしてできた表には，自動的に行・列の境界を示す罫線が表示されているかもしれません．このような罫線を別の線種に変更したり，[罫線なし]の状態にする方法は，§2.4.4 で説明します．

【文字列を表にする】

　「データ入力」の項で注意したように，"品名"から"総金額"までの行は，項目ごとの文字列を区切るのに，[Space]キー（空白文字）ではなく [Tab]キー（タブ記号）を使っていることを確認してください．これは作業を進めていく上で，極めて大事なことです．

　まず，"品名"から"Paint Pro Ver.23"までの9行を，6列の表にします．これら9行を範囲選択してから，[挿入]タブにある[表]ボタンをクリックして，[文字列を表にする]を選択してください．ダイアログ ボックスが現れたら，左図のように設定して[OK]をクリックします．このようにしてできた表の列幅は，新規作成の場合と同様に6列均等になっています．

　次に，"Paint Pro Ver.23"の下の空白行から"総金額"までの7行を，3列の表にします．これら7行を範囲選択し，上と同様の操作を行ってください．こうしてできあがった表は，6列の行と3列の行が混在したものになっています．

　フォントの種類やサイズの変更などの書式設定は，文字単位，セル単位，行単位，列単位など，各まとまりごとに行うことができます．

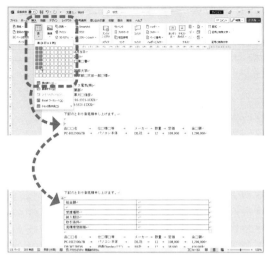

[表]ボタンをクリックして，6行×2列の「表」を挿入

挿入された「表」に文字列を入力

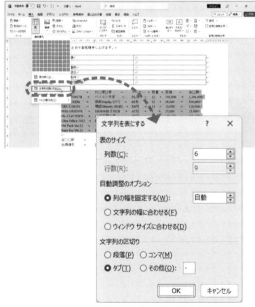

範囲を選択してから[文字列を表にする]をクリック

表のサイズや区切り文字などを設定

列マーカーをドラッグして列幅を変更

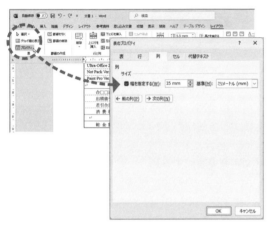

[表のプロパティ]ダイアログ ボックスで列幅を設定

まず, 基準となる行を選択

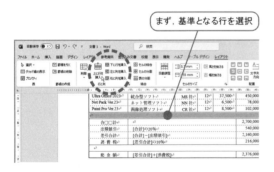

行挿入の例：選択した行の上に1行挿入

2.4.3 行と列の編集

【列幅の調整】

　新規に作成した表の列幅は，ページ幅を列数で割った値になるよう，均等に割り当てられます.

　このままでは都合が悪いという場合には，列幅を変更したい行を範囲選択（**網かけ表示**）してから，[水平ルーラー]の[列マーカー]をドラッグするか，あるいは列の境界線を直接ドラッグすることで,任意の幅に設定することが可能です.

　列幅を正確に調整したい場合には，列幅を変更したいセル，あるいは列を選択した状態で[レイアウト]タブの[表]グループにある[プロパティ]ボタンをクリックします. ダイアログ ボックスでは,列幅を mm 単位（またはパーセント単位）で厳密に設定することができます.

【行の高さの変更】

　行の高さを変更する必要はあまりありませんが，[垂直ルーラー]上の[行マーカー]をドラッグするか，あるいは行の境界線を直接ドラッグすることで，任意の高さに設定することが可能です.

　もちろん，列幅と同様に[表のプロパティ]ダイアログ ボックスを呼び出して，行の高さを mm 単位で設定することもできます.

【行・列の挿入と削除】

　いったん作成した表に，新たな行を挿入（追加）するには，まず基準となる行を選択します. それから，[レイアウト]タブの[行と列]グループにある[上に行を挿入]ボタンをクリックすると，選択した行の上に新しい行が挿入されます.

　列を挿入する場合も，まず基準となる列を選択します. それから，[レイアウト]タブの[行と列]グループにある[左に列を挿入]または[右に列を挿入]をクリックすると,選択した列を基準にして新しい列が挿入されます.

　行や列を削除するには，まず削除したい範囲を選択し，[レイアウト]タブの[行と列]グループにある[削除]ボタンをクリックして，[行の削除]または[列の削除]を選択します.

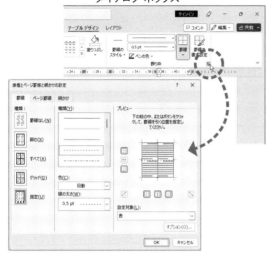

[線種とページ罫線と網かけの設定]
ダイアログ ボックス

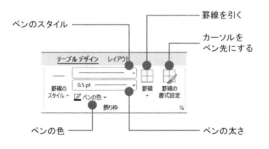

[テーブル デザイン]タブの[飾り枠]グループにあるコマンド

罫線を引く

カーソルを
ペン先にする

ペンのスタイル

ペンの色

ペンの太さ

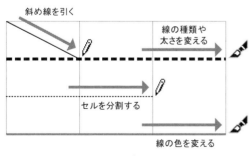

斜め線を引く

線の種類や
太さを変える

セルを分割する

線の色を変える

ペンの役割

2.4.4 罫線

【罫線の引き方／消し方】

　Word で作成した表には，行と列の境界を示すグリッド線があります．このグリッド線に沿って線を引く，というのが罫線の基本です．

　手順としてまず，セル，列，あるいは行の範囲を選択して，[テーブル デザイン]タブの[飾り枠]グループにあるダイアログ ボックス起動ツール をクリックします．

　このダイアログ ボックスでは，選択範囲に接する(または内側に含まれる)各グリッド線について，罫線を引くか否か，どのような線種や色にするか，ということを設定することができます．

　罫線を消すには，線を引くのと同じ要領で，セル，列，あるいは行の範囲を選択し，設定済みの罫線を"なし"の状態に戻します．

【ペンの使い方】

　上記の方法には，罫線1本を引くのにも範囲選択をしなければならないという欠点があります．その煩雑さを補うために，もう1つ，直感的にわかりやすい罫線の引き方／消し方が用意されています．

　リボンの[テーブル デザイン]タブにある[飾り枠]グループには，「ペン」を使って罫線を引くためのコマンド群があります．

　罫線を引くときは，まずペンのスタイル，太さや色を決めます．マウス ポインタが鉛筆 またはペン先 の形になったら，表のグリッド線に沿ってなぞるようにドラッグしてください．

　ペンには3つの役割があり，次のように使い分けることができます．

　　①グリッド線をなぞって，罫線のスタイルや太さ・色などを変更する
　　②セルの対角を結ぶ「斜め線」を引く
　　③セルを縦または横に「分割」する

　「消しゴム」は，上記①～③の逆の操作を行うと考えてください．リボンの[レイアウト]タブにある[罫線の削除]をクリックして，マウス ポインタが消しゴムの形 になったら，表のグリッド線をなぞるようにドラッグします．

発展課題

　基本課題で作成した見積書の「数量」を変えてみましょう．品目ごとの金額や合計金額，消費税額，総金額などはそれぞれいくらになるでしょうか．

◆課題のポイント

【計算式の役割】

　基本課題では，金額欄の数値はあらかじめ計算してあった値を転記して，直接入力しただけでした．これでは，数量や単価が変わったときに，別のところでもう一度計算を行い，それを転記しなければなりません．

　「金額」は「数量」×「定価(単価)」，「合計」は8品目分の「金額」を足し合わせたもの，というように各セルの値には明らかな関係式が成立しています．

　Wordでは，このような関係を利用して表の中に計算式を埋め込み，自動計算を行う仕組みが用意されています．これを利用すれば，「数量」が変わった場合でも，「合計」から「総金額」まで自動的に計算し直して，正しい値を表示してくれます．

> 　計算式を記述するには，「数量」や「定価」の位置を特定する必要があります．
> 　まず各行には，上から1行目，2行目，3行目…，というように番号がつけられていきます．
> 　次に各列にも，左から a列，b列，c列…，というように番号がつけられます．
> 　これらは「第3章 Excel実習」で紹介するワークシートと同じ考え方です．

【計算式の記述法】

　例として，"PC-H12500i7B"の「金額」を求めてみましょう．"PC-H12500i7B"の「数量」はd列(4列目)の2行目にありますから，その位置は"d2"と表現されます．「定価」の位置は，e列の2行目ですから"e2"です．

　「金額」は「数量」×「定価」という関係式で求められるので，「金額欄」には

$$=d2*e2 \quad (\text{"*"は"×"の意味})$$

と書き込めばよいことになります．

[計算式]ダイアログ ボックスの呼び出し

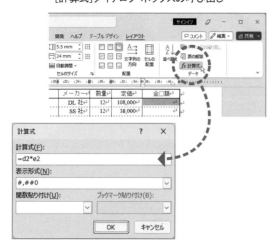

　ただし，この式を直接入力しても計算式にはなりません．[レイアウト]タブの[データ]グループにある[計算式]をクリックして，ダイアログ ボックスを呼び出します．[計算式]というテキスト ボックスの中に(半角文字で) =d2*e2 と入力してから[OK]をクリックしてください．正しい計算結果がセルに表示されましたか？

　数式にはいろいろな記述方法があります．発展課題の例を参考にして，網かけ部分の数式を考えてください．

> 　計算式を入力した後で数量や定価を変更した場合は，該当する数式の上で右クリックしてショートカット メニューを呼び出し，[フィールド更新]を選択すれば，自動的に再計算されます．

202X年6月X日
No.0012345

御 見 積 書

すばる国際大学
　経営情報学部　大田一郎　様

プレアデス電気(株)
法人営業部
担当：草刈　信彦
Phone：03-5321-11XX
Fax：03-5321-12XX

下記のとおり御見積申し上げます。

総　金　額　：?,???,???円（消費税含）

受 渡 場 所　：ご指定場所
納 入 期 日　：別途協議
取 引 条 件　：従来通り
見積有効期限　：３０日間

品　　名	仕　様　等	メーカー	数量	定価	金　額
PC-H12500i7B	パソコン本体	DL 社	12	108,000	=d2*e2
DP-W27HDS	液晶 Display (27")	SS 社	12	38,000	
DR4-3200/8G	増設 Memory (8GB)	KS 社	12	10,000	
SHB-10G8NSR	10GBASE-T HUB	AT 社	1	23,000	
HL-CL9750WN	A3対応複合機	BT 社	1	175,000	
Ultra Office 2023	統合型ソフト	MS 社	12	37,500	
Net Pack Ver.23	ネット管理ソフト	NN 社	12	6,500	
Paint Pro Ver.23	画像処理ソフト	CR 社	12	8,500	
合　　計					=sum(f2:f9)
出精値引	［合計］の20%				=c11*0.20
差引合計	［合計］－［出精値引］				
消 費 税	［差引合計］の10%				
総 金 額	［差引合計］＋［消費税］				

備考：
　　　ご注文の際には、必ず見積番号を御書き添え下さい。

2.5 表組みによる レイアウト

◇このセクションのねらい
「表組み」を使ってレイアウトを整えることの意義を理解しましょう. また, セルの結合や分割, 罫線引きなどに表ツールを活用する方法を習得しましょう.

◆データ入力

📁 chapt25a.txt

下のようなアンケートの調査票を入力してください. 各問ごとの選択肢は「表の挿入」を行いながら入力するので, 後回しにします.

情報処理実習の講義に関するアンケート調査
202X年7月
すばる国際大学　情報教室

問1. この講義を受けるまでに、パソコン利用の経験はありましたか?

※はいと答えた方にうかがいます. 経験年数はどのぐらいですか?

問2. 講義の進み方は、どうですか?

問3. 先生の教え方についてどう思いますか?

※「大いに不満」または「やや不満」と答えた方は、どの点に満足していないのですか?
　該当するものすべてに○印をつけて下さい.

問4. あなたのこの講義への出席状況はどうですか?

問5. この講義で使っている設備についてあなたはどう思いますか?

問6. 課題の量についてどう思いますか?

問7. あなたはこの講義が、自分自身の将来に役に立つと思いますか?

問8. この講義について要望等があれば自由にお書き下さい.

●御協力ありがとうございました

◇ *Keywords*

セルの幅と高さ, セルの結合/分割, 塗りつぶし,
図形描画, 直線/矢印, 罫線/罫線削除, 列均等/行均等,
左揃え/中央揃え/右揃え/両端揃え, 上寄せ/中央寄せ/下寄せ

基本課題

　各問の下にある２～５つの選択肢は，それぞれ２列～５列の表を挿入して入力します. しかし，実線などの「罫線」を引かないことで，できあがりには，ほとんど表組みを使った跡が見えません.

　このように，主としてレイアウトを整える目的で表組みを用いることができます.

調査票の完成イメージ

情報処理実習の講義に関するアンケート調査

202X 年 7 月

すばる国際大学　情報教室

問１. この講義を受けるまでに、パソコン利用の経験はありましたか？
　　　1. はい　　　　　　　　　　　　　2. いいえ

　　※はいと答えた方にうかがいます。経験年数はどのぐらいですか？
　　　　1. 1 年未満　　2. 1 年以上　　3. 2 年以上　　4. 3 年以上（　　年ぐらい）

問２. 講義の進み方はどうですか？
　　　　1.遅すぎる　　2.やや遅い　　3.適当　　4.やや速い　　5.速すぎる

問３. 先生の教え方についてどう思いますか？
　　　1.大いに不満　　2.やや不満　　3.どちらとも　　4.やや満足　　5.大いに満足
　　　　　　　　　　　　　　　　　　　いえない

　　※「大いに不満」または「やや不満」と答えた方は、どの点に満足していないのですか？
　　　該当するものすべてに○印をつけて下さい。
　　　　1.板書　　　2.テキスト　　3.声の大きさ　　4.説明の仕方　　5.先生の態度
　　　　6.その他（具体的に：　　　　　　　　　　　　　　　　　　　　）

問４. あなたのこの講義への出席状況はどうですか？
　　　　1.よく休む　　2.たまに休む　　3.ほとんど出席

問５. この講義で使っている設備についてあなたはどう思いますか？
　　　　1.大いに不満　　2.やや不満　　3.どちらとも　　4.やや満足　　5.大いに満足
　　　　　　　　　　　　　　　　　　　いえない

問６. 課題の量についてどう思いますか？
　　　　1.少なすぎる　　2.やや少ない　　3.適当　　4.やや多い　　5.多すぎる

問７. あなたはこの講義が、自分自身の将来に役に立つと思いますか？
　　　　1.全く役に　　2.あまり役に　　3.どちらとも　　4.まあ役立つ　　5.大いに役立つ
　　　　　立たない　　　立たない　　　いえない

問８. この講義について要望等があれば自由にお書き下さい。

　　　　　　　　　　　　　　　　　　　●御協力ありがとうございました

2.5.1 表組みを用いたレイアウト

1行×5列の「表」をカーソル位置に挿入

【表組みの意義】

「調査票」の選択肢に見られるように，2〜5という異なる数の項目を，1行の中で均等に配置するのは意外に難しいものです．タブ位置の設定をうまく使えば，実現できないこともありませんが，かなり面倒な作業になります．

このような場合，表組みを使うと効果的です．2項目の場合は1行×2列の，5項目の場合は1行×5列の表を挿入し，各セルの中に選択肢となる文字列を入力していきます．

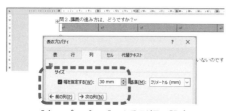

列マーカーによる列移動/列幅変更

[表のプロパティ]による列幅の設定

【列幅の調整】

前節でも説明したように，新規に挿入した表は左余白から右余白までいっぱいに広がります．このレイアウトを整える手順は次のとおりです．

まず，水平ルーラー上にある列マーカーを動かして，左端の列開始位置を決めます．

続いて各列（セル）の幅を列マーカーを使って，あるいは[表ツール]の[レイアウト]タブにある[表のプロパティ]ダイアログ ボックスを使って，設定していきます．

【表中のレイアウト】

表中の各セルは，それぞれがあたかも1つの文書であるかのように扱うことができます．例えば，文字列が行の右端まで到達すれば，自動的に次の行に折り返します．また，セルの中で[Enter]キーを押すことによって，いくらでも段落の数を増やすことができます．

普通の段落では，[左揃え]，[中央揃え]，[右揃え]などを1つずつしか設定できませんが，表組みの場合には，セルの中の段落単位で，文字位置の変更を行うことができます．したがって，横方向にセル分割しておけば，1行の中に「両端揃え（左揃え）」と「中央揃え」，「右揃え」を混在させられるので，自由度の高いレイアウト表現が可能になります．

§2.3.1 で紹介したインデントについても，セルの中の段落単位で，設定を行うことができます．

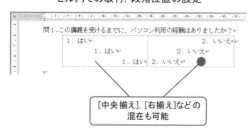

セル内での改行，段落位置の設定

[中央揃え]，[右揃え]などの混在も可能

2.5.2 表ツールの活用

【表ツールの役割】

Word のリボンには，表ツールとして[テーブル デザイン]タブ[レイアウト]タブがあり，表を作成・編集するのに必要なすべての機能が用意されています．

ここでは，[レイアウト]タブの中から比較的よく利用するコマンドをとりあげて，表を編集，仕上げるまでの手順を見ていきます．

> [テーブル デザイン]タブのコマンドを使って罫線を引く方法は，§2.4.4を参照してください．

表ツールの[レイアウト]タブ ▼

▲ 表ツールの
[テーブル デザイン]タブ

【行・列の挿入と削除】

いったん作成した表において，基準となる行を選択してから[上に行を挿入]ボタンをクリックすると，基準行の上に新しい行が挿入されます．

同様に，基準となる列を選択してから[左に列を挿入]をクリックすると，基準列の左側に新しい列が挿入されます．

行や列を削除するには，まず削除したい範囲を選択し，[削除]ボタンをクリックして，[行の削除]または[列の削除]を選択します．

[行と列]グループのコマンド群

【横方向・縦方向の文字位置】

[配置]グループには，横方向に3通り（左／中央／右）と縦方向に3通り（上／中央／下），計9通りに文字列を配置できるボタンが並んでいます．

なお，セル内の文字列に対して，通常の段落と同じように段落書式を設定することもできます．

[配置]グループのコマンド群

【列の幅と行の高さ】

各セルの列幅と行高さを，数値（mm）で設定することができます．もちろん，複数のセルを列単位で選択して列幅を，行単位で選択して行高さを設定することも可能です．

また，複数の列幅を揃える（列均等）には[幅を揃える]を，複数の行高さを揃える（行均等）には[高さを揃える]を使うと簡単です．

[セルのサイズ]グループのコマンド群

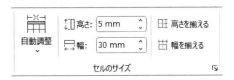

2.5.3 セルの結合と分割

複数のセルを１つに結合したり，逆に１つのセルを複数に分割したりするコマンドは，[レイアウト]タブの[結合]グループにあります．

以下で，それぞれの作業手順を見ていきましょう．

[結合]グループのコマンド群

【セルの結合】

縦または横に隣接する２つ以上のセルは，１つのセルに結合することができます．

結合したい複数のセルを範囲選択（**網かけ表示**）して，[レイアウト]タブの[結合]グループにある[セルの結合]をクリックします．

各セルに文字列が入力されていた場合，結合後には１つのセルの中で異なる段落として扱われるだけで，文字列が消えることはありません．

[デザイン]タブの[罫線の作成]グループにある[罫線の削除]をクリックした後，結合したい２つのセルの間のグリッド線を「消しゴム」でなぞっても，同じ結果が得られます．

２つのセルを選択して，[セルの結合]をクリック

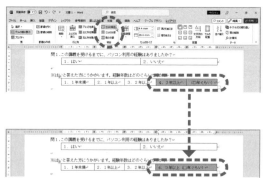

[セルの結合]の結果

【セルの分割】

セルの結合とは逆に，１つのセルを縦方向または横方向に切り離して，２つ以上のセルに分割することもできます．

分割したいセル（複数でも可）を選択して，[レイアウト]タブの[結合]グループにある[セルの分割]をクリックします．ダイアログ ボックスで分割する列数と行数を指定して，[OK]をクリックすれば完了です．

元のセルに文字列が入力されている場合でも，分割後のセルに適当に振り分けられ，文字列が消えることはありません．

[デザイン]タブの[罫線の作成]グループにある[罫線を引く]をクリックした後，分割したいセル内の任意の位置で「ペン」を使ってグリッド線を引いても，同じ結果が得られます．ペンを縦に引けば２列に分かれ，横に引けば２行に分かれます．

セルを１つ選択して，[セルの分割]をクリック

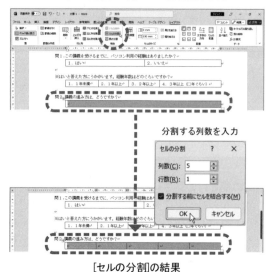

分割する列数を入力

[セルの分割]の結果

2.5.4 塗りつぶし

【塗りつぶしの方法】

塗りつぶしとは，文字列を強調するための修飾機能の１つで，「網かけ」とほぼ同じ機能です．

表組みの中では，セル単位（セルの背景全体）で，あるいは文字列を範囲選択して，塗りつぶしを行うことができます．

塗りつぶしの手順は，まずセル（あるいは文字列）を選択し，[テーブル デザイン]タブにある[塗りつぶし]をクリックします．パレットの中から任意の色を選択してクリックすれば，選択範囲の背景色が変わります．塗りつぶしを解除するには，パレットから"色なし"を選択します．

最後に，文字の色を背景色と区別しやすい色に調整して変更しておきましょう．

セルを選択して，[塗りつぶし]の色を変更

◆ワンポイント：矢印の引き方

【図形描画機能】

基本課題を見ると，２箇所で矢印と直線を使っています．これらは文字や罫線ではなく，図形として書き込んだものです．

リボンの[挿入]タブにある[図形]ボタンをクリックすると，標準で用意されている図形の一覧が表示されます．必要な図形をクリックし，編集画面上で位置を決めてドラッグすれば，任意の大きさ（長さ）の図形を描くことができます．

【直線と矢印】

直線と矢印は同じ方法で描くことができます．まず，[図形]ボタンをクリックして，図形一覧の中から[直線] ＼ または[矢印] ↘ を選択します．編集画面上の任意の位置で始点と終点を指定すれば，直線（矢印）が描かれます．

図形の上で右クリックしたときに現れるショートカット メニューにおいて，[図形の書式設定]を選択すると，画面右側に作業ウィンドウが現れます．ここでは，線のスタイル（実線/点線の種類や太さ），始点および終点の種類とサイズなど，さまざまな書式を設定することができます．

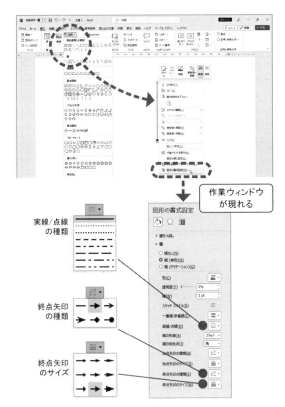

作業ウィンドウが現れる

図形の書式設定

実線/点線の種類

終点矢印の種類

終点矢印のサイズ

発展課題

　基本課題と同じ内容の「調査票」を,罫線機能を駆使した表組みとレイアウトで,あらためて作成してみましょう.

◆課題のポイント

【効率的な作表の方法】

　この作表で難しいのは,問1と問3にある補足質問（※の部分）です.とりあえず細かい部分は考えずに,問1から問8まで10行×2列の表として作表していきます.

　表の大まかな形ができ上がったら,問1,問3,そして問8のセルを処理します.

　問1の左側のセルは,まず縦に2分割した後,下側をさらに横に2分割します.グリッド線に沿ってうまく罫線を引けば右ページのようになります.問3の左側もまったく同じです.

　問8は,横に2つ並んだセルを結合するだけです.

「問1」〜「問3」周辺の編集の様子

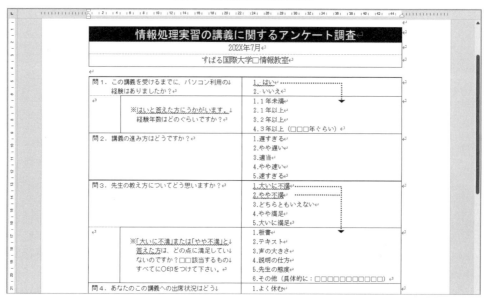

情報処理実習の講義に関するアンケート調査

202X年7月

すばる国際大学　情報教室

問1．この講義を受けるまでに、パソコン利用の経験はありましたか？	1．はい ………………………… 2．いいえ
※はいと答えた方にうかがいます。経験年数はどのぐらいですか？	1．1年未満 2．1年以上 3．2年以上 4．3年以上（　　　年ぐらい）
問2．講義の進み方はどうですか？	1．遅すぎる 2．やや遅い 3．適当 4．やや速い 5．速すぎる
問3．先生の教え方についてどう思いますか？	1．大いに不満 ………………… 2．やや不満 ………………… 3．どちらともいえない 4．やや満足 5．大いに満足
※「大いに不満」または「やや不満」と答えた方は、どの点に満足していないのですか？　該当するものすべてに〇印をつけて下さい。	1．板書 2．テキスト 3．声の大きさ 4．説明の仕方 5．先生の態度 6．その他（具体的に：　　　　　　　）
問4．あなたのこの講義への出席状況はどうですか？	1．よく休む 2．たまに休む 3．ほとんど出席
問5．この講義で使っている設備についてあなたはどう思いますか？	1．大いに不満 2．やや不満 3．どちらともいえない 4．やや満足 5．大いに満足
問6．課題の量についてどう思いますか？	1．少なすぎる 2．やや少ない 3．適当 4．やや多い 5．多すぎる
問7．あなたはこの講義が、自分自身の将来に役に立つと思いますか？	1．全く役に立たない 2．あまり役に立たない 3．どちらともいえない 4．まあ役立つ 5．大いに役立つ
問8．この講義について要望等があれば自由にお書き下さい。	

●御協力ありがとうございました

2.6 オブジェクトの挿入と編集

◇*このセクションのねらい*

オブジェクトの概念を理解し，ワープロ文書の中で各種のオブジェクトを挿入・編集する方法を習得しましょう．
オブジェクトと文字の位置関係についても学びましょう．

◆データ入力

📁**chapt26a.txt**

前節の続きとして，アンケートを回収・分析した結果をまとめたレポートを作成します．

右ページの完成イメージにある，グラフや表，図（クリップアート）などは，すべての文字入力が終わってからの作業になります．

情報処理実習の講義に関するアンケート調査
すばる国際大学　情報教室　（202X 年 7 月実施）

【調査結果】

　表記調査を実施した結果、調査対象者数 60 人のうち 53 人から有効回答を得た（回収率は 88%）。

【問 1．パソコンの経験】

　受講前にパソコンを利用した経験が 1 年未満（経験なしを含む）の学生は 7 人で 13% であった。一方、1 年以上の経験がある者は 46 人で全体の 87%、そのうち 3 年以上の経験者は 19 人で全体の 36% に達するなど、過去のデータと比較して経験年数が伸びていることがわかる。

【問 2．講義の進行速度】

　講義の進行速度については、半数以上の学生が「適当」と答えており、全体的に見ても概ね適当であるという評価になっている。経験年数別に見ると経験 1 年未満の学生は「速い」、経験 1 年以上の学生は「遅い」と評価する傾向がみられる。

【問 6．課題の量】

　講義で出される課題の量については、半数近くの学生が「適当」と答えている。経験年数別に見ると経験 1 年未満の学生は「多い」と評価する傾向があり、経験 1 年以上の学生は「多い」と「少ない」がほぼ同数となっている。

【考察】

　受講するまでのパソコン利用経験の年数（有無）により、講義の進行速度や課題の量に対する評価がはっきりと分かれる。平均経験年数の上昇は、高等学校におけるコンピュータ利用教育の普及が背景にあるものと考えられ、大学におけるコンピュータ教育のあり方を見直す要因になりうる。

◇ *Keywords*
オブジェクト，文字列の折り返し，ストック画像の挿入，
グラフの挿入，表の挿入，オブジェクトのサイズとレイアウト，
図形の描画，描画キャンバス

基本課題

問１の分析には「円グラフ」，考察には「ストック画像」を挿入しています．また，問２と問６の「表」は，本文と並べて配置させるなど，やや高度なテクニックを利用しています．

レポートの完成イメージ

情報処理実習の講義に関するアンケート調査

すばる国際大学　情報教室　（202X年7月実施）

【調査結果】

表記調査を実施した結果、調査対象者数60人のうち53人から有効回答を得た（回収率は88%）。

【問１．パソコンの経験】

受講前にパソコンを利用した経験が１年未満（経験なしを含む）の学生は7人で13%であった。一方、１年以上の経験がある者は46人で全体の87%、そのうち３年以上の経験者は19人で全体の36%に達するなど、過去のデータと比較して経験年数が伸びていることがわかる。

図1　パソコンの経験年数（単位：人）

- 経験なし
- 1年未満
- 1年以上
- 2年以上
- 3年以上

N=53

【問２．講義の進行速度】

講義の進行速度については、半数以上の学生が「適当」と答えており、全体的に見ても概ね適当であるという評価になっている。経験年数別に見ると経験１年未満の学生は「速い」、経験１年以上の学生は「遅い」と評価する傾向がみられる。

評価	1年未満	1年以上	全体
1. 遅すぎる	0	5	5
2. やや遅い	1	9	10
3. 適当	4	27	31
4. やや速い	1	5	6
5. 速すぎる	1	0	1
（平均値）	(3.3)	(2.7)	(2.8)

【問６．課題の量】

講義で出される課題の量については、半数近くの学生が「適当」と答えている。経験年数別に見ると経験１年未満の学生は「多い」と評価する傾向があり、経験１年以上の学生は「多い」と「少ない」がほぼ同数となっている。

評価	1年未満	1年以上	全体
1. 少なすぎる	0	4	4
2. やや少ない	1	8	9
3. 適当	2	21	23
4. やや多い	2	8	10
5. 多すぎる	2	5	7
（平均値）	(3.7)	(3.0)	(3.1)

【考察】

受講するまでのパソコン利用経験の年数（有無）により、講義の進行速度や課題の量に対する評価がはっきりと分かれる。平均経験年数の上昇は、高等学校におけるコンピュータ利用教育の普及が背景にあるものと考えられ、大学におけるコンピュータ教育のあり方を見直す要因になりうる。

2.6.1 オブジェクトと文字列の位置関係

[図形の書式]タブの [文字列の折り返し]ボタンをクリック

[その他のレイアウト オプション] を選択

【オブジェクトとは？】

ある特定の属性を持ったデータのかたまりを「オブジェクト」といいます.

§2.2 で紹介した「数式」, 本節の基本課題で登場する「ストック画像」「グラフ」「描画オブジェクト」などが, ワープロの中でよく利用される代表的なオブジェクトです. また, §2.8 では写真やワードアートなどのオブジェクトも紹介します.

【文字列の折り返し】

オブジェクトの編集を始めると, リボンに[図形の書式]タブが現れます.

ここで[配置]グループの[文字列の折り返し]ボタンをクリックすれば, いろいろな選択肢が現れます. また, [その他のレイアウト オプション]を選択すると[レイアウト]ダイアログ ボックスが現れて, さらに詳細な設定ができるようになります.

<行内>

オブジェクトは文字列の一部として扱われます. したがって, 文字列の編集をすると, 前後の文字列と一緒に移動します.

<四角>

オブジェクトを四角形の領域とみなし, 文字列はその領域を避け, 折り返して表示されます.

<外周>

文字列はオブジェクトを避け, 折り返して表示されます. オブジェクトに余白があれば, 文字列はその部分にも入り込みます.

<背面>

オブジェクトは文字列の背後に回って表示され, 文字列のレイアウトに影響を与えません.

<前面>

オブジェクトは文字列の前面に重なって表示され, 文字列のレイアウトに影響を与えませんが, オブジェクトの背後の文字は読めなくなります.

2.6.2 ストック画像の挿入

【オンライン画像とストック画像】

　Word で利用することができる画像には，自分で用意した画像の他に，インターネット上から取得できるオンライン画像とストック画像があります．

　オンライン画像は，Microsoft 社の検索エンジンがインターネット上を検索して画像を収集するため，無数の素材を見つけて提供してくれますが，利用に際しては著作権などに注意する必要があります．

　一方，ストック画像はロイヤリティ フリー，つまり著作権を気にせずに使える画像だけを提供してくれるので，安心して利用することができますが，選択できる画像の数が少なくなります．

【ストック画像の検索と挿入】

　基本課題の『考察』部分に，ストック画像を挿入してみましょう．

　挿入する位置を指してから，[挿入]タブの[画像]ボタンをクリックすると，[画像の挿入元]メニューが現れます．ここで[ストック画像]を選択すると新たなウィンドウが現れ，ストック画像一覧と検索ボックスが表示されます．

　上方のタブで[イラスト]を選択し，検索キーワードとして "アイデア" を入力して[検索]ボタンを押すと，該当する画像の一覧が表示されます．ここで必要な画像を選択して，[挿入]ボタンをクリックすれば，その画像が文書中に挿入されます．

　一般に，挿入した直後のレイアウトは "行内" に設定されています．

【サイズとレイアウトの変更】

　ストック画像を挿入したら，サイズとレイアウトを調整します．

　まず，画像の四隅にあるサイズ変更ハンドルをドラッグして，目的のサイズに変更します．

　次に，前項で紹介した[レイアウト]ダイアログボックスを呼び出して，[折り返しの種類と配置]を "四角" に変更します．

　最後に，ストック画像をドラッグして，文字列との位置関係を調整すれば完成です．

　オンライン画像とストック画像は，従来，クリップアート（clip art）と呼ばれていた画像をより充実させたもので，Wordだけでなく，ExcelやPowerPointでも利用することができます．

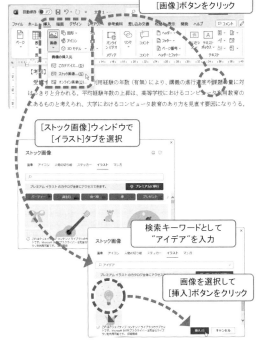

挿入する位置を指してから[画像]ボタンをクリック

[ストック画像]ウィンドウで[イラスト]タブを選択

検索キーワードとして "アイデア" を入力

画像を選択して[挿入]ボタンをクリック

オンライン画像を挿入して，サイズを変更

[レイアウト]～[折り返しの種類と配置] を "四角" に変更

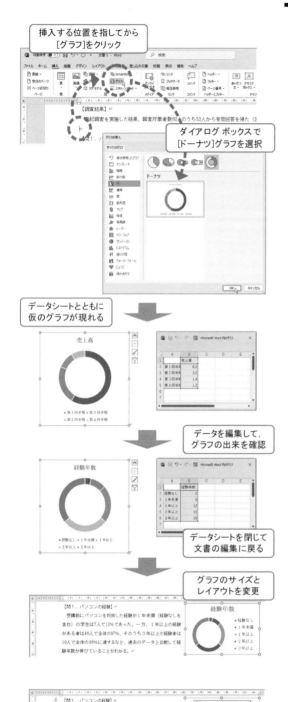

挿入する位置を指してから
[グラフ]をクリック

ダイアログ ボックスで
[ドーナツ]グラフを選択

データシートとともに
仮のグラフが現れる

データを編集して,
グラフの出来を確認

データシートを閉じて
文書の編集に戻る

グラフのサイズと
レイアウトを変更

さまざまな書式設定を済ませて, 完成したグラフ

2.6.3 グラフの作成

【グラフの挿入とデータ編集】

　グラフを挿入するおおよその位置をクリックしてから, [挿入]タブの[グラフ]をクリックすると, [グラフの挿入]ダイアログ ボックスが現れます.

　ここでは, グラフの種類として円グラフの一種である[ドーナツ]を選択します. Word 画面には仮のドーナツ グラフが表示され, その隣には, データ編集画面となるワークシートが現れます.

　ワークシート上でデータを入力し直し, データ範囲を適切に設定すれば, それに合わせて Word 上のグラフが描き直されていきます.

　データ編集が終了したら, ワークシートを閉じて, いったんグラフ作成を終了します.

【グラフのサイズとレイアウトの変更】

　ストック画像のときと同じように, グラフのサイズとレイアウトを調整しましょう.

　まず, グラフ領域の四隅にあるサイズ変更ハンドルをドラッグして, 目的のサイズに変更します.

　次に[折り返しの種類と配置]を"四角"に変更し, グラフ領域（外側の枠）をドラッグして, 文字列との位置関係を調整します.

【グラフの編集とオプション】

　グラフはさまざまな部品で構成されています. グラフ本体だけでなく, グラフのタイトル, 凡例, 目盛軸など, グラフを構成するあらゆる要素は部品化されていて, それぞれの書式は自由に変更することができます.

　例えば, グラフ タイトルの上で右クリックしてショートカット メニューを呼び出せば, タイトルのフォントの種類やサイズ, 塗りつぶしの色, 枠線の色, 影の有無などを変更することができます. 他の要素の書式も上手に設定して, グラフを仕上げてください.

　なお, ショートカット メニューから[グラフの種類の変更]を選択すれば, いつでも, 棒グラフや円グラフなど別の種類のグラフに変更することができます.

2.6.4 表の配置

【表の挿入】

表を挿入したい位置をクリックしてから，リボンの[挿入]タブにある[表]ボタンをクリックして，7行×4列の表を挿入します．

このようにして挿入された表は，左右の余白（またはインデント）いっぱいの幅に広がっています．

ここでは列幅を気にせず，表中にデータを入力していき，最後にフォントサイズを調整します．

7行×4列 の表を挿入

表中にデータを入力，フォント サイズは 9pt

列幅を変更（左から）
25mm, 15mm, 15mm, 15mm

【表の列幅変更】

データ入力を終えたら，水平ルーラーの列マーカー，あるいは[表のプロパティ]ダイアログ ボックスを使って，列幅の調整を行います．

ただし，表の幅を小さくして左右に余白を作ったとしても，表の左右に文字列を配置することはできません．これは，作成した直後の表では，[文字列の折り返し]という属性が"なし"に設定されているからです．

【表の配置と文字列の折り返し】

表と文字列の位置関係を決める方法は，他のオブジェクトの場合と少し異なります．

対象となる表をクリックしてから，リボンの表ツール[レイアウト]タブにある[表のプロパティ]ボタンをクリックすると，[表のプロパティ]ダイアログ ボックスが現れます．[表]タブをクリックすると，[配置]が"左揃え"，[文字列の折り返し]が"なし"に設定されていることがわかるでしょう．

ここで，[配置]を"右揃え"，[文字列の折り返し]を"する"に変更してみましょう．表の大きさや列幅などはそのままで，表が右端にレイアウトされ，左側の余白には文字列が折り返して表示されるようになります．

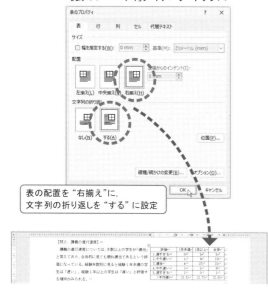

[表のプロパティ]ダイアログ ボックス

表の配置を"右揃え"に，文字列の折り返しを"する"に設定

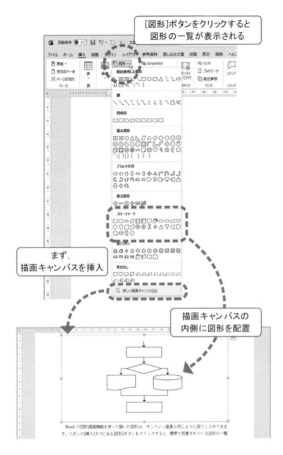

[図形]ボタンをクリックすると
図形の一覧が表示される

まず，
描画キャンバスを挿入

描画キャンバスの
内側に図形を配置

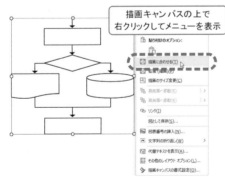

描画キャンバスの上で
右クリックしてメニューを表示

キャンバスの大きさを [描画に合わせる]

キャンバスを縮小し，レイアウトを調整して完成

2.6.5 図形の描画

【図形の描画手順】

　Word の図形描画機能を使って描いた図形は，ストック画像（あるいはオンライン画像）と同じように扱うことができます．

　リボンの[挿入]タブにある[図形]ボタンをクリックすると，標準で用意されている図形の一覧が表示されます．必要な図形を選んでから，編集画面上で始点と終点を決めてドラッグすれば，任意の大きさで図形を描くことができます．

【描画キャンバスの利用】

　1つ1つの図形は，文書内に自由に配置することができますが，多くの図形を配置するにつれて，それらを管理することが困難になります．

　描画キャンバスを使うと，複数の図形（描画オブジェクト）をまとめて管理することができ，移動やサイズ変更，書式設定などを一括して行うことができるようになります．

　描画キャンバスを挿入する位置を決めてから，[挿入]タブにある[図形]ボタンをクリックして，最も下にある[新しい描画キャンバス]を選ぶと，描画キャンバスが挿入されます．

　描画キャンバス内では，上で紹介した図形やストック画像など，あらゆる描画オブジェクトを組み合わせて作図することができます．なお，一般の文書とは異なり，文字を入力するときは[テキストボックス]を利用する必要があります．

　図形の編集を終えるときは，描画キャンバスの外側をクリックします．

【描画した図形のサイズとレイアウトの変更】

　図形を描く段階では仕上がりの大きさを意識せずに，描きやすい大きさで描きます．そして，描き終わった後で，キャンバスの大きさを描画した図形に合わせて拡大・縮小したり，移動したりして，レイアウトを確定していきます．

　描画キャンバスの領域（境界線）をクリックして，[書式]タブにある[文字列の折り返し]ボタンをクリックすると，折り返しの種類と配置を設定することができます．

発展課題

下に示したのはアンケートの基本集計結果であり，基本課題の内容は，この表の一部を分析したものです．これらのデータをもとに，続きの分析を行い，レポートを完成させてください．

「情報処理実習の講義に関するアンケート調査」の基本集計結果

202X 年7月実施，有効回答者数=53 （回収率：53/60=88%）

N は各問の有効回答数，[ ]内は回答率

問1.	この講義を受けるまでに、パソコン利用の経験はありましたか？	1．はい	51[96%]
		2．いいえ	2[4%] N=53
	※はいと答えた方にうかがいます。経験年数はどのぐらいですか？	1．1年未満	5[10%]
		2．1年以上	12[24%]
		3．2年以上	15[29%]
		4．3年以上	19[37%] N=51
問2.	講義の進み方はどうですか？	1．遅すぎる	5[9%]
		2．やや遅い	10[19%]
		3．適当	31[58%]
		4．やや速い	6[11%]
		5．速すぎる	1[2%] N=53
問3.	先生の教え方についてどう思いますか？	1．大いに不満	2[4%]
		2．やや不満	8[15%]
		3．どちらともいえない	18[34%]
		4．やや満足	15[28%]
		5．大いに満足	10[19%] N=53
	※「大いに不満」または「やや不満」と答えた方は、どの点に満足していないのですか？ 該当するものすべてに〇印をつけて下さい。	1．板書・スライド	5[50%]
		2．テキスト	4[40%]
		3．声の大きさ	3[30%]
		4．説明の仕方	7[70%]
		5．先生の態度	6[60%]
		6．その他	2[20%] N=10
問4.	あなたのこの講義への出席状況はどうですか？	1．よく休む	2[4%]
		2．たまに休む	5[9%]
		3．ほとんど出席	46[87%] N=53
問5.	この講義で使っている設備についてあなたはどう思いますか？	1．大いに不満	1[2%]
		2．やや不満	4[8%]
		3．どちらともいえない	22[42%]
		4．やや満足	18[34%]
		5．大いに満足	8[15%] N=53
問6.	課題の量についてどう思いますか？	1．少なすぎる	4[8%]
		2．やや少ない	9[17%]
		3．適当	23[43%]
		4．やや多い	10[19%]
		5．多すぎる	7[13%] N=53
問7.	あなたはこの講義が、自分自身の将来に役に立つと思いますか？	1．全く役に立たない	1[2%]
		2．あまり役に立たない	5[9%]
		3．どちらともいえない	11[21%]
		4．まあ役立つ	26[49%]
		5．大いに役立つ	10[19%] N=53

問8.　（主要な意見とその件数を集計）

・もっと高度な使い方も教えてほしい。　　　　　（9人）

・パソコンが使えるようになってよかった。　　　（6人）

・時間外の作業が多いのでつらい。　　　　　　　（5人）

・もっと新しい機種のパソコンにしてほしい　　　（3人）

・タブレットやスマホで十分だと思った。　　　　（1人）

●御協力ありがとうございました

2.7 ビジネス文書の作成

◇**このセクションのねらい**

文例ウィザードやテンプレートを使って，定型文書を効率的に作りましょう．その中で使われている「スタイル」の意義と利用方法を学びましょう．

基本課題

マイクロソフト社の Web サイトには，紹介・社交，計画・管理，販促・掲示・連絡など，さまざまな分野の「テンプレート」が用意されています．

テンプレートを使うと，下書き程度の文書を手早く作成することができるので便利です．しかし，本格的なビジネス文書にするためには，やはりある程度手を入れて，仕上げを行う必要があります．

ここでは，Word で利用できるテンプレートの1つを基にして，オリジナルの『セミナー開催のお知らせ』を作っていきます．

■ **Officeテンプレートに用意されているテーマ一覧**

【写真・動画】
▶フォト ブック・アルバム
▶フォト スクラップ
▶フォト ムービー・スライド
▶フォトフレーム
▶寄せ書き

【手作り・あそび】
▶ぬり絵・お絵かき
▶おもちゃ・ゲーム
▶仮装
▶小道具
▶デコレーション・ラッピング
▶キッチン用品
▶タンブラー

【紹介・社交】
▶年賀状
▶クリスマスカード
▶その他はがき・カード
▶手紙・レターセット
▶招待状・案内状
▶名刺・名札
▶履歴書・自己紹介
▶のし・ご祝儀袋

【加工・専用紙】
▶シール・ラベル・ステッカー
▶マグネット・キーホルダー
▶ワッペン・アイロンプリント
▶CD・DVD
▶うちわ・扇子
▶その他キット・専用紙

【記録】
▶日記・日誌
▶スポーツ・ダイエット・健康
▶ノート

【計画・管理】
▶家事（計画・予算）
▶仕事（計画・管理）
▶その他（計画・管理）
▶企画書
▶プログラム・しおり
▶手帳
▶カレンダー

【販促・掲示・連絡】
▶チラシ・ポスター・はり紙
▶販促物（POP・DM・クーポン）
▶賞状
▶新聞
▶送付書・ファイル表紙
▶メモ

【学習】
▶大学生（講義・試験）
▶中学生・高校生（授業・試験）
▶小学生（勉強・自由研究）
▶幼児（知育）
▶読書

（2023年8月時点，ExcelとPowerPointを含む）

◆解説：テンプレートと文例ウィザード

【テンプレートとは?】

完成の一歩手前の状態まで作られた特殊な文書が「テンプレート」です．テンプレートには，定型的な文書で共通に使用する文字列や，書式などの要素が含まれています．

テンプレートに用意された文字列を修正したり，あらかじめ定義されているフォントや段落などの「スタイル」を整えていけば，目的に合った見栄えの良い文書を，効率よく作り上げることができます．

【文例ウィザードとは?】

Office 2010 以前には，テンプレートの一種として「文例ウィザード」が用意されていました．

文例ウィザードを選択すると，次々と現れる指示に従って，選択肢を選んだり，空欄に文字列を入力したりするだけで，自動的にページレイアウトや書式が設定されて，目的に合った文書ができあがる，というものでしたが，現在の Office では利用できなくなりました．

◇ *Keywords*
テンプレート, 文例ウィザード, Office.com,
スタイル, 標準スタイル, フォントの書式, 段落の書式,
レター ヘッド, ロゴ, FAX 送付状

『セミナー開催のお知らせ』の完成イメージ

 プレアデス電気（株）

〒163-08XX 東京都新宿区西新宿2-8-XX　NNSビル36F
Phone: 03-5321-11XX / Fax: 03-5321-12XX
E-Mail: kusakari@zzzzz.zzzzz.co.jp

No. 123-456-7890
202X 年 6 月 1 日

すばる国際大学

経営情報学部
教授　大田　一郎　様

プレアデス電気（株）

法人営業部　営業３課
課長　草刈　信彦

セミナー開催のお知らせ

拝啓　時下ますます御清栄のこととお喜び申し上げます。
　さて、最近の情報技術の進歩はめざましいものであり、ビジネスにも個人生活にも急速な変化をもたらしていますが、そのような社会の行き着く先は必ずしも明確ではありません。そこで、弊社では「デジタル経営革命」と題するセミナーを、下記の要領で開催いたすことになりました。なにかとご多忙とは存じますが、万障お繰り合わせのうえ、ぜひともご参加賜りますようお願い申しあげます。

敬具

記

日時　202X 年 7 月 X 日(水)　15:00～17:30
場所　ＴＫＫホテル　3 階　楓の間
　　　　東京都千代田区内幸町 1-1-XX　Phone:03-3504-11XX
講演　「デジタル田園都市国家構想とは何か」
　　　　内田　照夫（北斗大学・総合政策学部教授）
　　　「DX を活用した経営革命」
　　　　渡部　卓也（プレアデス電気(株)社長）
　　　「生成系 AI ― ビジネスへの活用方法」
　　　　A. バーンスタイン（未来学者）
費用　1 万円（消費税含む）
お申し込み方法
　　　　弊社　法人営業部　営業３課「デジタル経営革命セミナー」係まで、
　　　　電話、FAX、または E-Mail にてお申し込み下さい。

以上

2.7.1 テンプレートとスタイル

【テンプレートの選択】

　Backstage ビューで[新規]を選択すると，テンプレート一覧が表示されます（通常は，ここで"白紙の文書"を選択します）．

　画面上方にある[オンライン テンプレートの検索]欄にキーワードを入力すれば，必要なテンプレートを見つけやすくなります．基本課題を作成するために，ここでは"セミナー案内"というキーワードで検索を行います．

　検索結果一覧の中から，"**特約店セミナーのご案内**"というテンプレートを選択すれば，自動的に生成された案内文書の下書きが編集画面に現れます．

【スタイルとは】

　文字に関する書式（フォントの種類やサイズ，文字飾り…）や，段落に関する書式（インデント，行間隔，文書の区切り…）など，各種の書式設定をまとめて名前をつけたものが「スタイル」です．

　スタイルを用いることの利点の1つは，複数の段落の書式をまとめて設定・変更できることです．例えば"本文"というスタイルの書式を変更すれば，同じスタイルが適用された多くの段落の書式を，一斉に変更することができます．

Backstageビューで[新規]を選択すると，
テンプレート一覧が表示される

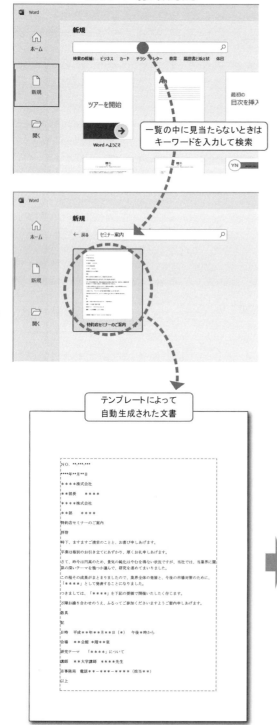

一覧の中に見当たらないときは
キーワードを入力して検索

テンプレートによって
自動生成された文書

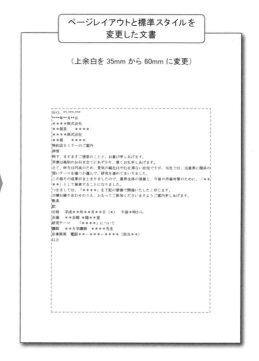

ページレイアウトと標準スタイルを
変更した文書

（上余白を 35mm から 60mm に変更）

【標準スタイルの変更】

まず，最も基本となるスタイル"標準"を変更する手順を見ていきましょう．

リボンの[ホーム]タブにある[スタイル]グループの右下にある，ウィンドウ起動ボタン をクリックすると，[スタイル]ウィンドウが現れます．

スタイル一覧の中から"標準"を選び， をクリックして，メニューの中から[変更]を選択すると，[スタイルの変更]ダイアログ ボックスが現れます．左下にある[書式]ボタンを押して，フォントと段落の書式を変更します．

変更の手順を下図に，具体的な設定値を左欄に示しました．

ページレイアウトと標準スタイル（変更後）

■ページレイアウト
　上余白＝60mm（下・左・右の余白は30mm）

■フォント
　日本語用のフォント＝MS明朝
　英数字用のフォント＝Times New Roman
　サイズ＝10.5pt

■段落
　配置＝両端揃え，段落前＝0pt，段落後＝0pt，
　行間＝最小値 15pt

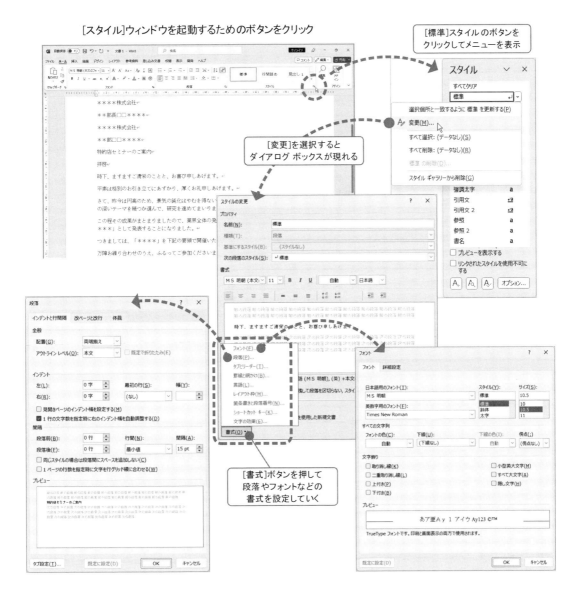

[スタイル]ウィンドウを起動するためのボタンをクリック

[標準]スタイルのボタンをクリックしてメニューを表示

[変更]を選択するとダイアログ ボックスが現れる

[書式]ボタンを押して段落やフォントなどの書式を設定していく

2.7.2 新しいスタイルの定義

【新たなスタイルを定義する手順】

例えば，案内状の要件名『特約店セミナーのご案内』という段落に対して適用する，[PEC_要件]というスタイルを新たに定義してみましょう．

該当する行を選択してから，[スタイル]ウィンドウを呼び出して[新しいスタイル]ボタンをクリックすると，新しいスタイルを定義するためのダイアログ ボックスが現れます．ここで，左下にある[書式]ボタンを押して，フォント／段落／罫線の書式を変更していきます（下図を参照）．

[スタイル]ウィンドウの下部にある[新しいスタイル]ボタンをクリック

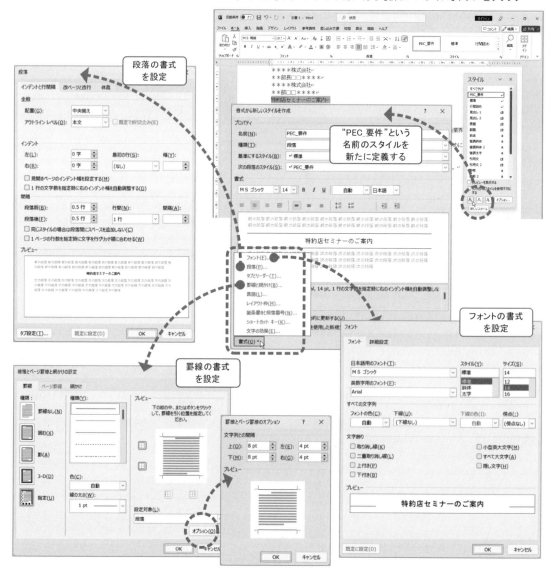

【さまざまなスタイルの定義】

要件名以外にも，日付や宛先／発信者，箇条書きや結語など，文書の構成要素ごとにスタイルを定義しておくと，別の文書を作成する際にも，これらのスタイルを共有することができます．

下図のように，9種類の構成要素について，それぞれのスタイルを定義してみましょう．枠内には，[標準]スタイルから変更する値だけを示してあります．

なお，基本課題の完成イメージでは，自作のロゴを含むレター ヘッダーを挿入してあります．左図を参考にして，プレアデス電機(株)のロゴを制作するとともに，ヘッダーのスタイル[PEC_ヘッダー]を定義してみてください．

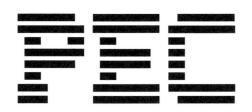

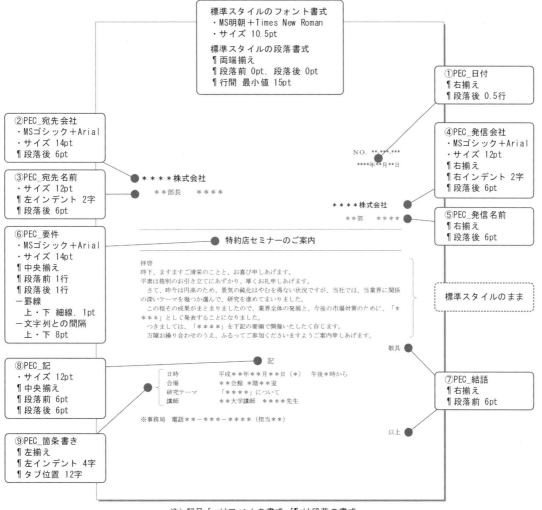

注）記号「・」はフォントの書式，「¶」は段落の書式，「－」は罫線の書式であることを表しています

発展課題

マイクロソフト社のWebサイトに用意されているFAX送付状のテンプレートをもとにして，オリジナルのFAX送付状を作ってみましょう．

Backstageビューの[新規]画面には，標準的なテンプレート一覧とともに，検索欄が表示されています．ここに"FAX送付状"というキーワードを入力して検索を行うと，多くのFAX送付状テンプレートが表示されます．

これらの中から"青い階段FAX送付状"を選択すれば，テンプレートに基づいて新規文書が自動的に生成されます．

Backstageビューの[新規]画面において，目的のテンプレートを選択

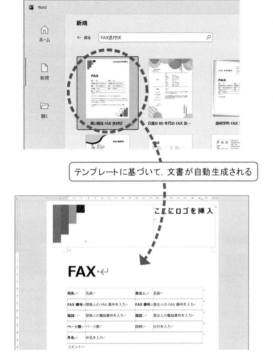

テンプレートに基づいて，文書が自動生成される

◆課題のポイント

【レイアウト等の調整】

テンプレートは，文書の基本的な枠組みを提供してくれるので，送信先と送信元の情報，そして本文を入力するだけで，FAX送付状は完成します．あとは必要に応じて，レイアウト調整やスタイル変更などの仕上げを行ってください．

送信したときに文字がつぶれないよう文字サイズに気をつけること，要件はわかりやすく簡潔に書くこと，などに気をつけましょう．

【オリジナル ロゴの制作】

FAX送付状に挿入した「すばる国際大学」のロゴは，Wordの描画キャンバスに図形を配置して制作しました．

[挿入]タブの[図形の作成]ボタンには，下図のような「星」も用意されているので，これを2つの楕円と重ねてレイアウトしていきます．

完成したロゴの配置は，[描画ツール]の[レイアウト オプション]で調整します．

すばる国際大学のロゴの制作と配置

SUBARU International University

FAX

宛先:	プレアデス電気(株) 法人営業部　営業3課　草刈　様	**差出人:**	すばる国際大学 経営情報学部　大田　一郎
FAX 番号:	03-5321-12XX	**FAX 番号:**	06-6941-03YY
電話:	03-5321-11XX	**電話:**	06-6941-03XX
ページ数:	2枚（本票を含む）	**日付:**	202X/06/05
件名:	「デジタル経営革命セミナー」参加申し込み		

コメント:

先日ご案内いただきました「デジタル経営革命セミナー」について、
下記の通り申し込みさせていただきますので、よろしくお願いいたします。

　　　申込者氏名　大田　一郎：経営情報学部　教授
　　　　　　　　　上松　康司：経営情報学部　教授

　　　添付書類　　参加費用「振込受領書」のコピー

　　　　　　　　　　　　　　　　すばる国際大学　　電話 06-6941-03XX ✆

　　　　　　　　　　　　　　　　ichiro.ota@○○○.ac.jp ✉

　　　　　　　　　　　　　　　http://www.○○○.ac.jp ⊕

　　540-0008 大阪市中央区大手前 2-3-XX, FAX 06-6941-03YY ⌂

2.8 写真の編集と ワードアート

◇このセクションのねらい

デジタルカメラで撮影した写真を，Word の文書の中に貼り付けましょう．写真をそのまま使うのではなく，写真の構図やサイズを編集する方法も学びます．

基本課題

　国内旅行の企画書を制作します．いくら企画内容が良くても，必要十分かつ正確な情報と，案内文書としての見栄えが揃っていなければ，顧客にその魅力を訴えることはできません．

　いくぶん派手めな文字飾りや，美しい写真などを取り入れることで，パンフレットとしての仕上がりを向上させています．

◆課題のポイント

フォト レタッチ用のアプリケーション

　簡単な写真編集であれば，Windows 11 に標準で搭載されている「フォト」を利用することができます．「フォト」にはトリミング（クロップ）や傾きの調整，フィルター，明るさの調整など，フォト レタッチに役立つ多彩な機能が備わっています．

　なお，デジタル カメラをお持ちの方は，何らかの写真編集用アプリケーションが付属しているはずなので，そちらを利用してもかまいません．

【フォト レタッチ】

　写真として取り込んだ画像データを加工・修正する作業のことを，フォト レタッチといいます．

　基本課題で使っている 4 枚の写真は，教材配布サービスで入手できる「教材ファイル」に含まれています．

　📂img2801.jpg（1600x900）
　📂img2802.jpg（ 800x450）
　📂img2803.jpg（ 800x450）
　📂img2804.jpg（ 800x450）

　これらの写真の縦横比はいずれも "16:9"，つまり横 16 に対して縦 9 という比率の大きさになっています．全体の構図や明るさを調整し，適当なサイズに縮小してから利用しましょう．

【ワードアート】

　Word の描画オブジェクトの 1 つ，ワードアートの機能を使って，3-D（立体）効果を施したタイトル文字列を作ります．

　できあがったタイトル文字列は，他の描画オブジェクト（グラフや図形など）と同じように，文書中の任意の位置に，任意の大きさで配置することができます．

◇ *Keywords*
写真編集，フォト レタッチ，フォト(Windows のアプリ)，
トリミング，(写真の)明るさとコントラスト，回転と傾き，
ワードアート，ハイパーリンク，ブックマーク

基本課題の完成イメージ

世界遺産・富士山を巡る旅

~富士山、信仰の対象と芸術の源泉~

企画：すばる国内旅行

■スケジュール

日程	時刻	行　　程
1日目	10:00	ＪＲ三島駅・北口に集合，バスに乗車して出発 ⇒ 北口本宮冨士浅間神社（参拝）
	12:30	山中湖　　　　　　　　●昼食；名物 ＝＝＝料理 ⇒ 船津胎内樹型~精進湖~西湖
	17:00	河口湖畔のホテル着　●夕食と温泉をお楽しみください。
2日目	7:00~	（各自でご自由に）　●朝食；ホテルのバイキング料理
	9:00	ホテルロビーに集合 ⇒ 河口湖遊覧船~本栖湖
	12:00	朝霧高原　　　　　　　●昼食；名物 ＝＝＝料理 ⇒ 白糸ノ滝~富士山本宮浅間大社（参拝）~三保松原
	18:00	ＪＲ静岡駅・北口に到着，解散

■条件

出発日	202X 年 7 月 X 日（土）
ホテル	河口湖畔・＝＝＝ホテル；2~3名様1室利用
食　事	朝1／昼2／夜1
添乗員	全行程バス添乗員が同行し，お世話します。
旅行代金	大人1名様　２５，０００円（税別）
出発地と解散地 （ご注意ください）	ご自宅から集合地（ＪＲ三島駅）までの交通と，解散地（ＪＲ静岡駅） からご自宅までの交通は，お客様自身にてご負担ください。

■主な見どころ

河口湖

白糸ノ滝

富士山本宮浅間大社

三保松原

2.8.1 フォト レタッチの方法

【フォトの使い方】

サンプル画像ファイルの1つ "img2801.jpg" を，フォトで編集する手順を見ていきましょう．具体的には，適切な構図になるようにトリミングし，元のファイル名と異なるファイル名で保存します．

フォトで画像ファイルを読み込むと，画面上部中央に初期メニューが表示されます．ここで，[画像の編集]を選択すると，今度は画面上部に5つの編集メニューが，画面下部または右部には各メニューの詳細な設定項目が現れます．

編集作業を終えた後は，画面上部右にある[保存オプション]をクリックして，保存方法を選択します．

「フォト」はどこにある？

Windows 11 に搭載されているフォトというアプリは，スタート ボタンを押したときに現れるアプリ一覧に登録されているので，簡単に見つけることができます．

デスクトップ画面でエクスプローラーを使ってファイル一覧を表示しているときは，該当のファイルの上で右クリックしてショートカット メニューを呼び出し，[プログラムを開く]〜[フォト]を選択して利用することもできます．

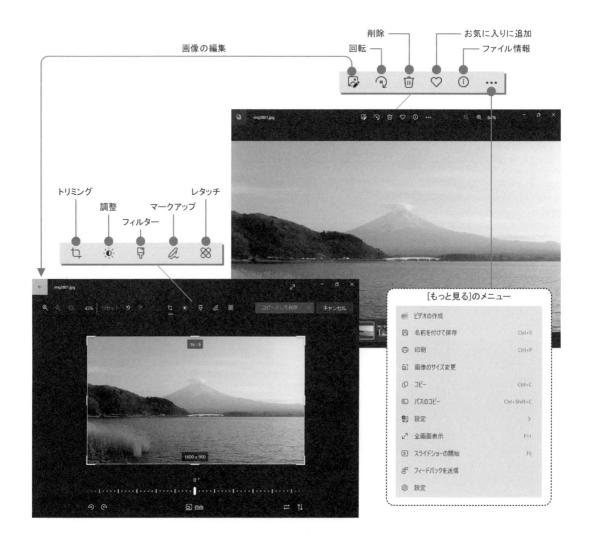

画像のトリミング:
トリミング ハンドルを動かして, 必要な領域を抽出

画像の回転:
傾き調整レバーを動かして, 適当な傾きに修正

【トリミング】

　トリミングというのは, 写真の周縁部 (不要な部分) を切り落とす作業のことです.

　[画像の編集]をクリックして, [トリミング]を選択すると編集画面に切り替わり, トリミング ハンドルが現れます.

　四隅のハンドルをドラッグしながら切り落としたい領域を決めて, ハンドルを放せばトリミングは完了です.

　トリミングの際には, 画像の縦横比にも注意しましょう. 画面下部中央に現れる[縦横比]をクリックすれば, 種々の比を選択することができます. 従来は"4 : 3"が一般的でしたが, 最近では"16 : 9"(ワイド画面) という縦横比も普及しています.

【回転と傾きの調整】

　[画像の編集]をクリックして現れる編集画面では, 画像を0.1度単位で回転させる (傾ける) ことができます.

　画像の下側にある[傾きの調整]レバーを左右に動かすと, −45度から+45度の範囲内で画像の傾きを変えることができます. これによって, 撮影時にわずかに傾いていた写真でも, 水平・垂直を調整することができます.

　また, 画像を時計回り／反時計回りに90度単位で回転したり, 水平方向／垂直方向に反転するボタンも用意されています.

【ファイルの保存】

　ワープロ文書に貼り付けるのはレタッチした後の画像ですが, レタッチ前の画像も残しておきたいときは[保存オプション]のところで[コピーとして保存]を選択します.

　例えば, 元のファイル名が"img2801.jpg"の場合は, 新たに"img2801(1).jpg"などの名前に変更して保存するとよいでしょう.

【フォトの編集メニュー】

　フォトの[画像の編集]メニューには, 他にも各種のフィルターや色を調整する機能 (明るさ, コントラスト, ふちどり, 彩度など) や, 各種フィルターなどが用意されています.

　これらの機能を活用して, ご自分の写真を見栄えの良いものに仕上げてください.

2.8.2 写真の挿入

【ワープロ文書への挿入】

基本課題の文書に，レタッチした写真を挿入してみましょう．

文書中に挿入する位置をクリックしてから，リボンの[挿入]タブにある[図]グループの[画像]を選択し，前項で保存したファイル名を選んで[挿入]ボタンをクリックします．

【サイズとレイアウトの変更】

ファイルから読み込んだ写真は，Word ではオブジェクトの一種として扱われます．したがって，それらのサイズやレイアウトの変更に関しては，§2.6 で紹介した他のオブジェクトと同じ方法を用いることができます．

レイアウト（文字列の折り返し）の変更

サイズの変更

挿入したばかりの写真は "行内" にレイアウトされ，そのサイズも自動的に割り当てられたものになっています．

レイアウトの変更は，[図の形式]タブにある[位置]ボタン，あるいは[文字列の折り返し]ボタンで行います．

サイズの変更は，[図の形式]タブにある[サイズ]ボタンで行います．写真の四隅にあるサイズ変更ハンドルをドラッグすれば，サイズを直接変更することもできます．

【写真のサイズと印刷品質】

Word で作成したグラフやワードアートなどのオブジェクトは，文書に貼り付けるサイズを変更しても画質が低下することはありません．

これに対して，デジタル写真は同じ構図であっても，画素数が減る（解像度が低くなる）と画質が低下します．画面で見て十分な画質だと感じても，プリンタで印刷すると粗く見えることがあるのはそのためです．

レタッチで写真を25%に縮小した後，Wordに貼り付けたときの印刷品質

もとの写真を貼り付けた後，Word上で25%の大きさに縮小したときの印刷品質

レタッチで写真サイズを縮小することは，ファイル サイズを小さくする上で効果的ですが，同時に画素数が減少して画質も低下します．これを避けるためには，レタッチで写真を縮小するのではなく，大きめの写真を文書に貼り付けて，文書中でサイズを調整するとよいでしょう．

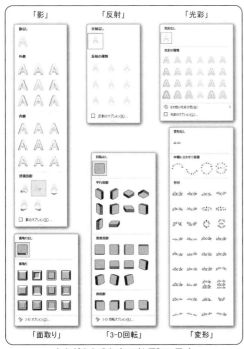

さまざまな[文字の効果]の見本

2.8.3 ワードアートの利用

【ワードアートとは】

ワードアートは描画オブジェクトの一種です. ワードアートの機能を使えば,任意の文字列に対して影／3-D 回転／変形などの表現効果を追加することができます.

【ワードアートの使い方】

ワードアートを挿入する位置をクリックしてから,リボンの[挿入]タブ,[テキスト]グループにある[ワードアートの挿入]を選択すると,多くのワードアート スタイルが,ギャラリーとして一覧表示されます.

ギャラリーの中から1つを選んでクリックすると,あらかじめ書式設定が施されたテキストボックスが現れます.

ここで必要な文字列を入力すれば基本形が完成し,ワードアートとして文書中に挿入されます.

一般にこの段階では,できあがったワードアート(テキストボックス)は文章に重なるようにレイアウトされるので,その位置や文字列の折り返しを適切に設定しなおします.

また,ワードアート内をクリックすると,通常のテキストボックスと同じように,文字列の再編集が可能になります

【文字の効果と形状】

[図形の書式]タブ,[ワードアートのスタイル]グループにある[文字の効果]をクリックすると,ギャラリーで選択したスタイルをベースにして,さらに複雑な効果や形状を追加することができます.

文字の効果としては,影／反射／光彩／面取り／3-D 回転／変形の6種類が用意されており,それぞれの効果がさらに多くのパターンから構成されています.

左に紹介したのはほんの一例です.あまり凝りすぎないように注意しながら,効果を組み合わせて,独自のタイトル文字をデザインしてみてください.

ハイパーリンクとは

　ハイパーリンクとは，リンク元となる箇所（文字列や画像）に他の文書や画像などの位置情報（リンク先）を埋め込んでおき，複数の情報を関連付ける仕組みのことを指します．

　インターネットのWebページは，ハイパーリンクを用いた代表的なシステムの1つです．

発展課題

　基本課題で制作した企画書の続きとして，2ページ目に「見どころ」の解説書を追加します．

　基本課題で配置した4つの小さな写真をボタン代わりにして，解説書の該当する箇所にハイパーリンクを設定してみましょう．

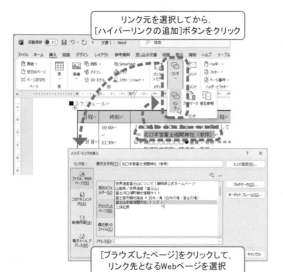

リンク元を選択してから，
[ハイパーリンクの追加]ボタンをクリック

[ブラウズしたページ]をクリックして，
リンク先となるWebページを選択

◆課題のポイント

【ハイパーリンクの挿入と表示】

　Word文書で設定できるハイパーリンクのリンク先は4種類です．

　　①他のファイル

　　②Webページ（URLを指定）

　　③同じ文書内のブックマーク

　　④電子メールアドレス

　ハイパーリンクを設定するには，リンク元となる文字列か画像（写真や図形）を選択してから，リボンの[挿入]タブ，[リンク]グループにある[ハイパーリンクの追加]ボタンをクリックします．

　[ハイパーリンクの挿入]ダイアログ ボックスの中で，リンク先を指定すればハイパーリンクの設定は完了です．

【ブックマークへのハイパーリンク】

　同じ文書内の特定の場所をリンク先とするためには，あらかじめ「ブックマーク」を設定しておく必要があります．

　発展課題の"■河口湖"という文字列を選択して，[挿入]タブの[リンク]グループにある[ブックマーク]ボタンをクリックします．[ブックマーク名]の欄に"見どころ1"を入力すれば，このブックマークがリンク先となります．

　次に基本課題の文書に戻り，"河口湖"の写真をリンク元として[ハイパーリンクの挿入]ダイアログ ボックスを呼び出し，[このドキュメント内]のブックマーク"見どころ1"をリンク先に指定すれば，両者の関連付けは完了です．

　同様にして，他の3つの写真についても，ハイパーリンクを設定してみましょう．

「発展課題」の中でブックマークを設定

「基本課題」に戻って ブックマークへのハイパーリンクを設定

発展課題の入力イメージ（基本課題の2ページめとして追加）

世界遺産・富士山の見どころ

第37回ユネスコ世界遺産委員会（2013年6月）において，我が国が世界文化遺産に推薦していた富士山が，「Fujisan, sacred place and source of artistic inspiration　（富士山-信仰の対象と芸術の源泉）」という名称で，世界遺産一覧表へ正式に記載されました。富士山の価値を構成する資産は，その山体だけでなく，周囲にある神社や登山道，湖沼，風穴，溶岩樹型など25箇所に及びます。

■河口湖（山梨県富士河口湖町）

　富士山の北麓に位置する河口湖は，富士山の火山活動によって形成された堰止湖です。

　河口湖を含め，富士山の北麓に弧状に点在する大きな5つの湖沼は「富士五湖」と総称されており，いずれも『信仰の対象』としての富士山の顕著な普遍的価値を証明する上で，不可欠の構成資産となっています。

■白糸ノ滝（静岡県富士宮市）

　富士山の南西麓に位置する白糸ノ滝は，富士山の湧水を水源とする滝で，その名称は，大量の湧水が数百条にも垂れ下がり，白糸が横に連なっているように見えることに由来します。

　富士講の開祖とされる長谷川角行が修行を行った場所であるとされ，富士講信者を中心とした人々の巡礼・修行の場となりました。

■富士山本宮浅間大社（静岡県富士宮市）

　富士山本宮浅間大社は，富士山火口部の底部を居処とする浅間大神を遥拝し，その噴火を鎮めることを目的として創建された神社です。

　9世紀初頭に富士山に近い位置に遥拝所として存在した山宮浅間神社から現在の地に分祀したとされており，古くから富士山南麓における中心的な神社であったことが知られています。

■三保松原（静岡県静岡市）

　三保松原は，富士山の南西，駿河湾を臨む総長約7kmに及ぶ砂嘴で，その上に約5万本のクロマツが約4.5kmにわたって叢生しています。

　「万葉集」以降多くの和歌の題材となり，また，16世紀以降は富士山画の典型的な構図に含まれるなど，海外にも著名な芸術作品の視点または舞台として知られています。

【参考】「富士山－世界遺産一覧表への記載推薦書」（平成24年1月，文化庁）

第3章 Excel 実習

3.1 表計算の概念と基本機能

◇このセクションのねらい

表計算ソフトで何ができるのかを理解しましょう.
ワークシートと行・列・セルの概念, Excel における各部の名称と
それぞれの役割を覚えましょう.

◆Excel の起動と画面構成

　Excel を起動した直後には, 表計算を開始するための Backstage ビュー画面が現れ, あらかじめ用意されている多くのテンプレートが表示されます.

　ここでは"空白のブック"を選択して, 新しい表計算の編集作業に入りましょう.

　Excel の基本的な画面構成は, 下図のようになります. 画面の大半を占める「ワークシート」は, 縦横に分割された巨大な集計表(スプレッド シート)であり, 各マス目には文字や数値, 数式などを入力することができます.

　ワークシートの周囲には, タイトル バーとリボンのタブ, スクロール バーなどのほか,「数式バー」や「シート見出し」のように, Excel 独自の要素も配置されています.

Excelブックとワークシート

　ExcelブックとはExcelのファイル (.xlsx / .xls) そのものを指します. Excelブックは１つ以上のワークシートで構成され, １つのワークシートがブックの１ページに相当します.

　１つのExcelブックはこのようなワークシートを200枚以上, 同時に処理することができます.

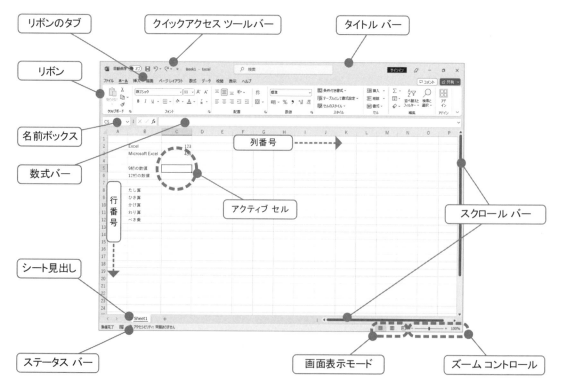

Excelの画面構成

◇ *Keywords*

Excel の4大機能, ワークシート, 行／行番号, 列／列番号,
セル, 文字列データ, 数値データ, 数式, セル参照,
セルの書式設定, ワークシートの印刷, 作業環境を整える

Excelの行数と列数

Excel 2003 まで, 1つのワークシートの大きさは
65,536行×256列（IV列）, セルの個数は約1670万個
でした.

Excel 2007 以降は, 行数が16倍, 列数が64倍に拡
張され, 1つのワークシートに配置されるセルの数は
1024倍になっています.

◆ワークシートの概念

ワークシートは「列」と「行」で構成されていま
す.「行」には上から 1, 2, 3, … という行番号が付
けられ, 最後（下端）は 1,048,576 行, また「列」に
は左側から A, B, C, … という列番号が付けられ,
最後（右端）は XFD 列（16,384 列）となっていま
す.

「列」と「行」が交わってできる区画のことを「セ
ル」といいます. 1 つのワークシートには 1,048,576
行×16,384 列, つまり 170 億個以上のセルがある
ことになります.

◆Excel の4大機能

Excel には, 最も基本的な「表計算機能」を含め
て, 4つの重要な機能が備わっています.

【表計算機能】

ワークシートにデータや数式を入力し, 自動的
に計算を行う機能です. 四則演算はもちろんのこ
と, 統計や財務などの多彩な関数が用意されている
ので, さまざまな業務に対して幅広く利用すること
ができます.

【グラフ機能】

ワークシート上のデータを元にして, グラフを
作成する機能です. 棒グラフ, 折れ線グラフ, 円グ
ラフなど多くの種類が用意されており, 立体グラフ
（3-D グラフ）を描くこともできます.

【データベース機能】

ワークシート上のデータを, データベースのよ
うに扱うことができます. データの並べ替え, 条件
指定による検索・抽出などができます.

【マクロ&VBA 機能】

一連の作業手順を記録して, VBA（Visual Basic
for Applications）形式のプログラムとして登録する
のがマクロ機能です. オリジナルの VBA プログラ
ムを作成して, 実行することもできます（この機能
は, 本書では扱いません）.

3.1.1 セル番地と範囲選択

【セル番地】

ワークシート上で「列」と「行」が交わってできる区画のことをセルといい，各セルの位置は，列番号と行番号を組み合わせた「セル番地」で表現されます．例えば，左から3列目，上から3行目にあるセルの番地は"C3"となります．

【範囲選択】

連続する複数セルの集合を「範囲」といい，範囲内の左上と右下のセル番地を用いて"B2:D4"のように表します．その他にも，列単位あるいは行単位で範囲選択を行う方法があります．

書式設定などの処理は範囲内にあるすべてのセルが対象となりますが，データ入力に関しては「アクティブ　セル」と呼ばれるただ1つのセルだけが処理対象となります．

■単一のセル

任意の1つのセルを選択すれば，それがアクティブセルになる

■矩形の範囲選択

矩形の範囲をドラッグして選択；この例で選択範囲は"B2:D4"，アクティブセルは"C3"

■列単位の範囲選択

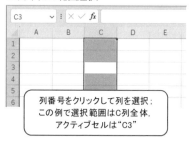

列番号をクリックして列を選択；この例で選択範囲はC列全体，アクティブセルは"C3"

■行単位の範囲選択

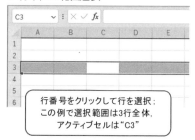

行番号をクリックして行を選択；この例で選択範囲は3行全体，アクティブセルは"C3"

【列の幅と行の高さ】

セルを列単位で選択した場合には，ショートカット　メニューを使って「列の幅」を設定することができます．数値の単位は，「標準フォント」サイズで1つのセルに表示できる数字（0〜9）の平均の個数です．

セルを行単位で選択した場合には，ショートカット　メニューで「行の高さ」を設定することができます．こちらの数値の単位はpt（ポイント）で，72ptが1インチ（25.4mm）に相当します．

あるいは，列番号の境界をドラッグして列の幅を，行番号の境界をドラッグして行の高さを変更することもできます．

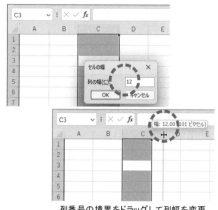

数値を指定して列幅を変更

列番号の境界をドラッグして列幅を変更

3.1.2 いろいろなデータの入力

【データの種類】

Excel で扱うデータには，「数値」と「文字列」があります．2つの大きな違いは，計算が可能かどうかという点です．

【文字列データの入力】

データを入力したいセルをクリックしてアクティブな状態にします．このセルのことを「アクティブ セル」といいます．

では，セル B2 をクリックした後，キーボードで "Excel" と入力して，[Enter]キーでデータ入力を確定してみましょう．同じ要領で，セル B3 には "Microsoft Excel" というデータを入力します．

文字列データはセル内において「左揃え」で表示されますが，セル B3 のように長い文字列は，右隣のセルにはみ出して表示されます．

文字列の入力

【数値データの入力】

次に，セル C2 に "123"，セル C3 に "456" と入力してみましょう．数値データはセル内において「右揃え」で表示されます．またセル C3 にデータが入力されたことによって，セル B3 からはみ出していた文字列は，見かけ上は消えてしまいます．

続いてセル C5 には "123456789"，セル C6 には "123456789000" という，桁数の多い数値を入力してみましょう．セルの表示幅には限界があるので，一定の桁数を超えた数値は左図のように浮動小数点を含んだ指数表示になります．

このときセル C6 をアクティブにすれば，数式バーには入力したとおり，"123456789000" が表示されることを確認しておきましょう．

このように，セルの幅におさまらない文字列や数値を表示させるには，列幅を広げる方法が一般的ですが，フォントサイズを小さくする方法もあります．

数値の入力

桁数の多い数値の入力

【データの修正】

入力ミスをした場合は，Word と同じように[Del]キーまたは[BackSpace]キーで削除することができます．

入力済みのセルに対しては，直接上書きすることで新たなデータを入力することもできます．

ファイルの保存

一般的なファイル保存の手順は§1.2.4（ファイルの概念）で紹介したので，ここでは省略します．

とはいえ，何らかのトラブルによるデータ消失を避けるために，作業途中には頻繁に [上書き保存] を行うことを心がけましょう．

3.1.3 数式の入力

Excel ワークシートのセルに入力できる数式には，次の3通りがあります．

①数値と演算記号を使う数式

= 10+20

②セル参照を伴う数式

= A1+A2

③関数を使う数式

= SUM(10, 20, 30, 40, 50)
= SUM(A1:A5)

そして数式で参照しているセル，例えばセル A1 やセル A2 の数値を変更すると，計算結果も自動的に更新されます．

【数式の入力】

数式で使われる，主な演算記号は次のとおりです．数学で用いる記号と異なる場合がありますので，注意してください．

足し算：$2+10$ → =2+10
引き算：$2-10$ → =2-10
掛け算：$2×10$ → =2*10
割り算：$2÷10$ → =2/10
べき乗：2^{10} → =2^10

以上の数式を，セル C8 から C12 に入力してみましょう．数式は必ず半角の英数記号で入力し，数式の先頭は，必ず"="で始めます．

【セル参照を伴う数式】

セル C14 には，セル C8 から C12 まで5つのセルの合計値を求めるために，セル参照を使った数式を入力してみましょう．

= C8+C9+C10+C11+C12

【関数を使う数式】

セル C15 にも，セル C8 から C12 まで5つのセルの合計値を求めるための数式を入力します．こちらは関数を使った数式ですが，前項の数式とまったく同じ計算結果が得られるはずです．

= SUM(C8:C12)

数式の入力

セル参照を伴う数式の入力

関数を使う数式の入力

3.1.4 書式設定

フォントの種類やサイズの変更，罫線の設定，列幅の変更などを行って，ワークシートを仕上げていきます．

【セルの書式設定】

セルに対して設定できる書式には，次のようなものがあります．

> 表示形式 : 文字や数値の表示形式
> 配置 : 文字の位置や表示方向
> フォント : フォントの種類やサイズ
> 罫線 : 罫線のスタイルや色
> 塗りつぶし : 背景色や網かけパターン
> 保護 : ロックや非表示の設定

これらは，単一のセルまたはセル範囲，行単位，列単位，ワークシート全体など，任意の範囲を選択して設定することができます．

対象となる範囲を選択してから右クリックしてショートカット メニューを呼び出し，[セルの書式設定]を選ぶとダイアログ ボックスが現れるので，ここで必要な項目を設定します．

リボンの[ホーム]タブにある[セル]グループの[書式]ボタンから，[セルの書式設定]ダイアログ ボックスを呼び出すこともできます．

セルの書式設定の例［フォント］

セルの書式設定の例［罫線］

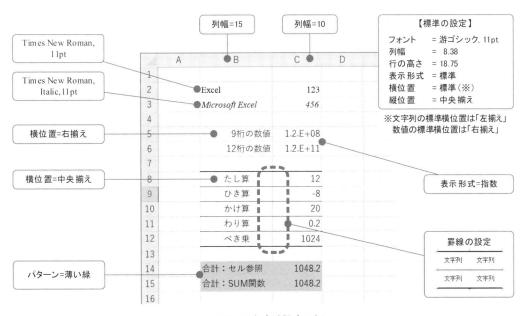

いろいろな書式設定の例

3.1.5 ワークシートの印刷

【印刷の手順】

　ワークシートを印刷するにあたっては，ページの最終的な外観を適切に調整できるよう，多数のオプションが用意されています．思いどおりの印刷結果を得るためには，次のような手順に従って作業を行います．

　　　①印刷範囲の設定
　　　②ページ設定（用紙サイズと向き）
　　　③タイトル行とタイトル列の設定
　　　④改ページ位置の確認

　あとは必要に応じて，拡大縮小の設定，余白の調整，ヘッダー／フッターの編集などを行います．

　①と②は必須ですが，Wordの印刷とほとんど同じ操作になります．③と④の作業は，印刷範囲が複数ページにわたる場合に必要になります．

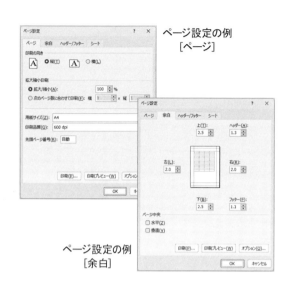

ページ設定の例
[ページ]

ページ設定の例
[余白]

【印刷範囲とページ設定】

　ワークシート上で印刷したい範囲"B2:C15"を選択してから，[ページレイアウト]タブの[印刷範囲]ボタンをクリックして印刷範囲を決定します．

　続いて，[ページレイアウト]タブの[ページ設定]グループからダイアログ ボックスを呼び出すと，さまざまな印刷オプションを設定することができます（左図）．

ページ設定の例
[ヘッダー/フッター]

ページ設定の例
[シート]

【印刷プレビュー】

　ワークシートで見るイメージは，必ずしも印刷時のイメージと一致しません．プリンタに印刷する前に，必ず印刷プレビュー画面で印刷イメージを確認する習慣をつけましょう．

　リボンの[ファイル]タブをクリックして，[印刷]を選択すれば，画面の左側に印刷設定メニュー，右側に印刷プレビューが表示されます．

【改ページ プレビュー】

　リボンの[表示]タブにある[改ページ プレビュー]を選択すると，ワークシートの印刷範囲と改ページの位置が示されます．これらは，マウスのドラッグで自由に変更することが可能です．

　[表示]タブの[標準]を選択すると，通常の画面表示に戻ります．

[改ページ プレビュー] の画面

3.1.6 作業環境を整える

ワークシートの作業領域が大きくなると,全体を見渡すのは大変なので,作業効率を上げるためにも,作業環境を整える工夫が必要です.

【ウィンドウ枠の固定・解除】

ワークシートの2つ以上の部分を同時に表示する方法として,ここでは「ウィンドウ枠」を使って,行単位または列単位でウィンドウを固定する方法を紹介します.

例として,セルC4をクリックしてから,リボンの[表示]タブにある[ウィンドウ枠の固定]ボタンから,[ウィンドウ枠の固定]を選択してみましょう.これによって,右方や下方へどれだけスクロールしても,1〜3行とA〜B列は固定されます.

これを解除するときは,同じ[ウィンドウ枠の固定]ボタンから,[ウィンドウ枠固定の解除]を選択します.

ワークシートの2つ以上の部分を同時に表示するもう1つの方法として,「分割バー」を使う方法もありますが,本書では扱いません.

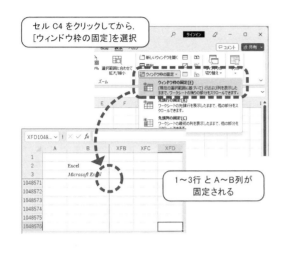

セルC4をクリックしてから,[ウィンドウ枠の固定]を選択

1〜3行 と A〜B列が固定される

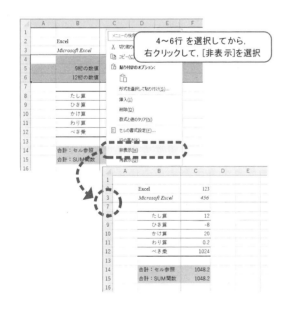

4〜6行 を選択してから,右クリックして,[非表示]を選択

【行／列の非表示・再表示】

行範囲(または列範囲)を指定してから,右クリックで[非表示]を選択すると,指定した範囲を非表示状態にできます.

画面に表示されないだけで,内容が失われたわけではありません.したがって,非表示範囲を含む領域をコピーしたり削除したりする場合,非表示部分のデータも処理の対象となります.

元のとおりに表示させるには,非表示範囲を含む行範囲(または列範囲)を指定して,右クリックで[再表示]を選択します.

【ズーム コントロール】

ワークシートのズーム倍率は"10%〜400%"の範囲で指定できます.通常は"100%"で表示されていますが,倍率を小さくすれば全体のレイアウトを把握しやすくなり,倍率を大きくすれば細部のデザインを編集しやすくなります.

画面 右下にある
[ズーム コントロール]

3.2 セル番地と数式

◇**このセクションのねらい**

セル番地の意味と相対参照・絶対参照の違いを理解し, 処理効率の良い数式を入力できるようになりましょう. また, セルの挿入と削除, 複写と移動など, 重要な基本操作を習得しましょう.

◆データ入力

📁 **chapt32a.csv**

作業の元となる表の入力から始めます. かなや漢字は全角文字で, アルファベットや数字, 数式などは半角文字で入力するのが基本です. レイアウトやセルの書式などに気を取られずに, 正確に入力して行きましょう.

基本課題のデータ入力

	A	B	C	D	E	F	G
1	■成績表						
2							
3	氏名	前期	後期	計	平均との差		
4	浅倉	73	85				
5	出雲	86	92				
6	井出	69	71				
7	伊藤	83	77				
8	上山	65	67				
9	小川	69	59				
10	河原崎	51	63				
11	苅谷	86	88				
12	日下	58	56				
13	近藤	71	68				
14	合計						
15	平均						
16							

	A	B	C	D	E	F	G
1	■成績表						
2							
3	番号	氏名	前期	後期	計	平均との差	
4	1	浅倉	73	85	158	14.3	
5	2	出雲	86	92	178	34.3	
6	3	井出	69	71			
7	4	伊藤	83	77			
8	5	上山	65	67			
9	6	小川	69	59			
10	7	河原崎	51	63			
11	8	苅谷	86	88			
12	9	日下	58	56			
13	10	近藤	71	68			
14		合計	711				
15		平均	71.1				
16							

基本課題の完成イメージ

◇ *Keywords*
　セルの挿入と削除, セルの複写と移動, オートフィル機能,
　オート SUM, 関数, 引数, SUM 関数, AVERAGE 関数,
　セル番地, 相対参照, 絶対参照, 複合参照, 数値の表示形式

基本課題

　入力した 10 人分のデータをもとに, 各々の合計点と平均点を求めます. セルの挿入や複写の方法を覚えながら, ワークシート上のセルを自由自在に操れるように練習を重ねてください.

◆オート SUM の使い方

【オート SUM とは】

　本文でも「合計」を計算するためのいろいろな方法を紹介していますが, ここでは最も簡単な方法である「オート SUM」を紹介します.

　例えば, セル B4 から B13 までの合計値をセル B14 で得たい場合には, セル B14 をクリックしてから, [ホーム]タブの[編集]グループにある[オート SUM]ボタン Σ ▾ をクリックします. オート SUM の自動判断により, SUM 関数を用いた数式

$$=SUM(B4:B13)$$

がセル B14 に入力されます.

　数式に間違いがなければ, 数式バーの左にある入力ボタン✔, または[Enter]キーを押して確定します. 数式中のセル範囲を変更したい場合は, 正しいセル範囲をドラッグしてから確定します.

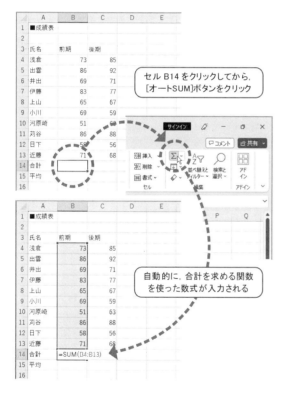

セル B14 をクリックしてから,
[オートSUM]ボタンをクリック

自動的に, 合計を求める関数
を使った数式が入力される

【オート SUM の拡張機能】

　オート SUM の拡張機能を使えば, 「合計」以外にも平均値や数値の個数, 最大値, 最小値を簡単に求めることができます.

　具体的な使い方は, §3.2.2 で紹介します.

[オートSUM]ボタンの右にある ▼ をクリック
すると, 合計以外の関数を選択できる

3.2.1 セルの挿入と削除

【セルの挿入と削除】

　表を完成させた後で，1人分の行を増やしたいとか，列方向に新たな項目を増やしたいとかいった場合，範囲を選択して新たなセルを挿入することができます．

　逆に不要なデータを削除する場合，データだけを消去する，あるいはセルそのものを削除するといった使い分けもできます．

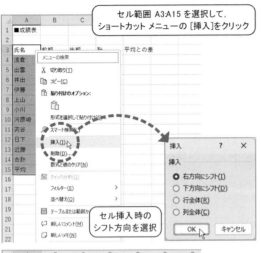

セル範囲 A3A15 を選択して，ショートカット メニューの [挿入]をクリック

セル挿入時のシフト方向を選択

【挿入の方法】

　セル挿入の一般的な手順は次のとおりです．

1) 挿入したい位置のセル範囲を選択します．ここではセル A3 から A15 までを選択します．
2) 右クリックでショートカット メニューを呼び出し，[挿入]を選択します．
3) [セルの挿入]ダイアログ ボックスで，[右方向にシフト]を選んで[OK]をクリックします．

　新たにセルを挿入する場合，影響を受ける周囲のセルをシフトさせる方法を，4つの中から選択できます（上の例では①を選択しました）．
　①右方向にシフト
　②下方向にシフト
　③行全体（行挿入と同等）
　④列全体（列挿入と同等）

【削除の方法】

　セルの内容を削除する方法は2通りあるので，目的に応じて使い分けます．どちらも範囲選択の後，ショートカット メニューから呼び出します．

　[数式と値のクリア]を選択すると，書式や罫線などはそのまま残して，データ（数値や文字列）と数式だけを削除します．

　[削除]を選択すると，書式や罫線も含めて，セルそのものを削除してしまいます．このとき，影響を受ける周囲のセルに対して，シフトさせる方法を4つの中から選択できます．
　①左方向にシフト
　②上方向にシフト
　③行全体（行削除と同等）
　④列全体（列削除と同等）

削除したいセル範囲を選択して，ショートカット メニューの [削除]をクリック

セル削除時のシフト方向を選択

3.2.2 合計と平均

前期と後期の得点計を求める数式

	A	B	C	D	E	F
			fx	=C4+D4		
3	番号	氏名	前期	後期	計	平均と
4	1	浅倉	73	85	=C4+D4	
5	2	出雲	86	92		
6	3	井出	69	71		
7	4	伊藤	83	77		
8	5	上山	65	67		
9	6	小川	69	59		
10	7	河原崎	51	63		
11	8	苅谷	86	88		
12	9	日下	58	56		
13	10	近藤	71	68		
14		合計				
15		平均				
16						

10人分の得点合計を求める数式

	A	B	C	D	E	F
		C14	fx	=SUM(C4:C13)		
3	番号	氏名	前期	後期	計	平均と
4	1	浅倉	73	85	158	
5	2	出雲	86	92		
6	3	井出	69	71		
7	4	伊藤	83	77		
8	5	上山	65	67		
9	6	小川	69	59		
10	7	河原崎	51	63		
11	8	苅谷	86	88		
12	9	日下	58	56		
13	10	近藤	71	68		
14		合計	=SUM(C4:C13)			
15		平均				
16						

【合計を求める方法】

各個人について，前期・後期の合計点を求める数式にはいくつかの記述方法があります．「浅倉」君の合計点をセル E4 に求めてみましょう．どの数式を入力しても結果は同じになります．

① =C4+D4
② =SUM(C4:D4)
③ =SUM(C4, D4)

先頭の "=" は，そのセル内のデータが計算式であることを表すもので，必ずつけておきます．

<範囲の記述方法>

①は単純に，全ての要素を演算記号 "+" で足し合わせたものです．②と③では，SUM 関数を用いて合計を求めています．

"SUM" に続く括弧内の文字列を「引数」（ひきすう）といいます．②では "C4:D4" という引数を用いていますが，これは「セル C4 からセル D4 までの全ての要素」という意味になります．

例えば，"SUM(C4:C13)" とすれば，C4 から C13 まで連続する全てのセルの値，つまり 10 個のデータの合計を求める数式となります．

【平均値を求める】

平均値を求めるには，AVERAGE 関数を用います．例えば，前期試験の 10 人分の平均点を求めるには，セル C15 に次の数式を入力します．

=AVERAGE(C4:C13)

[オート SUM]ボタン Σ ▾ を使うと，簡単に平均を求める数式を得ることができますが，範囲選択を誤ることがあるので注意してください（下図）．

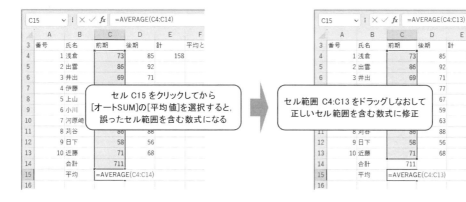

	A	B	C	D	E	F
		C15	fx	=AVERAGE(C4:C14)		
3	番号	氏名	前期	後期	計	平均と
4	1	浅倉	73	85	158	
5	2	出雲	86	92		
6	3	井出	69	71		
7	4	伊藤				
8	5	上山				
9	6	小川				
10	7	河原崎				
11	8	苅谷	86	88		
12	9	日下	58	56		
13	10	近藤	71	68		
14		合計	711			
15		平均	=AVERAGE(C4:C14)			
16						

セル C15 をクリックしてから [オートSUM]の[平均値]を選択すると，誤ったセル範囲を含む数式になる

	A	B	C	D	E	F
		C15	fx	=AVERAGE(C4:C13)		
3	番号	氏名	前期	後期	計	平均と
4	1	浅倉	73	85	158	
5	2	出雲	86	92		
6	3	井出	69	71		
					77	
					67	
					59	
					63	
11	8	苅谷	86	88		
12	9	日下	58	56		
13	10	近藤	71	68		
14		合計	711			
15		平均	=AVERAGE(C4:C13)			
16						

セル範囲 C4:C13 をドラッグしなおして正しいセル範囲を含む数式に修正

3.2.3 セルの複写と移動

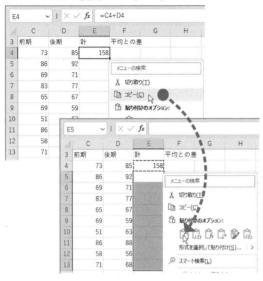

セル E4 を複写元として[コピー]

セル範囲 E5:E13 を複写先として[貼り付け]

[形式を選択して貼り付け]ダイアログ ボックス

オートフィル機能の使い方

【セルの複写】

ワークシート上のあらゆるデータは，複写する（コピーして貼り付ける）ことができます．

セルの複写では，数値や文字列はもちろん，他のセル番地を参照する数式や関数，セルに設定した書式（罫線やフォント）などの属性も複写することができます．

基本的な複写の手順は，Word の場合とほとんど同じです．

複写元としてセル E4 を選択してショートカットメニューの[コピー]をクリック，複写先としてセル E5 から E13 までを選択してショートカット メニューの[貼り付け] をクリックします．

セル E4 の数式が，どのように複写されたのかを確認しましょう．数式の複写が正しく行われているのは，数式のセル参照が「相対参照」という形式で行われているためです（なお，「相対参照」と「絶対参照」の違いは次項で学びます）．

【形式を選択して貼り付け】

複写の際に，[貼り付け]の代わりに[形式を選択して貼り付け]をクリックすると，左図のようなダイアログ ボックスが現れます．これを使えば，[数式]だけ，[値]だけ，[書式]だけなど，必要な要素を選んで貼り付けることができます．

【オートフィル機能】

隣接するセルに複写する場合，もっと簡単な方法として「オートフィル機能」があります．

複写元のセルを選択した後，マウス ポインタを選択範囲の右下にある「フィル ハンドル」に移動します．ポインタの形が ＋ になったところで複写したい方向へドラッグし，複写先範囲を指定し終えたところで指を離せば，複写が完了します．

【複写と移動の違い】

複写が元のデータを残すのに対して，移動は元のデータを残しません．

上述の手順において，[コピー]の代わりに[切り取り]を選択した後で[貼り付け]を行えば，データを移動することができます．

3.2.4 相対参照と絶対参照

【相対参照】

　一般に数式でセルを参照するとき，現在のセル位置を基準にして，目的のセルの位置がどれだけ（何行・何列）離れているかを示します．このような表記方式を「相対参照」といいます．

　数式を複写する場合，複写元のセルの内容が相対参照になっていれば，複写先にはその「相対的な位置関係」が複写されます．

　各個人の前期と後期の得点計が，平均点とどれくらいの差があるのかを求めるため，セル F4 に次の数式を入力します．

　　　=E4-E15

　これをセル F5 に複写すると

　　　=E5-E16

となって，行番号だけが自動的に変化していることがわかります．ただし，E16 は空のセルなので計算は成立していません．

【絶対参照】

　このケースでは，相対参照で数式を入力してそれを複写しても，正しい結果が得られないことがわかりました．

　そこで，セル F4 に次の数式を入力します．

　　　=E4-$E$15

　これをセル F5 に複写すると

　　　=E5-$E$15

となって，「平均」のあるセル番地 E15 を正しく参照しています．

　ここで，"$E" は列番号を "E" に固定することを，"$15" は行番号を "15" に固定することを意味しており，"$E$15" のような表記を「絶対参照」といいます．

【複合参照】

　セル F4 に次の数式を入力して，行番号だけを固定しても，上と同じ正しい結果が得られます．

　　　=E4-E$15

　"E$15" や "$E15" のような表記を，「複合参照」または「混合参照」といいます．

相対参照 を含む数式の複写結果

無意味なセルを参照している

絶対参照 を含む数式の複写結果

複合参照 を含む数式の複写結果

発展課題

基本課題で学んだ相対参照と絶対参照，あるいは複合参照の使い方が，Excel を使いこなす上での重要なポイントとなります．

年数と利子率に対応した複利計算をする表を作成してみましょう．この例では，たった１つのセルに数式を入力し，これを（そのセル自体も含めて）全範囲に複写するだけで表が完成します．

どのような複合参照にすべきかを考えてみてください．

◆参考:数値の表示形式

リボンの[ホーム]タブにある[数値]グループには，数値の書式設定を行うための５つのボタンと，[表示形式]メニューがあります．

下の完成イメージでは，小数点以下の桁数を５桁に揃えて表示しています．[数値]グループにある２つのボタン，[小数点表示桁上げ]と[小数点表示桁下げ]を使い分けて，適切な表示になるよう調整してください．

なお，[表示形式]メニューの中には，分数や指数，時刻や日付形式など，多彩な表示形式が用意されています．

リボンの[ホーム]タブにある [数値]グループのボタン

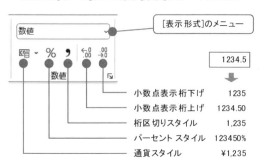

発展課題の完成イメージ

	A	B	C	D	E	F	G	H
1		利子率						
2	年数	0.001	0.002	0.005	0.010	0.020	0.030	
3	1	1.00100	1.00200	1.00500	1.01000	1.02000	1.03000	
4	2	1.00200						
5	3	1.00300						
6	4	1.00401						
7	5	1.00501						
8	10	1.01005						
9	15	1.01511						
10	20	1.02019						
11	25	1.02530						
12	30	1.03044						
13	35	1.03560						
14								

◆課題のポイント

【複利計算】

手計算では煩雑になる，利子率の複利計算を行いましょう．利子率を0.1%から3.0%まで変化させながら，1〜35年後の複利を計算します．

複利計算により，一定年数経過後の元利合計を求める公式は，次のとおりです．

（元金）＊（1+利子率）^年数

ここでは，一定年数経過後に元金が「何倍」になるかを求めたいので，まず，セルB3に次の数式を入力します．

=(1+B2)^A3

セル B3 に複利計算の数式を入力

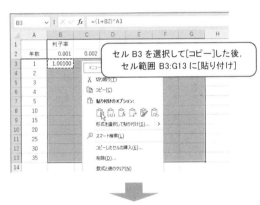

【絶対参照と相対参照の応用】

セルB3に入力した数式を，表全体（セルB3からG13まで）に複写してみましょう．

複写元としてセルB3を選択してショートカットメニューの[コピー]をクリック，複写先としてセルB3からG13までを選択してショートカット メニューの[貼り付け] をクリックします．

その結果として，いくつものエラーが表示されるでしょう．例えばセルC4の内容を見ると，

=(1+C3)^B4 ・・・・・(1)

となっています．本来，このセルには

=(1+C2)^A4 ・・・・・(2)

という数式が必要です．

複写した後で (2) のような結果を得るためには，セルB3に入力した数式をどのような複合参照にしなければならないのか，考えてみてください．

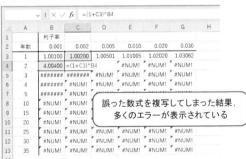

数式入力の際に，セル参照部分で[F4]キーを押すことにより，相対参照，絶対参照，複合参照を簡単に切り替えることができます．

3.3 関数を使った数式

◇このセクションのねらい
連続データの入力に便利なオートフィルを使いこなしましょう.
また,「関数の挿入」機能を使って,検索関数や統計関数などを入力してみましょう.

◆データ入力　　📁 chapt33a.csv

§3.2 で完成させたワークシートを開き,さらに 10 人分のデータを追加入力して,成績表を完成させましょう.

表のタイトルや項目名が変わったり,名前がフルネームになったり,いくつかの変更点があるので気をつけて編集してください.

ファイルを保存するときは,必ず名前を変えて保存しましょう.

基本課題のデータ入力

	A	B	C	D	E	F	G	H	I	J
1	■成績評価									
2										
3	学籍番号	氏名	前期	後期	合計点	平均点	順位	成績	評価	
4	1	浅倉　成司	73	85						
5	2	出雲　祥太	86	92						
6	3	井出　雄飛	69	71						
7	4	伊藤　陸	83	77						
8	5	上山　伸介	65	67						
9	6	小川　理帆	69	59						
10	7	河原崎　優菜	51	63						
11	8	苅谷　良介	86	88						
12	9	日下　美沙	58	56						
13	10	近藤　麻実	71	68						
14	11	桜井　凛太郎	92	89						
15	12	澤田　亜弓	96	95						
16	13	繁原　浩太	62	61						
17	14	添田　夏希	54	83						
18	15	竹内　颯斗	86	82						
19	16	時本　萌佳	72	81						
20	17	橋本　進次郎	83	98						
21	18	宮浦　由紀	84	84						
22	19	八木　里香	80	71						
23	20	吉田　啓多	83	74						
24		クラス合計								
25		クラス平均								
26										

◇ *Keywords*
連続データ, オートフィル, フィル ハンドル,
関数, 関数の挿入(関数ウィザード), 関数の組合せ(ネスト),
RANK 関数, VLOOKUP 関数, IF 関数, HLOOKUP 関数

基本課題

　入力した個人別の得点データをもとに, 各人の合計点と平均点を求めましょう. また, 平均点に基づいて, 得点の順位を「関数」によって求めてみましょう.

　さらに, "5〜1"の5段階による成績評価と, "優／良／可／不可"の4段階による成績評価も,「関数」を利用して行ってみましょう.

基本課題の完成イメージ

	A	B	C	D	E	F	G	H	I	J
1	■成績評価									
2										
3	学籍番号	氏名	前期	後期	合計点	平均点	順位	成績	評価	
4	K24001	浅倉　成司	73	85	158	79.0	9	3	良	
5	K24002	出雲　祥太	86	92	178	89.0	4	4	優	
6	K24003	井出　雄飛	69	71	140	70.0	13	3	良	
7	K24004	伊藤　陸	83	77						
8	K24005	上山　伸介	65	67						
9	K24006	小川　理帆	69	59						
10	K24007	河原崎　優菜	51	63						
11	K24008	苅谷　良介	86	88						
12	K24009	日下　美沙	58	56						
13	K24010	近藤　麻実	71	68						
14	K24011	桜井　凛太郎	92	89						
15	K24012	澤田　亜弓	96	95						
16	K24013	繁原　浩太	62	61						
17	K24014	添田　夏希	54	83						
18	K24015	竹内　颯斗	86	82						
19	K24016	時本　萌佳	72	81						
20	K24017	橋本　進次郎	83	98						
21	K24018	宮浦　由紀	84	84						
22	K24019	八木　里香	80	71						
23	K24020	吉田　啓多	83	74						
24		クラス合計	1,503	1,544						
25		クラス平均	75.2	77.2						
26										

3.3.1 オートフィル機能

【フィル ハンドルの役割と使い方】

アクティブ セル（または選択範囲）の右下端を見ると，フィル ハンドルと呼ばれる ■ があります．マウス ポインタをこの小さな ■ にあわせると，ポインタの形は ✚ に変わります．

この状態でフィル ハンドルを上/下/左/右いずれかの方向へドラッグすると，連続した領域にデータを複写してくれます．このような機能のことを「オートフィル」といいます．

つまり，[コピー]～[貼り付け]という一連の作業を，1回の操作で実現できるわけです．ただし，セル内のデータの種類によってコピーの結果が異なるので，いくつかの場合を見てみましょう．

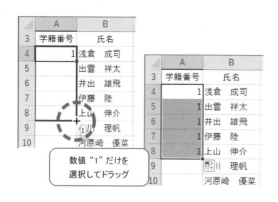

数値 "1" だけを
選択してドラッグ

【単純な複写】

単純な数値や文字列，または数式などが入力された1つのセルを選択してドラッグした場合は，元のセルで[コピー]，連続範囲に対して[貼り付け]を行うのと全く同じ結果になります．

【連続データの生成】

"1, 2" や "5, 10" のように，2つの数値を選択してドラッグした場合は，2つの数値の差を「公差」とする「等差数列」が生成され，指定した範囲に入力されます．

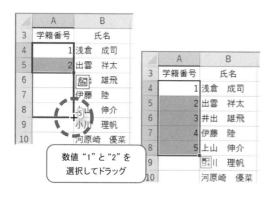

数値 "1" と "2" を
選択してドラッグ

【規則性のあるデータの生成】

オートフィルが威力を発揮するのは，規則性のあるデータが入力されたセルを選択してドラッグした場合です．例えば "2024 年" と入力されたセルのフィル ハンドルをドラッグした場合は，次のようになります．

・右か下へドラッグ：2025 年，2026 年，…

・左か上へドラッグ：2023 年，2022 年，…

連続した学籍番号などを入力する場合（左図を参照），"24001" ではうまくいかないのですが，"K24001" や "24K001" なら大丈夫です．この他にもいろいろ，うまく機能する連続データの例があるので，自分で試してみてください．

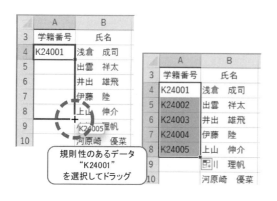

規則性のあるデータ
"K24001"
を選択してドラッグ

3.3.2 関数の挿入

【Excel の関数】

Excel における関数とは「一定の規則に従う複雑な処理を, 簡単な命令で行ってくれる機能」のことです. ここまでに登場した "SUM" や "AVERAGE" などは統計関数と呼ばれるものです.

Excel には, これ以外にもデータベース／日付／財務／行列／数学など, 多くの分野の関数が用意されているので, 上手に利用しましょう (巻末の付録5を参照).

[数式バー]の左端にある[関数の挿入]ボタン f_x をクリックすると, 関数の選択から適切な引数 (＝パラメータ) の設定まで, 画面の指示に従って作業を進めることができます.

さらに[ヘルプ]を活用すれば, 難解な用語の理解も助けてくれます.

【順位を求める関数】

ここでは 20 人の学生の平均点を比較して, それぞれの順位を求める関数を使ってみましょう.

まず1人目の順位を求めるために, セル G4 をクリックしてから, [関数の挿入]ボタン f_x をクリックします. [関数の分類]で "統計" を選択した後, [関数名]の一覧から "RANK.EQ" を選んで[OK]をクリックします (Excel 2007 以前の "RANK" 関数と同等のものです).

RANK.EQ 関数の引数は, 以下のような手順で設定します.

1) [数値]の範囲入力ボタン 📷 をクリックしてから, セル F4 をクリックします.

2) [参照]の範囲入力ボタン 📷 をクリックしてから, セル F4 から F23 までを範囲選択します. "F4:F23" と表示されたところでファンクション キー[F4]を2回押して, "F\$4:F\$23" という複合参照に変えます (理由は各自で考えてください).

3) [順序]は省略できるので, [OK]をクリックして, できあがった関数を確認します.

　　=RANK.EQ(F4, F\$4:F\$23)

全学生の順位を求めるために, 数式の複写を行いましょう. セル G4 で[コピー], セル範囲 G5:G23 に対して[貼り付け]を行えば完成です.

関数ウィザード

Excel には数多くの関数が用意されていますが, それぞれに必要なパラメータを適切に入力して使いこなすのは容易ではありません. Excel 2003 までは「関数ウィザード」がこの作業を支援してくれました.

Excel 2007 以降では, 「関数ウィザード」という呼称はなくなりましたが, 「関数の挿入」を支援する仕組みとして, その操作性は生かされています.

[関数の挿入]ボタン

	C	D	E	F	G
3	前期	後期	合計点	平均点	順位
4	73	85	158	79.0	
5	86	92	178	89.0	
6	69	71	140	70.0	

統計関数の一覧から RANK.EQ関数 を選択

RANK.EQ関数の引数を設定

成績の評価基準

点数	成績	評価
0〜 59点	1	不可
60〜 69点	2	可
70〜 79点	3	良
80〜 89点	4	優
90〜100点	5	

検索の照合に用いる「対照表」の入力

検索/行列関数の一覧から VLOOKUP関数 を選択

VLOOKUP関数の引数を設定

3.3.3 検索を行う関数

【検索によって場合分けを行う関数】

学生の点数（平均点）を，5段階の成績評価に換算してみましょう．ここで利用するVLOOKUP関数の書式は次のとおりです．

VLOOKUP(検索値, 範囲, 列番号, 検索方法)

【対照表の入力】

VLOOKUP関数を使う前に，各学生の点数を成績（5〜1の5段階）あるいは評価（優/良/可/不可の4段階）と照合するための対照表を入力します．

左図の例では，VLOOKUP関数の2つめの引数となる[範囲]は"K4:M8"であり，学生の点数（平均点）と照合する「点数」の列番号は1，「成績」の列番号は2，「評価」の列番号は3になります．

【VLOOKUP関数の引数の設定】

「浅倉 成司」君の5段階成績を求める手順について解説しましょう．

まず，セルH4をクリックしてから，[関数の挿入]ボタン f_x をクリックします．[関数の分類]で"検索/行列"を，[関数名]の一覧から"VLOOKUP"を選択して[OK]をクリックします．

そして，VLOOKUP関数の引数は，以下のような手順で設定します．

1) [検索値]の入力欄をクリックしてから，セルF4をクリックします．

2) [範囲]の入力欄をクリックしてから，セル K4 から M8 までを範囲選択し，K4:M8 と表示されたところでファンクション キー[F4]を1回押して絶対参照に変えておきます．

3) [列番号]は 2 とします．

4) [検索方法]は省略できるので，[OK]をクリックして，できあがった関数を確認します．

=VLOOKUP(F4, $K$4: $M$8, 2)

全学生の成績を評価するために，数式の複写を行いましょう．セルH4で[コピー]，セル範囲H5:H23に対して[貼り付け]を行えば完成です．

優／良／可／不可の4段階評価についても，全く同じ手順で処理できますが，手順3) の列番号が"3"となる点が異なります．

3.3.4 条件判断を行う関数

【条件判断を含む数式】

IF 関数とは，条件の成立／不成立によって場合分けを行う関数で，以下のような書式になります．

IF(論理式，真の場合，偽の場合)

「論理式」（条件）が成立すれば[真の場合]，不成立のときは[偽の場合]が，実行（あるいは表示）されます．そして，1 つの論理式で 2 つの場合分けが行われます．

VLOOKUP関数を使った成績評価と同等の処理を，IF関数を使って実現することができます．

論理関数の一覧から IF関数 を選択

IF関数の引数を設定

【IF 関数の引数設定】

例えば「浅倉 成司」君の 4 段階評価（優〜不可）を求める場合，セル I4 をクリックしてから[関数の挿入]ボタン f_x をクリックします．[関数の分類]で"論理"を，[関数名]の一覧から"IF"を選択して[OK]をクリックします．

そして，IF 関数の引数は，以下のような手順で設定します．

1) [論理式]の入力欄に F4<60 を入力します．
2) [真の場合]の入力欄に "不可" を入力します．
3) [偽の場合]の入力欄に "可" を入力し，[OK]をクリックして，できあがった関数を確認します．

=IF(F4<60, "不可", "可")

可/不可 だけの判定

良/可/不可 の判定

【関数の組合せ（ネスト）】

IF 関数の引数設定において，上の手順 3)で[偽の場合]の入力欄に "可" を入力するかわりに，次のように入力してみましょう．

IF(F4<70, "可", "良")

この結果，セル I4 には次式が生成されます．

=IF(F4<60, "不可", IF(F4<70, "可", "良"))

このように，1 つの数式内に複数の関数を組み合わせることを関数の「ネスト」といいます．

では，IF 関数のネストを追加して，"優" の判定を組み込んでみましょう．

発展課題　　　📁 chapt33b.csv

　売上代金の領収書，約束手形，譲渡契約書，請負契約書など，契約の種類と契約金額に応じた印紙を貼付しなければなりません．その印紙税は下記のように定められています．

　分類番号（1〜4）と契約金額を入力したとき，税額を教えてくれる表を完成させましょう．

※データ出所：

国税庁「税の情報・手続・用紙」
https://www.nta.go.jp/taxes/

印紙税額の一覧表（抜粋，2023年4月現在）

(1) 不動産などの譲渡契約書

契約金額	税額
1 万円未満	0 円
10 万円以下	200 円
50 万円以下	400 円
100 万円以下	1,000 円
500 万円以下	2,000 円
1000 万円以下	10,000 円
5000 万円以下	20,000 円
1 億円以下	60,000 円
5 億円以下	100,000 円
10 億円以下	200,000 円
50 億円以下	400,000 円
50 億円超	600,000 円

(2) 請負に関する契約書

契約金額	税額
1 万円未満	0 円
100 万円以下	200 円
200 万円以下	400 円
300 万円以下	1,000 円
500 万円以下	2,000 円
1000 万円以下	10,000 円
5000 万円以下	20,000 円
1 億円以下	60,000 円
5 億円以下	100,000 円
10 億円以下	200,000 円
50 億円以下	400,000 円
50 億円超	600,000 円

(3) 約束手形，為替手形

手形金額	税額
10 万円未満	0 円
100 万円以下	200 円
200 万円以下	400 円
300 万円以下	600 円
500 万円以下	1,000 円
1000 万円以下	2,000 円
2000 万円以下	4,000 円
3000 万円以下	6,000 円
5000 万円以下	10,000 円
1 億円以下	20,000 円
2 億円以下	40,000 円
3 億円以下	60,000 円
5 億円以下	100,000 円
10 億円以下	150,000 円
10 億円超	200,000 円

(4) 売上代金に係る金銭または有価証券の受取書

受け取り金額	税額
3 万円未満	0 円
100 万円以下	200 円
200 万円以下	400 円
300 万円以下	600 円
500 万円以下	1,000 円
1000 万円以下	2,000 円
2000 万円以下	4,000 円
3000 万円以下	6,000 円
5000 万円以下	10,000 円
1 億円以下	20,000 円
2 億円以下	40,000 円
3 億円以下	60,000 円
5 億円以下	100,000 円
10 億円以下	150,000 円
10 億円超	200,000 円

発展課題の完成イメージ

	A	B	C	D	E	F
1	■印紙税表					
2						
3	入力データ			検索結果		
4	分類	2		種類	請負契約	
5	金額	1,000,000		印紙税	200	
6						
7	対照表					
8	分類	1	2	3	4	
9	金額	譲渡契約	請負契約	手形	受取書	
10	0	0	0	0	0	
11	10,000	200	200	0	0	
12	30,000	200	200	0	200	
13	100,000	400	200	200	200	
14	500,000	1000	200	200	200	
15	1,000,000	2000	400	400	400	
16	2,000,000					
17	3,000,000					
18		以下は，各自で考えてください				

◆課題のポイント

ワークシートの主なレイアウトは，次のようになっています．

セル B4	（入力）契約の分類番号
セル B5	（入力）契約金額
セル E4	（出力）契約の種類
セル E5	（出力）印紙税額
セル範囲 B8:E9	（照合）分類番号→契約の種類
セル範囲 A10:E17	（照合）契約金額→印紙税額

【HLOOKUP 関数】

セル E4 には，セル B4 の分類番号と一致する契約の種類（譲渡契約/請負契約/手形/受取書）を取得して表示します．

このための対照表（セル範囲 B8:E9）では，横方向の照合になるので，セル E4 には HLOOKUP 関数を用いた次のような数式を入力します．

=HLOOKUP(B4, B8:E9, 2, FALSE)

検索照合のルール

VLOOKUP関数は，指定された[範囲]の左端列で[検索値]を照合し，その位置から指定された列だけ右にある値を取り出す場合に使用します．

第4引数にFALSEを指定すると，[検索値]と完全に一致する値だけが検索され，見つからない場合にはエラー値 [#N/A] が返されます．

第4引数にTRUEを指定するか省略すると，[検索値]が見つからない場合には[検索値]未満で最も大きい値が使用されます．

いずれにせよ，[範囲]の左端列の値は "〜以上" で評価されることになるので，税額表のように "〜以下" で評価したい場合には工夫が必要になります．

【VLOOKUP 関数】

セル E5 には，セル B5 の契約金額に該当する印紙税額を表から読み取って表示します．

このための対照表（セル範囲 A10:E17）では，縦方向の照合になるので，セル E5 には VLOOKUP 関数を用いた次のような数式を入力します．

=VLOOKUP(B5-1, A10:E17, B4+1, TRUE)

ちょっと複雑な引数を設定していますので，それぞれの意味をよく理解しておいてください．

また，空欄になっている税額表には，どのような金額を入力すべきかも考えてください．

HLOOKUP関数の引数を設定；セルE4 に入力

VLOOKUP関数の引数を設定；セルE5 に入力

3.4　関数の活用

◇*このセクションのねらい*

日付/時刻関数の使い方と表示形式について学びます.
いろいろなワークシート関数を使いこなし, 条件の付いた
集計も行ってみましょう.

◆データ入力

📁 **chapt34a.csv**

Excel において, 日付データは "10/1" あるいは
"2024/10/1" のように, 西暦年・月・日をそれぞれ
"/" で区切って入力します. 西暦年の部分を省略
すると, 現在 (今年) の西暦年が自動的に設定され
ます.

時刻データは, "16:30" あるいは "16:30:00" の
ように, 時・分・秒をそれぞれ ":" で区切って入力
します. 秒の部分を省略すると, "0 秒" が自動的
に設定されます.

日付や時刻に関するデータは, Excel の内部で
シリアル値(整数部＋小数部)に変換されているため,
加算や減算などの直接計算が可能です. ただし, 日
付や時刻を全角の文字列で入力すると, 計算できな
くなるので注意してください.

基本課題のデータ入力

	A	B	C	D	E	F	G	H	I	J	K	L	M
1	■給与計算												
2													
3	年月日	名前	開始	終了	労働時間			名前	名前	名前	名前	銀行引出	
4	10月7日	浜崎	10:00	16:30				小森	寺一	浜崎	村里		
5	10月8日	小森	11:30	17:30			労働時間						
6	10月9日	寺一	9:30	17:00			時間換算						
7	10月10日	浜崎	13:00	21:00			時給						
8	10月11日	村里	10:30	17:00			給与						
9	10月12日	小森	12:00	19:00									
10							10000						
11							5000						
12							1000						
13							500						
14							100						
15							50						
16							10						
17							5						
18							1						
19													

◇ *Keywords*
ワークシート関数，日付/時刻関数，日付/時刻の表示形式，
商と余り，MOD 関数，INT 関数，DSUM 関数，
データベース関数，集計，並べ替え(昇順，降順)

基本課題

Excel には随時，新しいワークシート関数が追加されています．そしてその大半は，単なる関数名称の変更にとどまらず，まったく新たな機能を提供してくれるものです．

ワークシート関数の詳細は，巻末の「付録6」を参照してください．

Excel には，500 種類を超えるワークシート関数が用意されています．合計や平均などの基本的な統計関数から，日付や時刻を処理するための関数，専門分野で使われる財務関数やエンジニアリング関数など，多くの分野の関数が揃っており，さまざまなデータ分析が可能になっています．

ここでは，ワークシート関数を活用して，個人別の労働時間の集計や，アルバイト代金の金種別枚数の計算などを行います．

日付データの表示形式の変更方法や，「曜日」の表示方法についても学びます．

基本課題の完成イメージ

	A	B	C	D	E	F	G	H	I	J	K	L	M
1	■給与計算												
2													
3	年月日	名前	開始	終了	労働時間			名前	名前	名前	名前		
4	2024/10/07(月)	浜崎	10:00	16:30				小森	寺一	浜崎	村里	銀行引出	
5	2024/10/08(火)	小森	11:30	17:30	6:00		労働時間	13:00					
6	2024/10/09(水)	寺一	9:30	17:00			時間換算	13.0					
7	2024/10/10(木)	浜崎	13:00	21:00			時給	1,080	1,050	1,080	1,120		
8	2024/10/11(金)	村里	10:30	17:00			給与	14,040					
9	2024/10/12(土)	小森	12:00	19:00	7:00								
10							10000	1					
11							5000	0					
12							1000	4					
13							500	0					
14							100	0					
15							50	0					
16							10	4					
17							5	0					
18							1	0					
19													

3.4.1 日付/時刻関数と表示形式

「日付/時刻関数」は，コンピュータの内蔵時計を利用して現在の日付/時刻を取得したり，シリアル値と相互変換したり，演算を行ったりするための関数群です．これを用いると，あなたの生まれた日が何曜日であったか，今日まで何日生きてきたか，などを簡単に求めることができます．

労働時間を求める場合，終了時刻から開始時刻を引けばよいことはすぐにわかります．つまり，セルE4に

    =D4-C4

と入力すれば，労働時間"時：分"を表示してくれます．しかし，この表示形式には「24時間を超えると0時間に戻る」という問題があるため，どのような場合でも使えるわけではありません．

【表示形式の利用方法】

日付は西暦でも元号でも入力でき，どちらの形式でも表示することができます．日付の表示形式を変更する手順は次のとおりです．

1) 表示形式を変更したい範囲を指定して，ショートカット メニューから[セルの書式設定]を選択します（[ホーム]タブの[数値]グループから呼び出すこともできます）．
2) [セルの書式設定]ダイアログ ボックスの[表示形式]タブをクリックし，[分類]リストの中から[日付]を選択します．
3) [日付]に対応した[種類]リストの中から適切なものを選びます．[サンプル]欄にはプレビューが表示されているので，確認してから[OK]をクリックしてください．

[表示形式]の[分類]には，日付や時刻以外にも，通貨，パーセンテージ，分数などよく利用される表示形式がたくさん登録されています．小数点以下の桁数を指定したり，「¥」や「%」などの記号をデータに付加することもできます．

そして，目的に合った表示形式が見当たらない場合には，[ユーザー定義]を選択して，独自の表示形式を設定することも可能です．

労働時間の計算

「年月日」の範囲を選択し，右クリックしてショートカット メニューを呼び出し

いろいろな「日付」の表示形式

3.4.2 曜日の表示方法

曜日を表示するには，いくつかの方法がありますが，ここでは３通りの方法を紹介します．

【WEEKDAY 関数】

WEEKDAY 関数は，日付/時刻のシリアル値を「曜日（数値）」に変換します．

WEEKDAY(日付，種類)

第２引数である[種類]の与え方によって，日～土に対する数値表示の結果が異なります（省略すると“1”を与えたのと同じことになります）．

1 または 2　　：日～土を 1～7 で表示

3　　　　　　：日～土を 0～6 で表示

なお，これらの数値を「日曜日」などの文字形式に変換するためには，別の関数を組み合わせる必要があります．

WEEKDAY関数 による 曜日表示（数値）

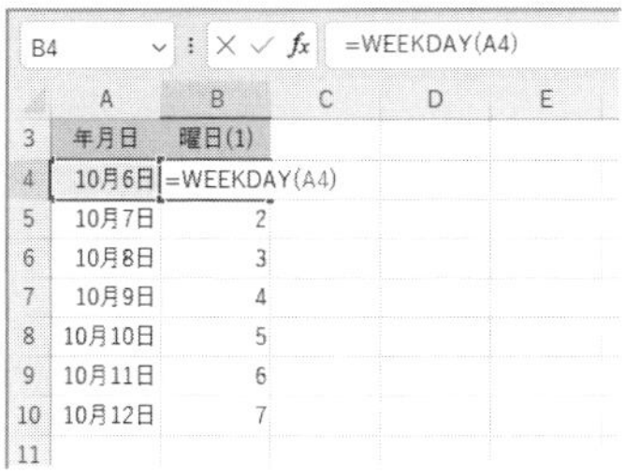

【TEXT 関数】

TEXT 関数は，数値を書式設定した文字列に変換することができます．

TEXT(値，表示形式)

第２引数である[表示形式]の与え方によって，表示される文字列は以下のように変化します．

"ddd"　：Sat（英語省略表記）

"dddd"　：Saturday（英語フル表記）

"aaa"　：土（日本語省略表記）

"aaaa"　：土曜日（日本語フル表記）

TEXT関数 による 曜日表示（英語表記）

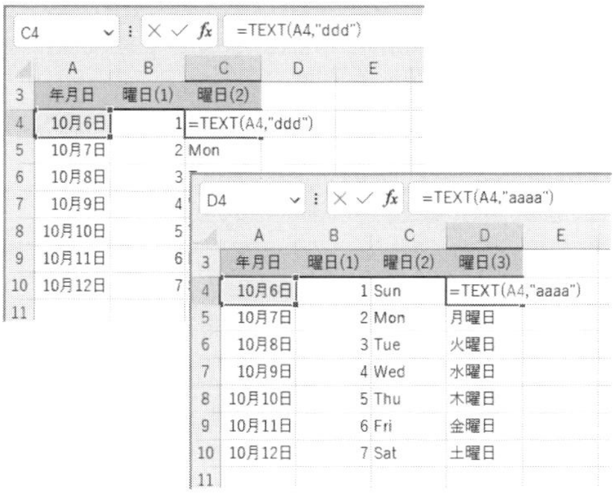

TEXT関数 による 曜日表示（日本語表記）

【セルの書式設定】

最も簡単な方法は，[セルの書式設定]を利用して，曜日を含む表示形式を指定するものです．

[表示形式]タブの[分類]で[ユーザー定義]を選択し，次のような書式を設定すると，年月日とともに曜日も表示されます．

例：yyyy/mm/dd(aaa)
　→ 2024/10/06(日)

なお，上で紹介した "ddd" や "dddd"，"aaaa"なども利用できるので試してください．

ユーザー定義による表示形式の設定

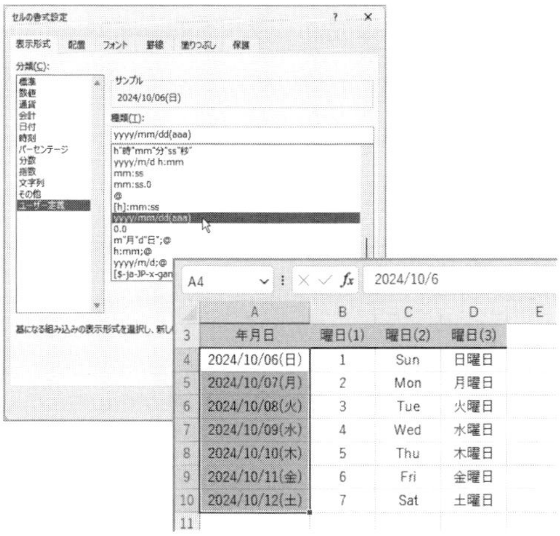

年月日と曜日の表示

3.4.3 条件付きの集計

単純な行/列の集計ではなく，特定の条件に合うデータだけを抽出して集計することを，「分類集計」あるいは「条件付き集計」といいます．

Excel のワークシート関数には「データベース関数」と呼ばれる関数群があって，このような条件付き集計を処理することができます．

データベース関数名(データベース表，
集計するフィールド，条件表)

なお，条件付き集計のできる関数としてはこの他にも，数学/三角関数の SUMIF，統計関数の COUNTIF などがあります．

【データベース関数の使い方】

「小森」君の労働時間の合計を求める手順は次のとおりです．

1) セル H5 を選択して，[数式バー]の左隣にある[関数の挿入]ボタン fx をクリックします．

2) [関数の挿入]ダイアログ ボックスにおいて，[関数の分類]で"データベース"を，[関数名]の一覧から"DSUM"を選択します．

3) [関数の引数]ダイアログ ボックスでは，次のように入力して，[OK]をクリックします．

[データベース]	\$A\$3:\$E\$9
[フィールド]	\$E3
[条件]	H3:H4

[データベース]には集計対象となる表全体，つまりセル範囲 A3～E9 を指定します．

フィールド名というのは，[データベース]となる範囲の先頭行に位置する項目名のことです(フィールド名の重複は許されません)．DSUM 関数の[フィールド]は演算の対象となるフィールド名のことなので，ここでは「労働時間」つまりセル E3 を指定します．

[条件]には検索条件が入力されたセル範囲を指定します．この例では「名前＝小森」が条件となるので，左図のセル H3～H4 のようにデータを入力し，この範囲を指定します．

残り3人分を集計するために数式を複写することを考えて，[データベース]と[フィールド]の範囲指定には絶対参照と複合参照を利用します．

セルH5 を選択して [関数の挿入]ボタンをクリック

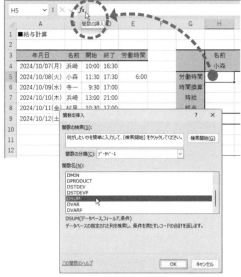

データベース関数の一覧から DSUM関数 を選択

DSUM関数 の引数を設定

DSUM関数の演算結果

3.4.4 商と余りを求める関数

全員のアルバイト代の合計を求めることは簡単ですが，この合計を元に銀行からお金を引き出しても，各個人に分けることができません．

そこで全員に支払うために必要な，お金の種類と枚数を求めておくと便利です．

「時：分」から「時間」へ換算する数式

【商と余りを求める関数】

INT 関数は，割り算の余り（小数点以下）を切り捨てて，商の整数部を返す関数です．

INT(数値 / 除数)

MOD 関数は割り算の余りを返す関数です．戻り値は，割る数（除数）と同じ符号で返されます．

MOD(数値, 除数)

INT関数 の使い方

【金種別枚数の求め方】

最初の「1万円札」は，INT 関数だけで計算できます．しかし，次の「5千円札」以下は，INT 関数と MOD 関数を組み合わせないと計算できません．

まず，セル H10 に次式を入力します．

=INT(H8 / G10)

そして，セル H11 には次式を入力します．

=INT(MOD(H8, G10) / G11)

INT関数 と MOD関数 の組合せ

ただし，このまま以下の手順を行っても正しい結果は得られません．セル番地のどこを絶対参照にすればよいか，考えてみてください．

1) セル H11 を複写元，セル範囲 H12:H18 を複写先として，数式を複写します．
2) セル範囲 H10:H18 を複写元，セル範囲 I10:K18 を複写先として，数式を複写します．
3) オート SUM Σ ▾ を使って，L 列で金種別の合計枚数（銀行引き出し枚数）を求めます．

発展課題

データベース関数を使えば，かなり複雑な条件の下でも集計を行うことができます．例えば，「ある人の午後10時以降の労働時間の合計」を求めるといったことまで可能です．

本章の基本課題は，個人別の労働時間合計という単純な集計でした．このような分類集計ならば，データベース関数を使わなくても，リボンの[データ]タブに用意されている機能だけで処理することができます（下図）．

作業の準備として，まず入力したデータ部分だけを新しいワークシート（Sheet2）へ複写します．罫線を引いたり列幅を調整するなどレイアウトを整え，表を見やすく仕上げておいてください．

> ところで，下の集計結果をよく見ると，重大な誤りがあることに気が付くでしょう．
>
> 各個人の労働時間「集計」は正しく求められていますが，「総計」は41:30となるべきなのに，17:30（マイナス24時間）となっています．
>
> 集計機能を使ったときに発生するこのような問題の原因と対応策については，残念ながら本書で扱う範囲を超えています．

リボンの [データ]タブ

昇順で並べ替え
降順で並べ替え

[小計]ボタン

1 2 3		A	B	C	D	E	F
	1	■給与計算					
	2						
	3	年月日	名前	開始	終了	労働時間	
	4	2024/10/08(火)	小森	11:30	17:30	6:00	
	5	2024/10/12(土)	小森	12:00	19:00	7:00	
	6		小森 集計			13:00	
	7	2024/10/09(水)	寺一	9:30	17:00	7:30	
	8		寺一 集計			7:30	
	9	2024/10/07(月)	浜崎	10:00	16:30	6:30	
	10	2024/10/10(木)	浜崎	13:00	21:00	8:00	
	11		浜崎 集計			14:30	
	12	2024/10/11(金)	村里	10:30	17:00	6:30	
	13		村里 集計			6:30	
	14		総計			17:30	
	15						

発展課題の完成イメージ；集計状態のレベル3（全データの表示）

◆課題のポイント

Excel には，分類集計を自動的に行う機能があります．リボンの[データ]タブにある[小計]ボタンをクリックすると，指定したフィールド（列）を上から順にたどり，同じデータが途切れると，そこに小計を挿入します．

このような集計機能は，準備なしに実行しても意味がありません．例えば「名前」のデータが連続していない場合，同じ「名前」の小計があちこちに複数できてしまうからです．

したがって，正しい分類集計の結果を得るには，名前の「50音順」のように，事前に集計対象となるフィールドのデータを並べ替えておく必要があります．

「名前」を昇順（あ→ん）で並べ替える方法には，リボンにある[昇順]ボタンをクリックするだけのワンタッチ方式と，ダイアログ ボックスを呼び出す引数設定方式とがあります．ここでは，簡単な前者の方法を説明しておきます（後者については，§3.7で説明します）．

1) 「名前」フィールド（B3〜B9）内の任意のセル（例えばセル B3）をクリックします．
2) [データ]タブの[昇順] をクリックします．

並べ替えを終えたら，分類集計に移ります．集計範囲を選択した後の手順は次のとおりです．

1) [データ]タブにある[小計]ボタンをクリックして[集計の設定]ダイアログ ボックスを呼び出し，各引数を次のように設定します．

　　[グループの基準]　　名前
　　[集計の方法]　　　　合計
　　[集計するフィールド]　労働時間

2) 小計行や総計行を詳細データの下側に挿入したい場合には，[集計行をデータの下に挿入する]欄のチェックを ON にします．
3) 最後に[OK]をクリックすれば，分類集計が完了します．

集計状態では，ワークシートの左端にレベル表示欄が現れます．レベル1は総計のみ，レベル2は小計まで，レベル3を選択すると全データが表示されます．

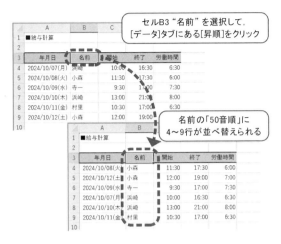
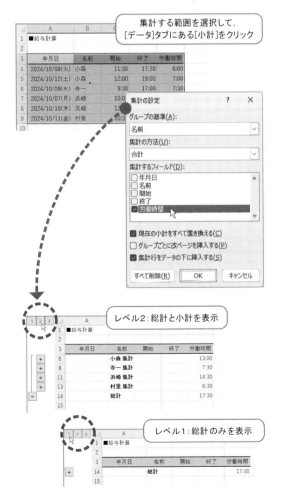

3.5 グラフの作成

◇このセクションのねらい

グラフを構成する要素について理解し，まずは簡単なグラフを作成してみましょう．次に，リボンの[グラフ]ツールを使って，効率的に見栄えの良いグラフに仕上げる方法を習得しましょう．

◆データ入力

📁chapt35a.csv

2022年1〜12月における新車販売台数を，乗用車とトラックに分けて集計した表を作成します．

オリジナルは月次データですが，このデータを四半期毎に集計するとともに，グラフも作ってみましょう．

※データ出所：

　一般社団法人 日本自動車販売協会連合会
　　http://www.jada.or.jp/

　一般社団法人 全国軽自動車協会連合会
　　https://www.zenkeijikyo.or.jp/

　一般社団法人 日本自動車工業会
　　https://www.jama.or.jp/

基本課題のデータ入力

	A	B	C	D	E	F	G	H
1	■新車販売台数（2022年）							
2								
3	月別	乗用車	トラック		四半期別	乗用車	トラック	
4	1月	272,445	56,794		1〜3月			
5	2月	289,848	64,347		4〜6月			
6	3月	426,393	85,473		7〜9月			
7	4月	244,292	54,987		10〜12月			
8	5月	211,856	49,341		合計			
9	6月	268,077	59,575					
10	7月	288,145	60,894					
11	8月	234,143	55,432					
12	9月	324,901	69,750					
13	10月	295,809	62,914					
14	11月	308,059	68,593					
15	12月	284,329	59,443					
16	合計							
17								
18	注意： 普通車，小型，軽四輪の合計							
19	資料： 車種別販売台数｜一般社団法人日本自動車販売協会連合会 (JADA)							
20	http://www.jada.or.jp/data/month/m-r-hanbai/m-r-type/							
21	軽四輪車新車販売台数確報｜一般社団法人 全国軽自動車協会連合会							
22	https://www.zenkeijikyo.or.jp/statistics/4kaku							
23								

◇ *Keywords*
リボンの[挿入]〜[グラフ]グループ, リボンのグラフ ツール,
条件付き書式, データ バー, カラー スケール, アイコン セット,
グラフの編集/移動/サイズ変更, グラフの印刷, 季節変動指数

基本課題

Excel 2007 以降, グラフの作成が非常に簡単になりました.

ワークシート上のデータ範囲を選択して, リボンの[挿入]タブにある[グラフ]グループから, 適当なグラフの種類を選択するだけで, 基本となるグラフは完成します.

このようにして作成したグラフは, そのままでも (Excel 2003 以前のグラフよりも) 十分に美しいのですが, さらに表面を滑らかにしたり光沢を出したり, 影をつけるなど, 多彩な効果を与えることができます.

ここでは基本となるグラフを作成した後, グラフの移動, 大きさの変更, 印刷など, 最低限必要となる操作の説明を行います.

グラフ ウィザード

Excel 2003までは, グラフを作成する際に「グラフ ウィザード」を利用してきました.

グラフ ウィザードはグラフ作成の手順をガイドしてくれるもので, その指示に従って作業を進めていくだけでグラフを完成させることができましたが, 新しい Excel 2007 以降では, そのような手順さえ不要になりました.

基本課題の完成イメージ：月別・縦棒グラフ

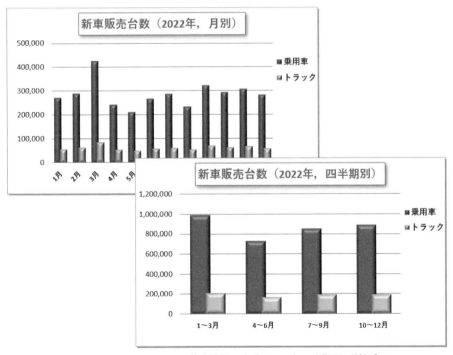

基本課題の完成イメージ：四半期別・縦棒グラフ

3.5.1 条件付き書式によるグラフ表現

【条件付き書式】

「条件付き書式」というのは，以前からExcelにあった機能です．例えば，「平均値よりも大きい（あるいは小さい）」という条件に合うセルを抽出して，文字の色を変えたり，セルの背景色を変えたり，罫線を引いたりすることができます．

Excel 2007以降，この「条件付き書式」の機能が大幅に強化されています．

設定できる条件の数が増えただけでなく，データ バー／カラー スケール／アイコン セットという3つの書式が新たに加わって表現力が豊かになり，「グラフの作成」機能を使わなくても，簡易的なグラフ表現ができるようになりました．

例として，乗用車の販売台数をデータ バーで表現してみましょう．セル範囲B4:B15を選択し，リボンの[ホーム]タブにある[スタイル]グループの[条件付き書式]ボタンをクリックして，メニュー一覧から[データ バー]を選択します．

ここで適当な色を選べば，書式設定は完了です．適用するルール（条件）や棒の長さ・色などに対して細かな指示を与えたいときは，[その他のルール]を選んで，[新しい書式ルール]ダイアログ ボックスを呼び出してください．

データ範囲を選択して，[条件付き書式]ボタンをクリック

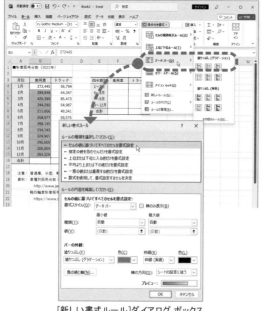

[新しい書式ルール]ダイアログ ボックス

データ バー

	A	B	C
1	■新車販売台数（2022年）		
2			
3	月別	乗用車	トラック
4	1月	272,445	56,794
5	2月	289,848	64,347
6	3月	426,393	85,473
7	4月	244,292	54,987
8	5月	211,856	49,341
9	6月	268,077	59,575
10	7月	288,145	60,894
11	8月	234,143	55,432
12	9月	324,901	69,750
13	10月	295,809	62,914
14	11月	308,059	68,593
15	12月	284,329	59,443
16	合計	3,448,297	747,543
17			

数値の大小に応じて，長さの変化する「バー」が，セルの背景に表示されます．

カラー スケール

	A	B	C
1	■新車販売台数（2022年）		
2			
3	月別	乗用車	トラック
4	1月	272,445	56,794
5	2月	289,848	64,347
6	3月	426,393	85,473
7	4月	244,292	54,987
8	5月	211,856	49,341
9	6月	268,077	59,575
10	7月	288,145	60,894
11	8月	234,143	55,432
12	9月	324,901	69,750
13	10月	295,809	62,914
14	11月	308,059	68,593
15	12月	284,329	59,443
16	合計	3,448,297	747,543
17			

数値の大小に応じて，濃淡の異なる色が，セルの背景色として表示されます．

アイコン セット

	A	B	C
1	■新車販売台数（2022年）		
2			
3	月別	乗用車	トラック
4	1月	272,445	56,794
5	2月	289,848	64,347
6	3月	426,393	85,473
7	4月	244,292	54,987
8	5月	211,856	49,341
9	6月	268,077	59,575
10	7月	288,145	60,894
11	8月	234,143	55,432
12	9月	324,901	69,750
13	10月	295,809	62,914
14	11月	308,059	68,593
15	12月	284,329	59,443
16	合計	3,448,297	747,543
17			

数値の大小に応じて，異なるアイコン（矢印やフラグ）が，セル内に表示されます．

3.5.2 グラフの作成と編集

【グラフの作成方法】

グラフを作成する手順は, まずワークシート上のデータ範囲を選択し, 次にリボンの[挿入]タブにある[グラフ]グループから, 適当なグラフの種類を選択するだけです.

基本課題のグラフを作る場合は, まずセル範囲A3:C15 を選択してから, [グラフ]グループにある[縦棒グラフの挿入]ボタンをクリックします. ここで, 一覧表示の中から[2-D 縦棒]グループにある[集合縦棒]をクリックすれば, 基本となるグラフが完成します.

完成したグラフ エリア内の任意の場所をクリックすると, Excel のリボンにはグラフ ツールとして[グラフのデザイン]タブと[書式]タブが現れます.

これらのタブには, グラフのスタイルをはじめ, タイトルや軸ラベル, 凡例や目盛り線など, グラフを構成する多くの要素を編集するためのコマンド群が用意されています. 下図を参考にして, 基本課題のグラフを仕上げてください.

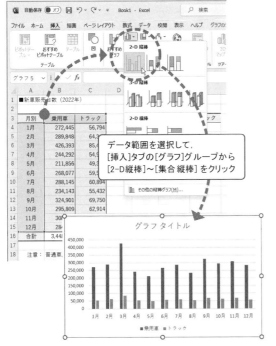

データ範囲を選択して,
[挿入]タブの[グラフ]グループから
[2-D縦棒]～[集合 縦棒] をクリック

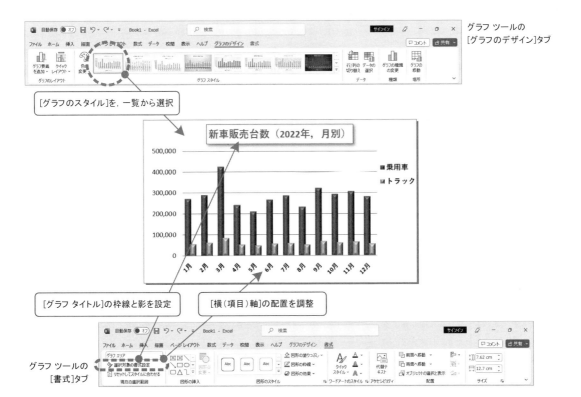

グラフ ツールの
[グラフのデザイン]タブ

[グラフのスタイル]を, 一覧から選択

[グラフ タイトル]の枠線と影を設定

[横（項目）軸]の配置を調整

グラフ ツールの
[書式]タブ

3.5.3 グラフの移動とサイズ変更

グラフ上の任意の場所をクリックして選択状態にすると，グラフの編集はもちろん，グラフの移動や複写，削除などの基本操作を行うことができます．

また，グラフを選択した状態であれば，グラフの周囲には，グラフ エリアを表す枠線とともに，グラフのサイズを変更するために使う「サイズ変更ハンドル」が現れます．

マウスポインタをこのサイズ変更ハンドルに合わせ，ポインタの形が ↗ に変われば，グラフのサイズを自由に拡大/縮小することができます．

[Alt]キーの活用

グラフの位置を移動するとき，[Alt]キーを押しながらグラフエリアをドラッグすると，グラフ エリアの四隅をワークシートの枠線にピッタリと合わせることができます．

同様に，サイズを変更するとき，[Alt]キーを押しながらサイズ変更ハンドルをドラッグすると，グラフエリアの辺または角をワークシートの枠線にピッタリと合わせることができます．

【グラフの移動】

まず，移動したいグラフをクリックして，選択状態にします．

グラフ エリアの余白部分をドラッグして，適当な位置で放せば，移動は完了します．

ドラッグ中は常に，操作完了後の位置を確認しながら作業を行うことができます．

【グラフの削除】

慣れないうちは，グラフ作成に失敗することがよくあります．

できあがったグラフに修正を加えるよりも，最初から作り直した方が早い場合などは，グラフ エリアをクリックしてから [Del]キーを押して，グラフを削除します．

【サイズの変更方法】

対象となるグラフを選択状態にして，マウスポインタ形が ↗ に変わるサイズ変更ハンドルの位置を確認します．

ここで，各辺の中央にあるハンドルをドラッグすれば，縦または横のサイズを変更することができます．また，グラフの四隅にあるハンドルをドラッグすれば，グラフの縦横サイズを同時に変更することができます．

ドラッグ中は，グラフのサイズが透明な矩形で表示されているので，操作完了後の大きさを確認しながら作業を行うことができます．

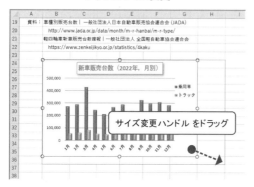

グラフの移動

グラフのサイズ変更

3.5.4 グラフの印刷

通常，ワークシートに挿入したグラフ（埋め込みグラフ）は，表と一緒に印刷します．しかし，場合によってはグラフだけを印刷したいこともあります．ここでは，このような印刷の使い分けについて解説します．

【ワークシートとグラフを一緒に印刷する】

まず，グラフが編集状態になっていないことを確認します．もし編集状態になっていたら，ワークシート上の任意のセルをクリックして，グラフの編集状態を解除してください．ここから先は，通常の印刷の手順と同じです．

[ファイル]タブをクリックして Backstage ビューを呼び出し，[印刷]を選択すれば，画面の左側に印刷設定メニュー，右側に印刷プレビューが表示されます．ここに表示されているイメージが，そのまま印刷されると考えてください．

したがって，グラフがプレビュー画面に納まっていない場合は，グラフを移動したり，大きさを変更するなどして，レイアウトを調整します．

あるいは，拡大縮小オプションの中から適切な設定を選択するか，[ページ設定]ダイアログ ボックスを呼び出して拡大縮小印刷の設定を行うことで，印刷範囲を適当に縮小（または拡大）して，用紙1ページに納めることもできます．

印刷プレビューで確認を終えたら，[印刷]ボタンをクリックして印刷を開始します．

【グラフだけを印刷する】

グラフだけを印刷したい場合は，あらかじめ対象となるグラフのグラフ エリアをクリックして，選択状態にしておきます．

この状態で，Backstage ビューを呼び出して[印刷]を選択すれば，プレビュー画面にはグラフだけが表示されます．

その他の点は通常の印刷と変わらないので，同じ要領で各種の設定を行い，準備ができたら[印刷]ボタンをクリックして印刷を開始します．

ワークシートとグラフの印刷

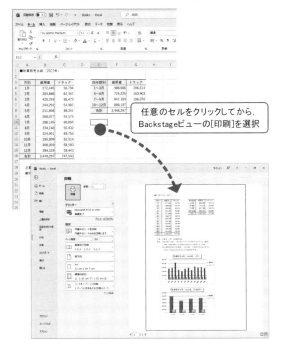

任意のセルをクリックしてから，Backstageビューの[印刷]を選択

グラフだけの印刷

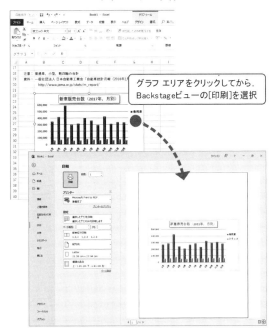

グラフ エリアをクリックしてから，Backstageビューの[印刷]を選択

発展課題

📁 **chapt35b.csv**

全国の百貨店売上高とコンビニ売上高について，月別の季節変動を求め，グラフ化して比較します．オートSUMの使い方や，平均値の求め方，セル番地の絶対参照などについても復習しておきましょう．

例えば，過去4年間の百貨店売上高の推移を見ると，7月と12月の売上が多く，2月と8月の売上が少ないことなど，月別変動のおおよその様子を把握することができます．しかし，年間平均と比べてどの程度多いのか，あるいは少ないのかは，詳しく分析しないとわかりません．

ある月の平均値と全体平均値との差を「季節変動値」，その比を「季節変動指数」と呼びます．

百貨店とコンビニの季節変動指数を比較してみると，前者の変動幅が大きい（およそ80〜150）のに対して，後者の変動幅はかなり小さい（およそ90〜110）ことなどもわかります．

※データ出所：

日本百貨店協会
　https://www.depart.or.jp/

一般社団法人 日本フランチャイズチェーン協会
　https://www.jfa-fc.or.jp/

発展課題のデータ入力

	A	B	C	D	E	F	G	H	I	J	K	L	M	N	O
1	■全国の百貨店売上高(億円)					日本百貨店協会「最近の百貨店売上高の推移」									
2						https://www.depart.or.jp/store_sale/									
3	暦年	1月	2月	3月	4月	5月	6月	7月	8月	9月	10月	11月	12月	年計	
4	2019年	4,927	4,220	5,149	4,488	4,443	4,790	4,971	4,200	5,153	3,864	4,938	6,404		
5	2020年	4,704	3,661	3,404	1,209	1,515	3,829	3,913	3,231	3,340	3,754	4,179	5,465		
6	2021年	3,265	3,223	4,077	3,179	2,465	3,716	4,020	2,783	3,188	3,848	4,497	5,921		
7	2022年	3,751	3,172	4,260	3,778	3,883	4,143	4,391	3,495	3,813	4,282	4,693	6,151		
8															
9	■季節変動													月平均	
10	月別平均値														
11	季節変動値														
12	季節変動指数														
13															
14															
15															
16	■全国のコンビニ売上高(億円)					日本フランチャイズチェーン協会「コンビニエンスストア統計データ」									
17						https://www.jfa-fc.or.jp/particle/320.html									
18	暦年	1月	2月	3月	4月	5月	6月	7月	8月	9月	10月	11月	12月	年計	
19	2019年	8,770	8,257	9,303	9,159	9,407	9,283	9,870	10,035	9,354	9,408	9,064	9,697		
20	2020年	8,857	8,491	8,775	8,170	8,497	8,793	9,079	9,479	9,060	9,142	8,886	9,379		
21	2021年	8,510	7,965	8,983	8,822	8,924	8,923	9,616	9,344	9,140	9,101	8,775	9,715		
22	2022年	8,739	7,993	9,127	9,049	9,235	9,293	9,937	9,820	9,351	9,690	9,449	10,092		
23															
24	■季節変動													月平均	
25	月別平均値														
26	季節変動値														
27	季節変動指数														
28															

「季節変動指数」を求める数式

	A	B	C	D	E	F	G
1	■全国の百貨店売上高(億円)				日本百貨店協会		
2						https://www.c	
3	暦年	1月	2月	3月	4月	5月	6月
4	2019年	4,927	4,220	5,149	4,488	4,443	4,790
5	2020年	4,704	3,661	3,404	1,209	1,515	3,829
6	2021年	3,265	3,223	4,077	3,179	2,465	3,716
7	2022年	3,751	3,172	4,260	3,778	3,883	4,143
8							
9	■季節変動						
10	月別平均値	4,162	3,569	4,223	3,164	3,077	4,120
11	季節変動値	125					
12	季節変動指	=B10/$N10*100					
13							
14							
15							
16	■全国のコンビニ売上高(億円)				日本フランチャ		
17						http://www.jf	
18	暦年	1月	2月	3月	4月	5月	6月
19	2019年	8,770	8,257	9,303	9,159	9,407	9,283
20	2020年	8,857	8,491	8,775	8,170	8,497	8,793
21	2021年	8,510	7,965	8,983	8,822	8,924	8,923
22	2022年	8,739	7,993	9,127	9,049	9,235	9,293
23							
24	■季節変動						
25	月別平均値	8,719	8,177	9,047	8,800	9,016	9,073
26	季節変動値	202					
27	季節変動指	=B25/$N25*100					
28							

[Ctrl]キーの活用

　右の例のように，連続しないセル範囲を選択する場合，1つの範囲を選択したら，いったんマウスの左ボタンを離した後，[Ctrl]キーを押しながら次の範囲を選択します．この操作を繰り返せば，離れた範囲をいくつでも選択することができます．

◆課題のポイント

【季節変動指数】

　「季節変動指数」とは，月別の売上を次式のように加工して，パーセント表示させたものです．

$$[月別平均値]／[全体の月平均]×100$$

例えば季節変動指数が 150 であれば，平均よりも50%増の売上があったことを意味します．

　「全体の月平均」のセル番地は，絶対参照（あるいは複合参照）で指定する必要があることに注意してください．

【グラフの作成】

　グラフの横軸（1月～12月）になるセル範囲と，縦軸（季節変動指数）になるセル範囲の位置が連続していなくても，グラフを作成することができます．ただし，この場合は範囲選択の方法が少し面倒になるので，気を付けましょう（左の枠内を参照）．

　まず横軸（項目軸）となるセル範囲 B3:M3 を選択し，続けて百貨店の季節変動指数のセル範囲B12:M12 を選択，さらに続けてコンビニの季節変動指数のセル範囲 B27:M27 を選択します．

　あとは，リボンの[挿入]タブにある[グラフ]グループの[折れ線グラフの挿入]をクリックし，基本課題で説明した手順にならって，グラフを仕上げていきます．

発展課題の完成イメージ

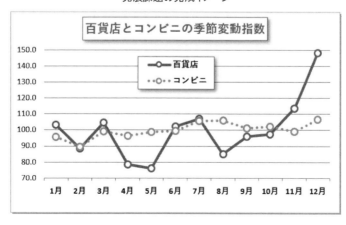

3.6　グラフ機能の活用

◇このセクションのねらい

数学関数の数式を Excel の数式で表現しなおして，それを
グラフで示す方法を習得しましょう．また，複合グラフの意味
を理解し，実際に作ってみましょう．

◆データ入力

Excel では，数学関数の数式を入力して，それを
そのままグラフ化することはできません．

実際には，数学関数の数式をいったんワークシー
ト関数を含む Excel の数式に置き換えます．次に，
一定の間隔で刻んだ値を入力データとして計算を
行い，得られた出力値（計算結果）とともに座標軸
上にプロットし，これらをつなぎ合わせることに
よってグラフ化を行います．

これは近似のグラフですが，このグラフを滑らか
にすることにより，ほぼ正確な数学関数のグラフを
描くことができます．

ここでは，データ入力にも数式の複写にも，オー
トフィル機能を活用します．

「正規分布」のデータ入力と完成イメージ；Sheet1に入力

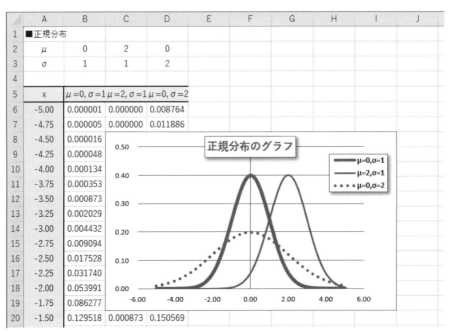

	A	B	C	D	E	F	G	H	I	J
1	■正規分布									
2	μ	0	2	0						
3	σ	1	1	2						
4										
5	x	$\mu=0, \sigma=1$	$\mu=2, \sigma=1$	$\mu=0, \sigma=2$						
6	-5.00	0.000001	0.000000	0.008764						
7	-4.75	0.000005	0.000000	0.011886						
8	-4.50	0.000016								
9	-4.25	0.000048								
10	-4.00	0.000134								
11	-3.75	0.000353								
12	-3.50	0.000873								
13	-3.25	0.002029								
14	-3.00	0.004432								
15	-2.75	0.009094								
16	-2.50	0.017528								
17	-2.25	0.031740								
18	-2.00	0.053991								
19	-1.75	0.086277								
20	-1.50	0.129518	0.000873	0.150569						

◇ *Keywords*

数学関数のグラフ化，正規分布，二次元正規分布，
グラフの要素を選択，データ系列の書式設定，
3-D 等高線グラフ，立体グラフの回転，複合グラフ

基本課題

　Excel にはさまざまな種類のグラフが用意されて
います．一般によく利用されるグラフとしては面グ
ラフ，棒グラフ，折れ線グラフ，散布図などがあり
ます．また，立体的に表現する三次元グラフ（3-D
グラフ）としては面グラフ，棒グラフ，折れ線グラ
フのほか，等高線グラフなどがあります．

　それぞれのグラフには，さらに多くのオプション
形式が用意されているので，必ず，目的に合ったグ
ラフを見つけることができるでしょう．

　本節では数学的にはやや難解なグラフを，簡単な
方法で描くことを学びながら，グラフの使い方を習
得していきましょう．

「二次元正規分布」のデータ入力と完成イメージ；Sheet2に入力

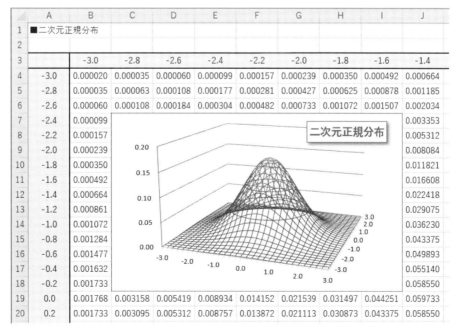

	A	B	C	D	E	F	G	H	I	J
1	■二次元正規分布									
2										
3			-3.0	-2.8	-2.6	-2.4	-2.2	-2.0	-1.8	-1.6	-1.4
4	-3.0	0.000020	0.000035	0.000060	0.000099	0.000157	0.000239	0.000350	0.000492	0.000664
5	-2.8	0.000035	0.000063	0.000108	0.000177	0.000281	0.000427	0.000625	0.000878	0.001185
6	-2.6	0.000060	0.000108	0.000184	0.000304	0.000482	0.000733	0.001072	0.001507	0.002034
7	-2.4	0.000099								0.003353
8	-2.2	0.000157								0.005312
9	-2.0	0.000239	0.20							0.008084
10	-1.8	0.000350								0.011821
11	-1.6	0.000492	0.15							0.016608
12	-1.4	0.000664								0.022418
13	-1.2	0.000861	0.10							0.029075
14	-1.0	0.001072	0.05							0.036230
15	-0.8	0.001284								0.043375
16	-0.6	0.001477	0.00							0.049893
17	-0.4	0.001632								0.055140
18	-0.2	0.001733								0.058550
19	0.0	0.001768	0.003158	0.005419	0.008934	0.014152	0.021539	0.031497	0.044251	0.059733
20	0.2	0.001733	0.003095	0.005312	0.008757	0.013872	0.021113	0.030873	0.043375	0.058550

オートフィルによる連続データの入力

↓

正規分布の数式入力

数値の表示形式を変更

↓

セルB6をコピー，セル範囲B6:D46に貼り付け

3.6.1 正規分布

「正規分布」は，統計学で用いられる連続的な確率分布のうち，最も利用頻度が高く重要な分布で，「誤差分布」あるいは「ガウス分布」と呼ばれることもあります．

この確率分布の密度関数を正規曲線といいます．平均 μ，分散 σ^2 の正規分布の概形を見てみることにしましょう．

正規分布の一般的な形は，以下の数式で表されます．

$$f(x) = \frac{1}{\sqrt{2\pi\sigma^2}} \exp\left[-\frac{1}{2\sigma^2}(x-\mu)^2\right]$$

【正規分布表の作成手順】

次のように条件を変えた3つの正規分布表を，同時に作成してみましょう．

①　$\mu = 0$，$\sigma = 1$
②　$\mu = 2$，$\sigma = 1$
③　$\mu = 0$，$\sigma = 2$

1) オートフィル機能を利用して，セル A6 から下へ向かって x の値を-5.00 から 5.00 まで，間隔 0.25 で入力します．

2) セル B6 に次の数式を入力します．

```
=EXP(-((A6-B2)^2/(2*B3^2)))
/(2*PI()*B3^2)^0.5
```

3) セル B6 の表示形式について，小数点以下の桁数を "6" とします．

4) セル B6 を複写元，セル範囲 B6: D46 を複写先として，数式を複写します．

※PI() は円周率 π の近似値を与える関数で，() の中の引数は空白にしておきます．

※手順 2)の数式において，どこを絶対参照にしなければならないか，各自で考えてみてください．ここでもう一度，相対参照と絶対参照の違いを確認しておきましょう．

3.6.2 関数のグラフ化

前項で計算したデータをもとに，グラフ機能を使って，同時に3本の曲線を描いてみましょう．

データ系列の数が多くなると，線の色もバラバラになり，全体的に統一感がなくなってしまいます．また画面上ではきれいな配色に見えても，モノクロのプリンタで印刷する場合は，色は濃淡で表現されてしまうので，必ずしも画面で見るようにきれいに印刷されるとは限りません．

このようなときは，線の太さやスタイルを工夫して，見やすいグラフに仕上げましょう．

§3.5.2でも述べたように，グラフ エリアをクリックしたときに現れるリボンのグラフ ツールには，グラフのタイトルや軸ラベル，データ系列の書式など，グラフを構成する多くの要素を編集するためのコマンド群が用意されています．

編集対象となる要素は，グラフ上のオブジェクトを直接クリックして選択します．[グラフのデザイン]タブにある[グラフ要素を追加]，あるいは[書式]タブにある[グラフ要素]の▼ボタンをクリックして，一覧から選択する方法もあります．

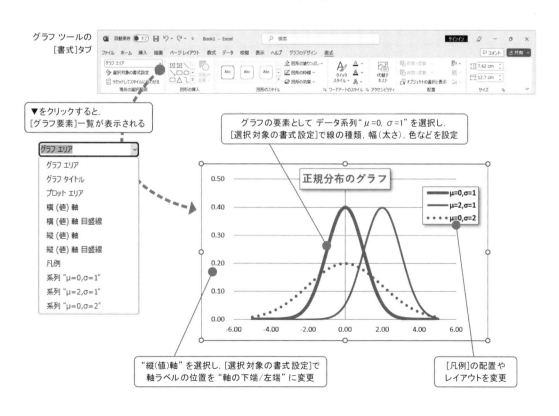

データ範囲を選択して，
[挿入]タブの[グラフ]グループから，
[散布図]～[散布図（平滑線）]をクリック

グラフ ツールの
[書式]タブ

▼をクリックすると，
[グラフ要素]一覧が表示される

グラフの要素として データ系列 "μ=0, σ=1" を選択し，
[選択対象の書式設定]で線の種類，幅（太さ），色などを設定

"縦(値)軸"を選択し，[選択対象の書式設定]で
軸ラベルの位置を "軸の下端/左端" に変更

[凡例]の配置や
レイアウトを変更

3.6.3 二次元正規分布

【二次元正規分布】

2変量連続分布のモデルとしては,「二次元正規分布」がよく用いられます. これは, 正規分布以外の場合について, 相関のある一般的な二次元分布を定義することが困難であるためです.

二次元正規分布の一般形は以下の数式で表されます (ρ は x と y の相関係数).

$$f(x, y) = \frac{1}{2\pi\sigma_1\sigma_2\sqrt{1-\rho^2}} \exp(-\frac{1}{2}Q),$$

$$Q = \frac{1}{1-\rho^2}\left[\left(\frac{x-\mu_1}{\sigma_1}\right)^2 - 2\rho\left(\frac{x-\mu_1}{\sigma_1}\right)\left(\frac{y-\mu_2}{\sigma_2}\right) + \left(\frac{y-\mu_2}{\sigma_2}\right)^2\right]$$

ここで $\rho = 0$, $\mu_1 = \mu_2 = 0$, $\sigma_1 = \sigma_2 = 1$ とおいて単純化すると, 次式のようになります.

$$f(x, y) = \frac{1}{2\pi} \exp(-\frac{x^2+y^2}{2})$$

二次元正規分布の数式入力 ～ 複写

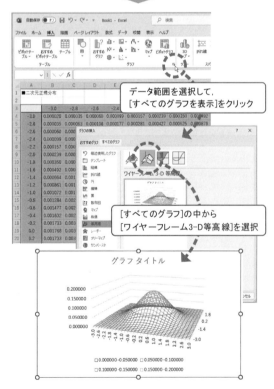

【グラフ化の手順】

上のグラフの概形を, 立体グラフとして描いてみましょう.

1) x の値として, セル範囲 A4:A34 に-3.0 から 3.0 までの値を間隔 0.2 で入力します.

同様に y の値として, セル範囲 B3:AF3 に-3.0 から 3.0 までの値を間隔 0.2 で入力します.

2) セル B4 に次の数式を入力します (どこを絶対参照にすべきかは, 自分で考えてください).

=EXP(-(((A4^2)+(B3^2))/2))/(2*PI())

3) セル B4 を複写元, セル範囲 B4:AF34 を複写先として, 数式を複写します.

4) セル範囲 A3:AF34 を選択し, グラフ機能を利用して 3-D 等高線グラフを描きます.

左図のような, 帽子状のグラフができれば基本形は完成です. あとはグラフの書式設定を駆使して, 仕上げを行ってください.

3.6.4 立体グラフの回転

ビジネスや実務的な作業では「3-D 等高線グラフ」は，あまり使用しませんが，経済や経営科学などの学問領域では，2 変数を扱う問題の中でよく利用されます．

三次元空間をイメージすることは難しく，数学的にも扱いが大変なので，表計算ソフトで三次元グラフィックスを扱えるのは画期的なことです．

ここでは，表示されたグラフを回転して，いろいろな視点から見てみましょう．

プロット エリア で右クリックして，[3-D回転]を選択

【グラフ回転の手順】

まず，グラフ エリアをクリックして，グラフを編集状態にしておきます．ここで右クリックすれば，ショートカット メニューの中に[3-D回転]というメニューが現れます．[レイアウト]タブにある[選択対象の書式設定]をクリックしても，同じメニューにたどり着くことができます．

ダイアログ ボックスの中にある X 軸と Y 軸，それぞれの角度を変更すれば，グラフを回転させることができます．これによって，同じグラフをさまざまな角度から見ることができます．

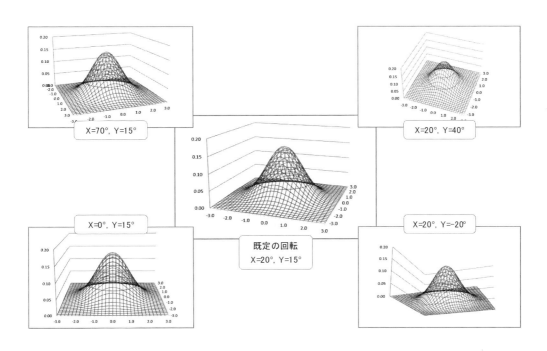

X=70°, Y=15°

X=20°, Y=40°

X=0°, Y=15°

既定の回転
X=20°, Y=15°

X=20°, Y=-20°

発展課題 📁chapt36b.csv

「人数と金額」「金額と増加率(%)」というように，単位が異なる複数のデータ系列を1つのグラフで表現したい場合には，2つの数値軸を持つ「複合グラフ」を作成します．

複合グラフでは，グラフ左側の数値軸を「主軸」，グラフ右側の数値軸を「第2軸」といい，スケールや単位のまったく異なる2つの縦軸を，同一グラフ上に設定することができます．

なお，この発展課題の入力データは「基本課題」と同じファイルの新しいワークシート，"Sheet3"に入力してください．

※データ出所：

厚生労働省「毎月勤労統計調査」
（調査対象は全産業，事業所規模5人以上）
https://www.mhlw.go.jp/toukei/list/30-1a.html

複合グラフの作成

Excel 2010／2007では，グラフ ウィザードも複合グラフのテンプレートもなくなって，やや面倒な手順で複合グラフを作成する必要がありました．

しかし，Excel 2013以降は，リボンの[グラフ]グループの中に，[複合グラフの挿入]というボタンが新設されました．ここには基本的な「組み合わせ」のほかに，ユーザー設定メニューも用意されており，高度な「組み合わせ」の設定が可能になっています．

発展課題のデータ入力；Sheet3に入力

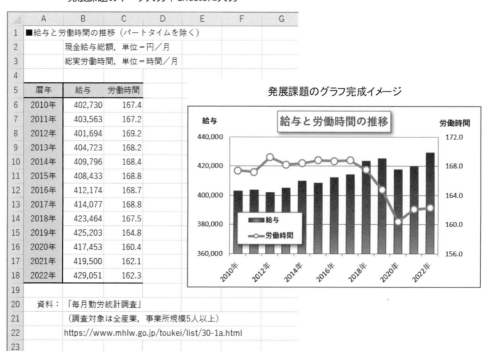

発展課題のグラフ完成イメージ

	A	B	C
1	■給与と労働時間の推移（パートタイムを除く）		
2	現金給与総額，単位＝円／月		
3	総実労働時間，単位＝時間／月		
4			
5	暦年	給与	労働時間
6	2010年	402,730	167.4
7	2011年	403,563	167.2
8	2012年	401,694	169.2
9	2013年	404,723	168.2
10	2014年	409,796	168.4
11	2015年	408,433	168.8
12	2016年	412,174	168.7
13	2017年	414,077	168.8
14	2018年	423,464	167.5
15	2019年	425,203	164.8
16	2020年	417,453	160.4
17	2021年	419,500	162.1
18	2022年	429,051	162.3
19			
20	資料：	「毎月勤労統計調査」	
21		（調査対象は全産業，事業所規模5人以上）	
22		https://www.mhlw.go.jp/toukei/list/30-1a.html	
23			

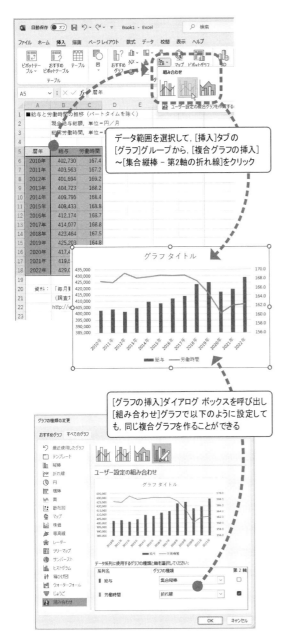

データ範囲を選択して，[挿入]タブの
[グラフ]グループから，[複合グラフの挿入]
〜[集合縦棒 − 第2軸の折れ線]をクリック

[グラフの挿入]ダイアログ ボックスを呼び出し
[組み合わせ]グラフで以下のように設定して
も，同じ複合グラフを作ることができる

◆課題のポイント

　複合グラフを作る一般的な手順は，最初は基本的なグラフ機能を使って2つの系列データを主軸に割り当てておき，次に1系列だけを第2軸に割り当てなおす，というものです．

　しかし，Excel 2013 以降であれば[縦棒]や[折れ線]と並んで，[組み合わせ] というグラフの種類が用意されているので，これを利用してみましょう．

　セル範囲 A5:C19 を選択した後，リボンの[挿入]タブにある[グラフ]グループから，[複合グラフの挿入]〜[集合縦棒 − 第2軸の折れ線]を選択します．

　このようにしてできたグラフは，30万〜34万[円/月]という縦軸を持つ「給与」は棒グラフで，138〜152[時間/月]という縦軸（第2軸）を持つ「労働時間」は折れ線グラフで表現されています．

　[グラフの挿入]ダイアログ ボックスを呼び出して，[組み合わせ]グラフを選択すると，さらに詳細な複合グラフの設定を行うことができます．系列は2つだけでなく，3つ以上でも処理できます．

　ここでは，各系列のグラフとして，縦棒／折れ線のほか横棒／面など，多くの種類の中から選択することができます．また，各系列について，主軸と第2軸のどちらを使うかを選択します．

【複合グラフの仕上げ】

　以上の手順に従って作成された複合グラフを，できるだけ「完成イメージ」に近づけるよう，さらに編集してみましょう．

　まず，グラフ エリアのサイズを決めてから，凡例や軸ラベルを再配置します．次に重要なのは，2つの数値軸が共有する「目盛線」を用意することです．縦軸を5分割するように，給与と労働時間の最大値・最小値および目盛間隔を設定しましょう．

　あとは項目軸（横軸）の文字サイズや角度，棒のスタイル，線のスタイルやマーカーなど，各要素の書式設定を行って仕上げてください．

3.7 データベース機能

◇このセクションのねらい

データベースを使いこなすために, フィールドとレコードの概念,
並べ替え(ソート), 条件による抽出, データ フォームの利用,
ピボット テーブルの使い方などについて学びましょう.

◆データ入力　📁 chapt37a.csv

本章では, Excel を使って簡単なデータベースを
作成し, データベース処理の初歩を学びます.

下図を参照しながら, 18 人分の「会員名簿」を完
成させてください. ただし, 年齢だけは「誕生日と
現在の日付との差」として計算する必要があるの
で, 空欄にしておいてください.

◆ワークシートとデータベース

Excel のデータベースといっても, その実体は
ワークシートで作る表と同じものです. ただし, 単
純にワークシートを作成しても, そのままデータ
ベースとして活用できるわけではありません.

データベースとは, 列に相当する「フィールド」
と, 行に相当する「レコード」という概念に基づい
た構造を持つ, データの集まりです. そして各
フィールドは, 他のフィールドと区別できるフィー
ルド名 (=項目名, 重複は不可) を持つ必要があり
ます.

なお, 基本課題にある「年齢」のように, 演算を
行うフィールドを定義することは可能ですが, 合計
や個数を求めるようなレコードを作ることはでき
ません.

基本課題のデータ入力

	A	B	C	D	E	F	G	H
1	■会員名簿 (2024年4月1日現在)							
2								
3	会員番号	氏名	〒	住所	誕生日	年齢	血液型	性別
4	K24B101	安藤　守	411-0854	静岡県三島市北田町4-47	1980/05/21		AB	M
5	K24B102	尾沢　良行	518-0701	三重県名張市鴻之台1番町1番地	1971/01/07		A	M
6	K24B103	鎌田　尚美	250-0042	神奈川県小田原市荻窪300	1967/07/07		B	F
7	K24B104	武内　康洋	923-0904	石川県小松市小馬出町91	1963/08/14		A	M
8	K24B105	西岡　佐紀	763-0034	香川県丸亀市大手町2-3-1	1966/10/16		A	F
9	K24B106	原田　真穂	660-0051	兵庫県尼崎市東七松町1-23-1	1988/12/27		B	F
10	K24B107	古谷　浩二	520-3234	滋賀県湖南市中央1-1	1977/12/29		AB	M
11	K24B108	正木　明子	911-0804	福井県勝山市元町1-1-1	1998/09/16		AB	F
12	K24B109	村田　智子	286-0033	千葉県成田市花崎町760	1990/07/04		AB	F
13	K24B110	渡部　孝行	710-0833	岡山県倉敷市西中新田640	1995/02/01		A	M
14								
15								
16	フィールド名		3番目のフィールド			6番目のレコード		
17								
18								

◇ *Keywords*
データベース, フィールド, レコード, 並べ替え(ソート),
昇順, 降順, キー, ふりがな, フォーム, データ フォーム機能,
データの抽出, オート フィルター, ピボット テーブル

基本課題

　一般にデータベース処理では，1画面に表示しきれないほど巨大な表を扱うことになります．

　Excelの機能を利用して，そのような大量データを一定のルールで並べ替えたり，要求した条件に合うデータだけを抽出してみましょう．

　ところで，完成イメージにあるように，データベースを「年齢」順に並べ替えるためには，年齢のフィールドの値を「誕生日と現在の日付との差」として計算する必要があります．

　例えば，セルF4にはDATEDIF関数を使った次の数式を入力します．

　　=DATEDIF(E4,NOW(),"Y")

第3引数の"Y"は，戻り値として年数を返すことを意味します．ここを"M"にすれば月数を，"D"にすれば日数を得ることができます．

> DATEDIF関数は，[関数の挿入]ダイアログ ボックスの中には見当たりませんが，右のように問題なく利用することが可能です．
>
> なお，本書では"2024/4/1"を基準日として年齢計算を行っています．したがって，皆さんが作業を行った日付によって，計算される年齢は異なります．

基本課題の完成イメージ；データを追加して「年齢順（降順）」に並べ替え

	A	B	C	D	E	F	G	H
1	■会員名簿（2024年4月1日現在）							
3	会員番号	氏名	〒	住所	誕生日	年齢	血液型	性別
4	K24B116	本多 靖子	181-0014	東京都三鷹市野崎1-1-1	1957/01/29	67	B	F
5	K24B104	武内 康洋	923-0904	石川県小松市小馬出町91	1963/08/14	60	A	M
6	K24B105	西岡 佐紀	763-0034	香川県丸亀市大手町2-3-1	1966/10/16	57	A	F
7	K24B103	鎌田 尚美	250-0042	神奈川県小田原市荻窪300	1967/07/07	56	B	F
8	K24B102	尾沢 良行	518-0701	三重県名張市鴻之台1番町1番地	1971/01/07	53	A	M
9	K24B112	篠崎 由香	471-0025	愛知県豊田市西町3-60	1974/06/20	49	O	F
10	K24B115	中居 武	682-0822	鳥取県倉吉市葵町722	1975/11/24	48	B	M
11	K24B107	古谷 浩二	520-3234	滋賀県湖南市中央1-1	1977/12/29	46	AB	M
12	K24B101	安藤 守	411-0854	静岡県三島市北田町4-47	1980/05/21	43	AB	M
13	K24B111	伊東 和人	639-0244	奈良県香芝市本町1397	1981/08/05	42	O	M
14	K24B117	前島 尚範	642-0017	和歌山県海南市南赤坂11	1986/06/15	37	A	M
15	K24B114	平田 明美	573-0027	大阪府枚方市大垣内町2-1-20	1987/04/21	36	B	F
16	K24B106	原田 真穂	660-0051	兵庫県尼崎市東七松町1-23-1	1988/12/27	35	B	F
17	K24B109	村田 智子	286-0033	千葉県成田市花崎町760	1990/07/04	33	AB	F
18	K24B118	向井 友也	614-8038	京都府八幡市八幡園内75	1992/10/04	31	A	M
19	K24B110	渡部 孝行	710-0833	岡山県倉敷市西中新田640	1995/02/01	29	A	M
20	K24B113	谷本 未和	564-0041	大阪府吹田市泉町1-3-40	1997/03/02	27	O	F
21	K24B108	正木 明子	911-0804	福井県勝山市元町1-1-1	1998/09/16	25	AB	F

3.7.1 データ フォームによるデータ編集

「データ フォーム機能」を使えば，データベースのレコードを1件ずつ呼び出して，すべての項目を小さなウィンドウ＝データ フォームに表示することができます．さらに，簡単にレコードの追加，修正，削除を行うことができます．

【［フォーム］ボタンの登録 】

データ フォーム機能は，標準では「リボン」の中には用意されていません．これを利用できるようにするためには，クイック アクセス ツールバーのユーザー設定（カスタマイズ）を行う必要があります．左図に示した手順に従って，クイック アクセス ツールバーに［フォーム］ボタンを登録してください．

[フォーム]ボタン を ツールバーに登録

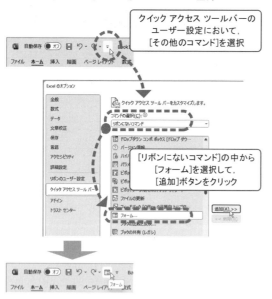

クイック アクセス ツールバーのユーザー設定において，[その他のコマンド]を選択

[リボンにないコマンド]の中から[フォーム]を選択して，[追加]ボタンをクリック

【データ フォーム機能の使い方】

データベース内の任意のセルをクリックしてから，クイック アクセス ツールバーに登録した［フォーム］ボタンをクリックすると，データ フォームが現れます．

ここで「データベース」というのは，フィールド名を含むデータ範囲，つまりセル範囲A3:H13（データ追加後はA3:H21）を指します．

<レコードの修正と削除>

表示されているレコードのデータは，フォーム上で修正することができます．

フォームの[削除]ボタンをクリックすると，現在表示されているレコードがワークシートから削除されます．この方法で削除したレコードを復活させる手段はないので，注意してください．

<レコードの追加>

データ フォームの[新規]ボタンをクリックすると，空白のフォームが現れて，新規レコードを入力できるようになります．そして[閉じる]ボタンをクリックすると，フォームに入力したデータがデータベースの最終レコード（最下行）としてワークシートに書き込まれます．

では，データ フォームを利用して，残り8人分のデータを追加入力してください．

データ フォーム機能 の使い方

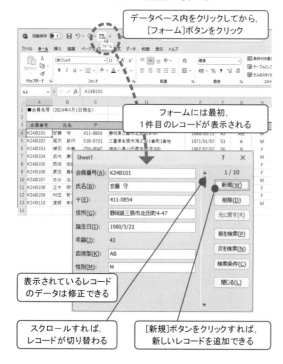

データベース内をクリックしてから，[フォーム]ボタンをクリック

フォームには最初，1件目のレコードが表示される

表示されているレコードのデータは修正できる

スクロールすれば，レコードが切り替わる

[新規]ボタンをクリックすれば，新しいレコードを追加できる

3.7.2 データの並べ替え

データベースのデータは，リボンの[データ]タブにあるボタンをクリックするだけで，全てのレコードを「昇順」あるいは「降順」に並べ替える（ソートする）ことができます．

（以下の画面では，C～D 列を非表示にしています）

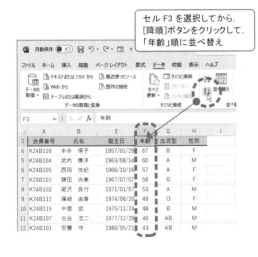

セル F3 を選択してから，[降順]ボタンをクリックして，「年齢」順に並べ替え

【並べ替えの手順】

最初に，並べ替えの基準となる列を指定します．列の中にある任意のセルをクリックしてください．左の例のように，「年齢順」に並べ替えるのであれば，セル範囲 F3:F21 のいずれか 1 つのセルをクリックしておきます．

次に，データを小さい方から順に並べ替えるのであれば[昇順]ボタン $\frac{A}{Z}\downarrow$ を，大きい方から順に並べるのであれば[降順]ボタン $\frac{Z}{A}\downarrow$ をクリックします．これだけで，データの並べ替えは完了です．

【列を指定する際の注意事項】

どの列を基準に並べ替えるのかを最初に指定しますが，このとき，セル範囲（複数のセル）を指定しないように注意してください．

セル範囲を選択した状態で並べ替えのボタンをクリックすると，その範囲内だけで並べ替えが行われてしまいます．

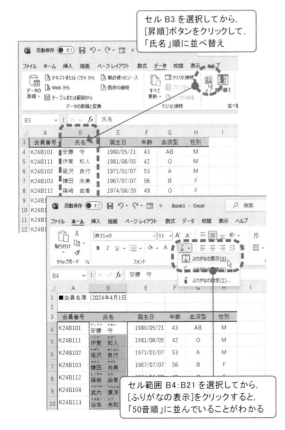

セル B3 を選択してから，[昇順]ボタンをクリックして，「氏名」順に並べ替え

セル範囲 B4:B21 を選択してから，[ふりがなの表示]をクリックすると，「50音順」に並んでいることがわかる

【ふりがな機能】

氏名を基準にして「50 音順」に並べ替えたいときは，セル B3 を選択してから，[昇順]ボタン $\frac{A}{Z}\downarrow$ をクリックします．

[ホーム]タブの[フォント]グループにある[ふりがなの表示/非表示]ボタン $\frac{7}{5}$ ▾ を選択して，氏名データのふりがなを表示してみると，確かに 50 音順に並んでいることがわかります．

ここで表示されるふりがなは，入力時の文字変換に基づいて自動的に設定されています．もし，誤ったふりがなが表示されていたら，同じボタンの中にある[ふりがなの編集]を選んで，ふりがなを変更してください．

3.7.3 複数キーによる並べ替え

並べ替えの基準となる列のことを「キー フィールド」，あるいは単に「キー」と呼びます．Excel 2013以降は，このキー フィールドを64段階まで設定することができます．また，それぞれのキー フィールドについて，昇順／降順を指定することができます．

例えば，入学試験の合格判定などの場合，第1段階としては合計点の降順に並べます．しかし，同点の人が多数いる場合などは，第2段階として「内申書」の得点の降順に並べるというように，複数の基準でソートを行うことがあります．

（以下の画面では，C〜D列を非表示にしています）

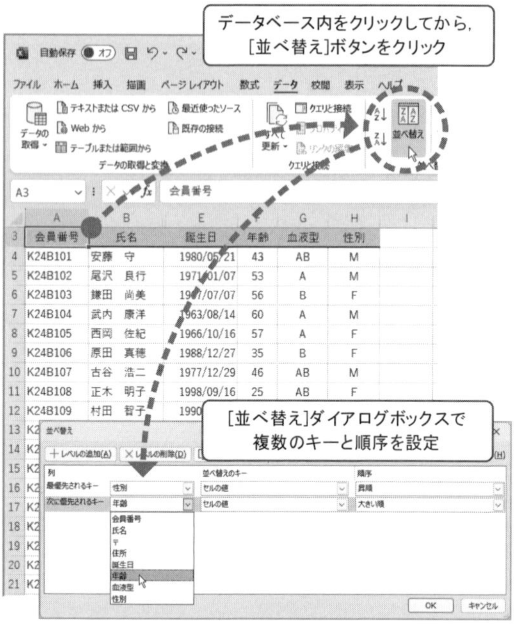

データベース内をクリックしてから，[並べ替え]ボタンをクリック

[並べ替え]ダイアログボックスで複数のキーと順序を設定

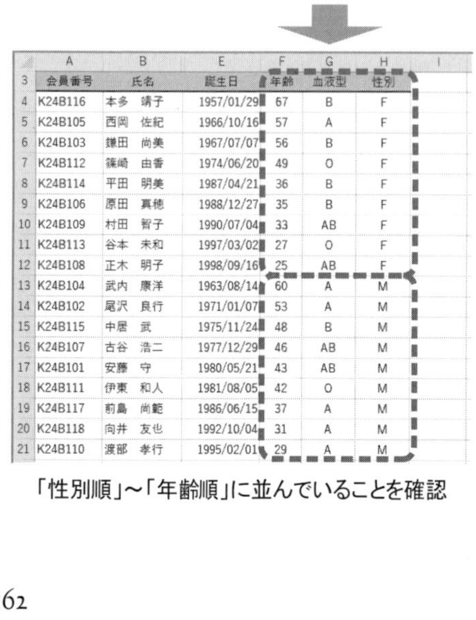

「性別順」〜「年齢順」に並んでいることを確認

【複数キーによる並べ替え】

2つ以上のキーを使う例として，まず性別を昇順で，次に年齢を降順で並べ替える手順を見ていきます．

なお，ここで「データベース」というのは，フィールド名を含むデータ範囲，つまりセル範囲A3:H21を指します．

1) まず，データベース内の任意のセルをクリックしてから，リボンの[データ]タブにある[並べ替え]ボタンをクリックします．

2) [最優先されるキー]のドロップダウン矢印 ▼ をクリックして"性別"を選択し，順序は"昇順"とします．

3) [次に優先されるキー]のドロップダウン矢印 ▼ をクリックして"年齢"を選択し，順序は"降順"とします．

4) この例では1行目がフィールド行になっているので，[先頭行をデータの見出しとして使用する]にチェックを入れておきます．
   最後に[OK]をクリックすれば，並べ替えは完了します．

以上の操作の結果，まず性別の昇順（F→M）に並べ替えを行い，同じ性別の中では年齢の降順（高齢→若年）に並べ替えたことになります．

3.7.4 フィルターによるデータの抽出

（以下の画面では，C～D列を非表示にしています）

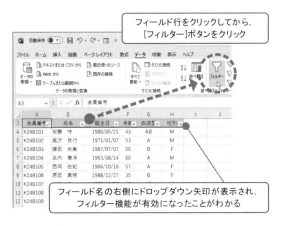

フィルター機能を使うと，データベースの中から必要なレコードだけを簡単に「抽出」することができます．

フィルター機能をONにすると，各フィールド名の右側にドロップダウン矢印 ▼ が表示されます．これをクリックすると，抽出条件（または抽出できるデータの一覧）が表示されるので，ここで必要な条件を設定するだけで，レコードの抽出を行うことができます．

いったん抽出したレコードに対して，さらに条件を絞り込んだ抽出をすることも可能です．

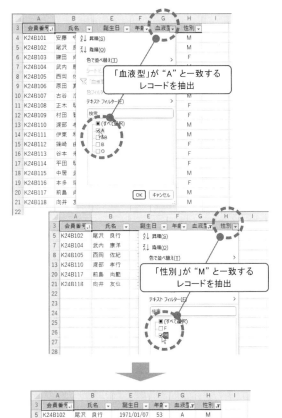

「血液型がA型の男性」を抽出した結果

【データ抽出の手順】

フィルターによるデータ抽出の手順は次のとおりです．ここでは，例として「血液型がA型の男性」だけを抽出してみましょう．

1) データベース内の任意のセルをクリックしてから，リボンの[データ]タブにある[フィルター]ボタンをクリックして，フィルター機能を有効にしておきます．

2) 「血液型」のドロップダウン矢印 ▼ をクリックして，"A"を選択します．

3) 次に，「性別」のドロップダウン矢印 ▼ をクリックして，"M"を選択します．

これで，条件に該当する5件のレコードだけが抽出され，該当しなかったレコードは一時的に非表示になります．抽出後はドロップダウン矢印が ▼ に変わり，条件に該当するレコードの行番号も青色に変わります．

抽出を解除するには，ドロップダウン矢印 ▼ をクリックして"すべて"を選択するか，[フィルター]ボタンをクリックして，フィルター機能そのものを解除します．

※上記1)の操作で，データベース内のセル範囲（複数のセル）を選択してから[フィルター]ボタンをクリックすると，その範囲内にしかフィルター機能が適用されないので，注意してください．

発展課題① フィルター機能の応用

フィルター機能では，「血液型がA型」とか「性別が女性」といった単純な条件ではなく，もっと複雑な条件を設定することも可能です．

例えば，「発注日が9/1から9/30まで」，あるいは「単価が5万円以上かつ10万円未満」といった，ある特定の「範囲」で抽出条件を与えることができます．

さらに，文字列が入力されているフィールドに対しては，「"関数"という文字列を含む」，あるいは「"情報"という文字列で始まる」といった条件を与えることもできます．

基本課題と同じデータベースを用いて，「年齢が40歳以上かつ50歳未満」という条件で，レコードを抽出してみましょう．それ以外にも，「大阪または京都に住んでいる人」，「血液型がAまたはOで，年齢が40歳以下の人」，などの条件を設定してレコードを抽出してみましょう．

発展課題①：フィルター機能を有効にした状態

年齢が「40歳以上，50歳未満」の人を抽出，年齢の昇順で並べ替え

発展課題①の完成イメージ

◆課題のポイント

【条件付き抽出方法】

　フィルター機能を使って，複雑な条件を与えて抽出を行う手順は次のとおりです．準備として，基本課題を参照しながら，データベースを選択してフィルター機能を有効にしておいてください．

1) 抽出条件を指定するフィールド（ここでは「年齢」）のドロップダウン矢印 ▼ をクリックして，[数値フィルター]を選択します．

2) 一覧の中から[指定の範囲内]を選択すると，[オートフィルター オプション]ダイアログボックスが現れます．

3) 1つめの条件を設定します．左側のボックスには"40"を入力し，右側のボックスでは ▼ をクリックして比較演算子の"以上"を選びます．

4) 2つめの条件を設定します．左側のボックスには"50"を入力し，右側のボックスでは ▼ をクリックして比較演算子の"より小さい"を選びます．

5) 2つの条件をどのように結合するかについて，[AND] または [OR] の論理演算子を選択します．ここでは [AND] を選んで，最後に[OK]をクリックします．

　これによって年齢が「40歳以上かつ50歳未満」のレコードだけが抽出されます．
　なお，フィルターのドロップダウン矢印 ▼ には「並べ替え」の機能も用意されているので，簡単に年齢順に並べ替えることができます．

　では同様にして，「大阪または京都に住む人」を抽出してみましょう．文字列を検索する場合，"〜で始まる"，"〜で終わる"，"〜を含む"などの条件設定ができるので，上手に使い分けてください．

「年齢」のドロップダウン矢印をクリックして，[数値フィルター]を選択

[指定の範囲内]を選択して，[オートフィルター オプション]を呼び出す

文字列の抽出条件を指定するためのオプション画面

発展課題② ピボット テーブル機能

Excel には，大量のデータを集計するための「ピボット テーブル機能」があります．この機能を使えば，簡単な操作で単純集計やクロス集計など，さまざまな角度からデータを分析することができるようになります．

基本課題と同じデータベースを用いて，ピボット テーブル機能を使ってみましょう．

[挿入] タブにある
[ピボット テーブル]をクリック

データ範囲と，ピボット テーブル
を配置する場所を指定

【ピボット テーブルの挿入】

リボンの[挿入]タブにある[ピボット テーブル]ボタンをクリックすると，ダイアログ ボックスが現れます．ここでは，以下のようにパラメータを設定してください．

①表または範囲を選択（分析するデータ）
テーブル/範囲，Sheet1!$A$3:$H$21

②ピボット テーブルを配置する場所
既存のワークシート，Sheet2!$A$1

これによって，Sheet1 にあるデータベースのデータを，Sheet2 に生成したピボット テーブルで分析できるようになります．

発展課題②で利用するデータ（Sheet1）

	A	B	C	D	E	F	G	H
3	会員番号	氏名	〒	住所	誕生日	年齢	血液型	性別
4	K24B101	安藤　守	411-0854	静岡県三島市北田町4-47	1980/05/21	43	AB	M
5	K24B102	尾沢　良行	518-0701	三重県名張市鴻之台1番町1番地	1971/01/07	53	A	M
6	K24B103	鎌田　尚美	250-0042	神奈川県小田原市荻窪300	1967/07/07	56	B	F
7	K24B104	武内　康洋	923-0904	石川県小松市小馬出町91	1963			
8	K24B105	西岡　佐紀	763-0034	香川県丸亀市大手町2-3-1	1966			
9	K24B106	原田　真穂	660-0051	兵庫県尼崎市東七松町1-23-1	1984			
10	K24B107	古谷　浩二	520-3234	滋賀県湖南市中央1-1	197			
11	K24B108	正木　明子	911-0804	福井県勝山市元町1-1-1	199			
12	K24B109	村田　智子	286-0033	千葉県成田市花崎町760	199			
13	K24B110	渡部　孝行	710-0833	岡山県倉敷市西中新田640	199			
14	K24B111	伊東　和人	639-0244	奈良県香芝市本町1397	199			
15	K24B112	篠崎　由香	471-0025	愛知県豊田市西町3-60	197			
16	K24B113	谷本　未和	564-0041	大阪府吹田市泉町1-3-40	199			
17	K24B114	平田　明美	573-0027	大阪府枚方市大垣内町2-1-20	198			
18	K24B115	中居　武	682-0822	鳥取県倉吉市葵町722	197			
19	K24B116	本多　靖子	181-0014	東京都三鷹市野崎1-1-1	195			
20	K24B117	前島　尚範	642-0017	和歌山県海南市南赤坂11	198			
21	K24B118	向井　友也	614-8038	京都府八幡市八幡園内75	199			
22								

生成された ピボット テーブル とフィールド リスト（Sheet2）

◆ピボット テーブルの使い方

Sheet2 には，ピボット テーブルとともに，フィールド リストが現れます．

フィールド リストには，先に指定したデータ範囲の先頭行に含まれるフィールド名（項目名）が一覧表示されています．

このフィールド名をピボット テーブルの各領域に配置していくことによって，さまざまな集計と分析を行うことができます．

[行ラベル]領域による単純集計結果

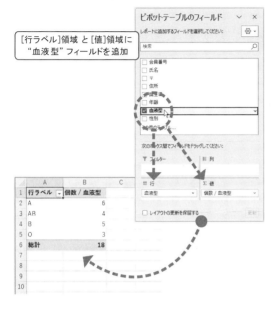

[行ラベル]領域 と [値]領域に "血液型" フィールドを追加

【単純集計の方法】

単純集計の例として，血液型別の人数を集計してみましょう．

まず，フィールド名 "血液型" をドラッグして，[行ラベル]領域と[値]領域にドロップします．

これだけの操作で，血液型別の人数を集計した表を得ることができます．

[行ラベル]領域 と [列ラベル]領域によるクロス集計結果

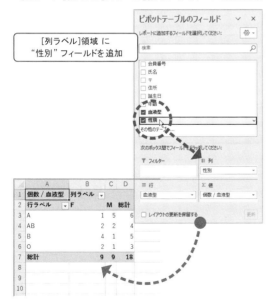

[列ラベル]領域 に "性別" フィールドを追加

【クロス集計の方法】

クロス集計の例として，血液型別の人数を，さらに男・女に分けて集計してみましょう．

上の操作の続きとして，フィールド名 "性別" をドラッグして，[列ラベル]領域にドロップします．この操作を追加するだけで，血液型別・男女別の人数をクロス集計することができます．

【数値データの集計】

上の 2 つの例では，[値]領域においてデータの「個数」を指定することで，各血液型に該当する人数をカウントするだけでしたが，これ以外の集計方法も用意されています．

例えば，集計対象となるフィールドが "年齢" のような数値データの場合には，合計／平均／最大／最小／分散などの統計値を，[値]領域で選択することができます．

その他にも，ピボットテーブルには多彩な集計・分析機能が用意されていますが，これ以上の説明は省略します．

3.8　統計分析への応用

◇このセクションのねらい

Excelには統計分析のための分析ツールも用意されています.その中から,「相関」と「回帰分析」の意味を理解して,実際に使ってみましょう.

◆データ入力　📁 chapt38a.csv

　文系・理系を問わず,研究活動の中で数値データを統計的に処理しなければならない状況は頻繁に起こります.

　Excelには,統計計算のための豊富な関数と分析ツールが用意されています.そのうちのいくつかはすでに紹介しましたが,ここでは相関分析と回帰分析のためのツールを用いて,分析を行います.

　分析の準備として,日本の「国内総生産(GDP)」と「民間最終消費支出」,及び乗用車の「生産金額」と「生産台数」という4つの時系列データを入力しておきます.

※データ出所:

内閣府「国民経済計算(GDP統計)」
https://www.esri.cao.go.jp/jp/sna/menu.html

一般社団法人　日本自動車工業会「統計・資料」
https://www.jama.or.jp/statistics/

基本課題のデータ入力

	暦年	国内総生産(GDP)	民間最終消費支出	乗用車生産金額	乗用車生産台数
4	2010年	505,530.6	287,488.0	14,056.6	8,310.4
5	2011年	497,448.9	284,640.6	11,840.4	7,158.5
6	2012年	500,474.7	288,669.4	14,261.4	8,554.5
7	2013年	508,700.6	295,750.7	14,630.5	8,189.3
8	2014年	518,811.0	298,999.0	15,542.4	8,277.1
9	2015年	538,032.3	300,064.9	15,979.0	7,830.7
10	2016年	544,364.6	297,775.6	16,041.4	7,873.9
11	2017年	553,073.0	302,053.6	16,992.3	8,347.8
12	2018年	556,630.1	304,892.3	17,312.4	8,359.3
13	2019年	557,910.8	304,365.9	17,392.5	8,328.8
14	2020年	539,082.4	291,149.0	14,600.0	6,960.4
15	2021年	549,379.3	293,986.4	14,483.4	6,619.2

資料：国内総生産と民間最終消費支出の単位は10億円(2015年基準,名目値)
内閣府「2021年度国民経済計算(2015年基準・2008SNA)」より
https://www.esri.cao.go.jp/jp/sna/data/data_list/kakuhou/files/2021/2021_kaku_top.html

乗用車生産金額の単位は10億円,生産台数の単位は千台
統計資料｜一般社団法人日本自動車工業会(JAMA)
https://www.jama.or.jp/statistics/facts/four_wheeled/index.html

※両サイトとも,2023年5月に閲覧

◇ *Keywords*
アドイン, アドインの有効化, 分析ツール, 散布図,
相関分析, 相関係数, 回帰分析, 決定係数, 観測値グラフ,
回帰直線, 多項式回帰（重回帰）, 近似曲線, 移動平均

基本課題

アドインとは, Officeアプリケーションに特殊な機能を追加する補足機能です. そしてOfficeアプリケーションの機能を拡張することから, "アプリケーション拡張"とも呼ばれます.

Excelの場合, ここで紹介する「分析ツール」のほか, 「ソルバー」「ユーロ通貨対応ツール」といったアドインが用意されています.

Excel の「分析ツール」を使うためには, まず「アドインを有効にする」という作業を行います. そして, 相関分析や回帰分析などのツールを使って, 現実の時系列データを分析してみましょう.

ここでは, 分析ツールの使い方だけでなく, 簡単な統計的意味を学びますが, 本格的な統計的解釈については, 統計学または経営（経済）統計学などの分野に譲ります.

基本課題の分析イメージ

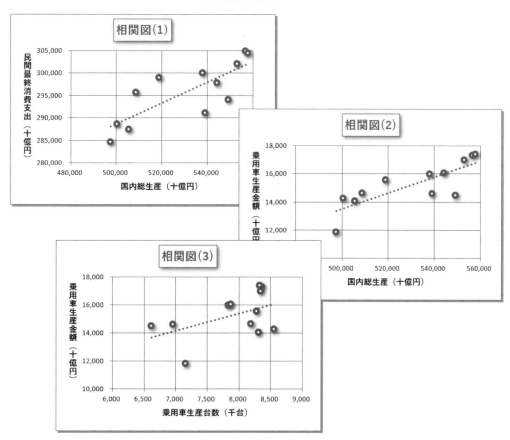

3.8.1 アドインの利用

相関分析と回帰分析を行うためには，「分析ツール」と呼ばれるアドインを，あらかじめ有効にしておく必要があります.

Excel をきちんとインストールした場合であっても，初期状態では「分析ツール」を利用することはできないので注意してください.

【アドイン有効化の方法】

まず，リボンの[データ]タブの右端に[データ分析]ボタンがあるかどうかを確認してください.

すでに[データ分析]ボタンが存在する場合は，アドインの有効化が済んでいるので，本項を読み飛ばしてください.

[データ]タブに[データ分析]ボタンがない場合は，以下の手順に従ってアドインの有効化を行う必要があります.

Backstage ビューを呼び出して[オプション]を選択し，[Excel のオプション]ダイアログ ボックスで[アドイン]を選択します. 下方にある[管理]欄で"Excel アドイン"を選択して[設定]ボタンをクリックすると，[アドイン]ダイアログ ボックスが現れます.

[有効なアドイン]一覧の中にある"分析ツール"と"分析ツール–VBA"にチェックを入れて，[OK]をクリックすれば，アドインの有効化は完了です.

この作業の後，リボンの[データ]タブに[データ分析]ボタンがあることを確認してください.

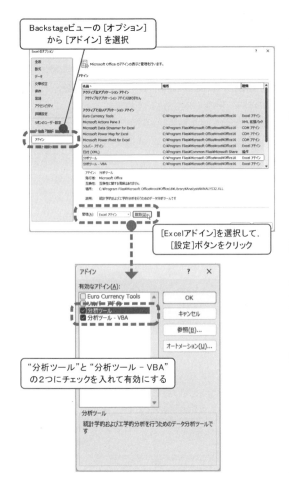

Backstageビューの [オプション] から [アドイン] を選択

[Excelアドイン]を選択して, [設定]ボタンをクリック

"分析ツール"と"分析ツール – VBA" の2つにチェックを入れて有効にする

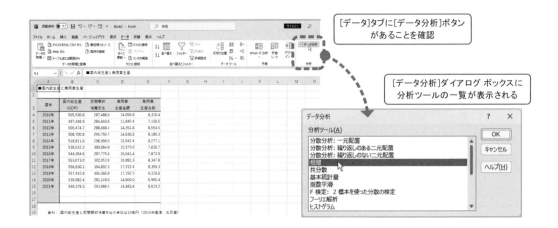

[データ]タブに[データ分析]ボタン があることを確認

[データ分析]ダイアログ ボックスに 分析ツールの一覧が表示される

3.8.2 相関分析

グラフ機能を用いて，横軸を「国内総生産」，縦軸を「民間最終消費支出」とする散布図を描きましょう．その他にも，基本課題の分析例にあるような組合せのグラフを描いてみましょう．

【相関係数について】

散布図を描くことによって，視覚的に2変数間の相関の有無を調べることができますが，さらに関係の度合いを数量的に表してみましょう．

線形相関の度合いを数量的に表す尺度としては，一般に「相関係数」が用いられます．

n 組のペア (x_1, y_1), (x_2, y_2), $\cdots$, (x_n, y_n) がサンプルとして与えられたとき，それらの相関係数 r を次のように定義します $(i = 1, 2, 3, \cdots, n)$.

$$r = \frac{\sum (x_i - \bar{x})(y_i - \bar{y})}{\sqrt{\sum (x_i - \bar{x})^2 \sum (y_i - \bar{y})^2}} = \frac{S_{xy}}{\sqrt{S_x S_y}}$$

$$S_{xy} = \sum (x_i - \bar{x})(y_i - \bar{y})$$

$$S_x = \sum (x_i - \bar{x})^2$$

$$S_y = \sum (y_i - \bar{y})^2, \quad (\bar{x}, \bar{y} \text{ は平均値})$$

相関係数 r のとりうる範囲は $-1 \leq r \leq 1$ です．この値が正のときには「正の相関」が，負のときには「負の相関」があるといい，r がゼロに近いときは「無相関」であるといいます．

【相関分析の方法】

リボンの[データ]タブにある[データ分析]ボタンをクリックし，[分析ツール]一覧の中から"相関"を選択して，[OK]をクリックしてください．

[相関]ダイアログ ボックスの[入力範囲]には，分析用のサンプルがあるデータ範囲，例えばセル範囲 B3:E15 を指定します．「国内総生産」などの文字列をデータ範囲に含めるときは，[先頭行をラベルとして使用]にチェックを入れておきます．

[出力先]としては，右および下方向に空白領域のあるセルの番地，例えばセル A31 を指定します．最後に[OK]をクリックすると，指定した領域に分析結果が表示されます．

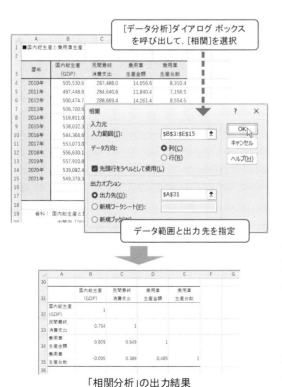

データ範囲を選択して，[挿入]タブにある[散布図の挿入]〜[散布図]をクリック

目盛線や軸の書式などを調整

相関図(1)

2変数の相関関係を表す散布図

[データ分析]ダイアログ ボックスを呼び出して，[相関]を選択

データ範囲と出力先を指定

「相関分析」の出力結果

3.8.3 回帰分析

【回帰分析の意味】

いま，ある系列データを $Y_1, Y_2, \cdots, Y_n$ とします．その傾向値を $Y_1', Y_2', \cdots, Y_n'$ としたとき，

$$S = \sum_{x=1}^{n} (Y_x - Y_x')^2$$

を最小にする Y_x' を求めようとするのが「回帰分析」です．

傾向値 Y_x' は x の関数として定められるのですが，よく用いられる関数形としては次のようなものがあります．

$$Y_x' = a + bx \qquad \cdots \quad \text{直線}$$
$$Y_x' = a + bx + cx^2 \qquad \cdots \quad \text{2次曲線}$$
$$Y_x' = ab^x \qquad \cdots \quad \text{指数曲線}$$

ここで a, b, c は定数であり，最小2乗法の原理により決定されます．

S を最小にする直線のことを「回帰直線」と呼びます．一般に，定数 a, b を決定するためには数学的な知識が必要になりますが，ここでは分析ツールを用いることにより，簡単にグラフ化まで行ってみましょう．

相関分析と回帰分析

相関分析では，2変数間の関係の強さを相関係数で表します．

これに対して，回帰分析では，1つ以上の独立変数（本項の例では「国内総生産」）が，1つの従属変数（同「民間最終消費支出」）に与える影響の度合いを決定係数などの統計値で表します．

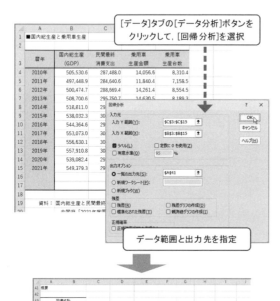

「回帰分析」の出力結果

【回帰分析の方法】

[データ]タブにある[データ分析]ボタンをクリックし，[分析ツール]一覧の中から"回帰分析"を選択して，[OK]をクリックしてください．

[回帰分析]ダイアログ ボックスでは，まず y と x の範囲を指定します．ここでは，y として C 列（民間最終消費支出）のデータ範囲を，x として B 列（国内総生産）のデータ範囲を指定してください．「民間最終消費支出」などの文字列をデータ範囲に含めるときは，[ラベル]にチェックを入れておきます．

[出力オプション]では[一覧の出力先]を選択して，右および下方向に空白領域のあるセルの番地，例えばセル A41 を指定します．最後に[OK]をクリックすると，指定した領域に分析結果が表示されます．

3.8.4 観測値グラフ

【観測値グラフの作成と修正】

　[回帰分析]ダイアログ ボックスにおいて，[残差グラフの作成]にチェックを入れておけば，分析結果とともに，残差出力表と残差グラフ（原データと予測値の差）が，散布図の形で出力されます．

　同様に，[観測値グラフの作成]にチェックを入れておけば，分析結果とともに観測値グラフ（原データ及び予測値）が，散布図の形で出力されます．

　ここでは観測値グラフにおいて，原データと予測値を区別しやすくするために，点だけでプロットされている予測値に直線を追加してみましょう．

1) 観測値グラフが，横軸を「国内総生産」，縦軸を「民間最終消費支出」とする散布図として描かれていることを確認します．

2) 予測値の系列（マーカー）の上で右クリックして，[データ系列の書式設定]を選択します．

3) [線の色]を選択して色を設定し，[線のスタイル]で線の太さなどを設定します．
　　必要に応じて，マーカーのスタイル／色／サイズなども適切に設定します．

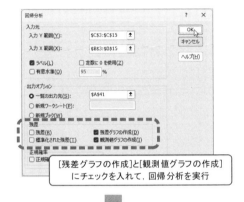

[残差グラフの作成]と[観測値グラフの作成]にチェックを入れて，回帰分析を実行

分析結果とともに，「残差出力」の表と2つのグラフが出力される

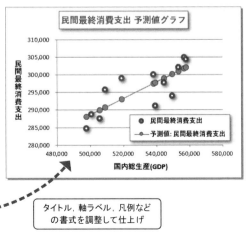

タイトル，軸ラベル，凡例などの書式を調整して仕上げ

発展課題

【多項式回帰の考え方と適用方法】

基本課題において，y として C 列（民間最終消費支出）のデータ範囲を，x として B 列（国内総生産)のデータ範囲を指定して回帰分析を行った結果は，決定係数（R^2 値）が 0.630 で，観測値グラフを見てもなんとか直線で近似できているようです．

ここでは，y として D 列（乗用車生産金額），x として C 列（民間最終消費支出）のデータ範囲を指定して，２変数の関係を分析してみます．

左のグラフ（上）より，これら２変数の関係に直線を当てはめてみると，よくフィットしていることがわかります（決定係数は 0.9015）．

次に，２変数の関係を３次曲線で表すことを考えてみましょう．

$$y = a + b_1 x + b_2 x^2 + b_3 x^3$$

y が x の２次式や３次式で表現できると思われる場合に適用するのが，多項式回帰（重回帰）の手法です．このような分析としては，LINEST 関数を用いる方法と，Excel のグラフ機能を用いる方法とがあります．発展課題では後者の方法，「近似曲線の追加」を利用することにします．

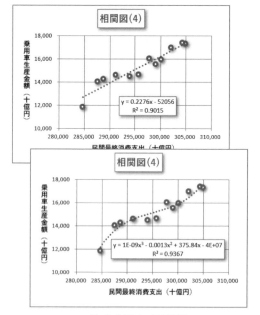

「直線」による近似

「3次曲線」による近似

LINEST関数の計算結果

LINEST関数の引数において，Y（従属変数）は１列に限られますが，X（独立変数）は連続した複数列を指定できます．

関数の引数として「定数」にTrueを指定すると定数項（Y切片）が求められます．また「補正」にTrueを指定すると多くの追加情報が得られます．

例えばXが2列（独立変数が２つ）の場合，LINEST関数の計算結果は次のような配列で返されます．この配列は，独立変数の数によって変わるので注意が必要です．

	1列	2列	3列
1行	X2の係数	X1の係数	定数項
2行	X2の標準誤差	X1の標準誤差	定数項の標準誤差
3行	寄与率	Yの標準誤差	#N/A
4行	F値	自由度	#N/A
5行	回帰平方和	残差平方和	#N/A

【LINEST 関数と INDEX 関数】

参考のため，LINEST 関数の使い方について，簡単に紹介しておきます．

LINEST 関数は，回帰分析において回帰式を評価するのに必要な，さまざまな統計量を算出するための関数です．この関数は計算の結果を配列で返すので，結果を表示させるには INDEX 関数と組み合わせて用いる必要があります．LINEST 関数の書式は次のとおりです．

LINEST（既知の y，既知の x，定数，補正）

INDEX 関数は，配列の各要素の値を表示させるための関数です．配列の行番号と列番号を指定すると，行番号と列番号が交差する点にある配列の値が返されます．INDEX 関数の書式は次のとおりです．

INDEX（配列，行番号，列番号）

◆課題のポイント

【グラフ機能を利用した近似曲線の当てはめ】

多項式回帰のような複雑な概念を導入しなくても、Excel のグラフ機能には、データ系列に様々な「近似曲線」を当てはめる機能があります。

グラフ機能を使って作成した「散布図」に対して、近似曲線を追加するとともに、近似曲線の数式と決定係数（R^2 値）を表示してみましょう。

1) まず、y 軸を「乗用車生産金額」、x 軸を「民間最終消費支出」とする散布図を描きます。

2) データ系列（マーカー）の上で右クリックして [近似曲線の追加] を選択すると、[近似曲線の書式設定] ダイアログ ボックスが現れます。

3) [近似曲線のオプション] で当てはめる曲線の種類を指定します。ここでは [多項式近似] を選択し、[次数] を "3" とします。

4) 同じ画面の下方にある、[グラフに数式を表示する] と [グラフに R-2 乗値を表示する] の 2 つにチェックを入れておきます。

5) 必要に応じて、線の色やスタイルなどを適切に設定します。

同様の方法で、直線や多項式の他にも、指数近似／対数近似／累乗近似／移動平均などの近似曲線を選択することができます。分析対象となるデータの特性に応じて使い分けてください。

下図は、「乗用車生産台数」の推移を折れ線グラフで表し、その傾向線として移動平均（区間= "4"）を当てはめた例です。

データ系列を選択して [近似曲線の追加] をクリック

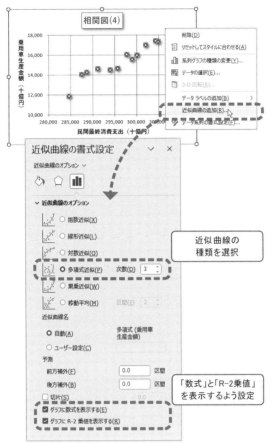

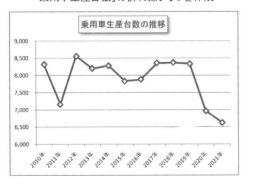

「乗用車生産台数」の折れ線グラフを作成

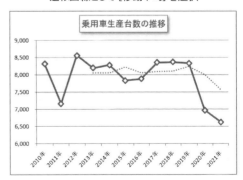

近似曲線として [移動平均] を選択

第4章 PowerPoint 実習

4.1 プレゼンテーションの概念と基本機能

◇**このセクションのねらい**

「プレゼンテーション」の概念を理解するとともに，視覚資料＝スライドの作成に利用される PowerPoint というアプリケーションの基本操作を習得しましょう．

基本課題

標準で，あるいはネットワーク上に用意されているテンプレートを使って，視覚効果の高いスライドを簡単に作成できることを学びます．

次に，できあがったスライドをもとにして，プレゼンテーション用のアプリケーションで何ができるのかを確かめます．

プレゼンテーションの流れ

```
テーマの決定
  ↓
アイデアの具体化
  ├ コンセプトの整理
  └ アウトラインの組み立て
  ↓
視覚資料の作成
  ├ テキストの入力
  ├ 図解資料の作成：図・表・グラフなど
  ├ デザインの整形：レイアウト，配色など
  ├ スライド効果の設定：アニメーション，サウンドなど
  └ 配布資料の作成
  ↓
発表の準備
  ├ 発表用ノートの作成
  └ リハーサルの実施
  ↓
プレゼンテーションの実施
```

◆プレゼンテーションの流れ

プレゼンテーション（Presentation）とは，情報の提供・説明・提案などを目的とするコミュニケーション手段のことです．

この言葉は研究やビジネスの場で，「情報を伝える」あるいは「自分の考えを説明して理解してもらう」といった意味で広く使われています．

プレゼンテーションのテーマを決定してからプレゼンテーションの実施に至るまでの間には，「アイデアの具体化」〜「視覚資料の作成」〜「発表の準備」といった一連の流れがあります．そのような流れの中で，PowerPoint は視覚資料の作成を中心として，アウトラインの組み立てからプレゼンテーションの実施までを支援してくれます．

しかしながら，いかにすばらしいテーマと効果的な視覚資料を準備していたとしても，複数の聞き手を対象とする1対多のコミュニケーション（＝プレゼンテーション）においては，話し方や表情・身振りなど，高度な表現技術が必要になることを忘れてはいけません．

◇ *Keywords*
プレゼンテーション，テンプレートの利用，スライド，
アウトライン ペイン，スライド ペイン，ノート ペイン，
作業ウィンドウ，表示モードの切替え，いろいろな印刷形式

基本課題の完成イメージ

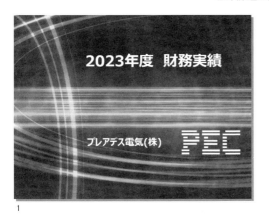

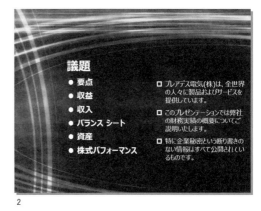

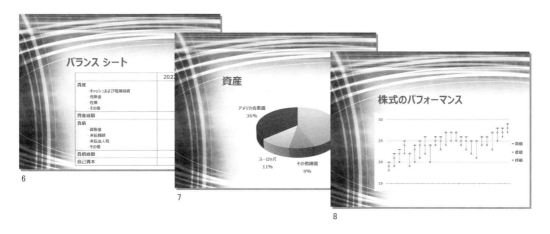

4.1.1 PowerPointの画面構成

プレゼンテーション用のアプリケーションである PowerPoint には,「視覚資料(=スライド)」の作成をはじめ,4つの重要な機能が備わっています.

➤ アウトラインの組み立て
➤ 視覚資料の作成
➤ 配布資料の作成
➤ スライドショーの実行

PowerPoint の基本的な画面構成は,下図のようになります.

画面中央にあるスライド ペインは,スライドのテキストや図表などを編集する領域です.画面左のアウトライン ペインは,すべてのスライドを並べて全体のバランスや順序などを調整する領域です.画面右の作業ウィンドウは,ふだんは表示されませんが,必要に応じて呼び出されます.

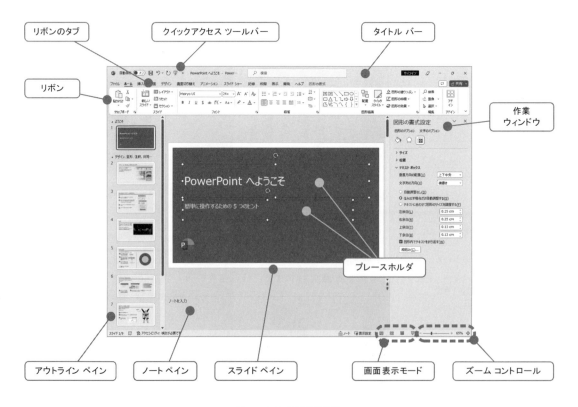

PowerPointの画面構成

4.1.2 新しいプレゼンテーション

PowerPoint を起動した直後には，スライド編集を開始するための Backstage ビュー画面が現れ，あらかじめ用意されている多くのテンプレートが表示されます．

テンプレートというのは，ある「テーマ」に沿って，スライドの背景画像や色合い，文字フォントの種類や配色など，全体的なデザインやスタイルを定義したデータのことです．

プレゼンテーションの目的にあったテーマを見つけることができれば，効率よくスライドを作成することができます．あとはコンテンツを充実させ，細部のデザインを調整していけば，質の高いプレゼンテーション資料に仕上げることができます．

ここでは，基本的なデザイン・スタイルしか定義されていないテンプレート "新しいプレゼンテーション" を選択して，仕上げていく手順を見ていきましょう．

1) リボンの[デザイン]タブにある[テーマ]一覧の中から，目的に合ったテーマを選択する．

2) 同様に，[バリエーション]一覧の中から，目的にあった配色やフォントなどを選択する．

3) スライドの縦横比を標準（4:3）にするか，ワイド画面（16:9）にするか，選択する．

4) 必要な枚数分の新しいスライドを挿入する．

5) 各スライドにタイトルとコンテンツ（本文の文字列や図表など）を入力していく．

PowerPoint を起動した直後に現れる Backstage ビュー

テーマ一覧の中から1つを選択すると，スライド編集画面に切り替わる

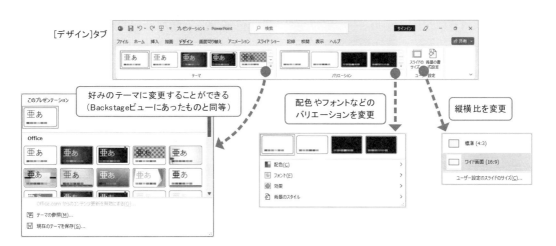

[デザイン]タブ

好みのテーマに変更することができる（Backstageビューにあったものと同等）

配色やフォントなどのバリエーションを変更

縦横比を変更

4.1.3 テンプレートの利用

一覧表示されるテンプレートの中には，デザインとスタイルの定義だけでなく，本文テキストや図表の例を含むスライド見本が用意されたものもあります．ここでは，そのようなテンプレートを使って「決算報告書」を作ってみましょう．

Backstage ビューの [検索ボックス] に，キーワードとして"財務実績"を入力し，[検索の開始]ボタン ⌕ をクリックすると，インターネット上にある「オンライン テンプレート」の Web サイトにアクセスして，キーワードに該当するテーマやテンプレートを探し出してくれます．なお，インターネット上の情報は日々更新されているので，あなたの検索結果は，本書の例と異なるかもしれません．

検索結果の中から"財務実績のプレゼンテーション"というテンプレートを選択します．

大きなアイコンをクリックすると，デザインを確認するための作業ウィンドウが出るので，確認した後に [作成]ボタンをクリックしてください．なお，大きなアイコンをダブル クリックすると，確認画面をスキップします．

編集画面に移ると，表紙を含めて8枚のスライドが自動的に生成され，「財務実績報告書」の下書きがほとんど出来上がっています．あとは必要に応じてデザインを変更し，コンテンツを追加していけばよいわけです．

Backstageビューにおいて，キーワード"財務実績"で検索を実行

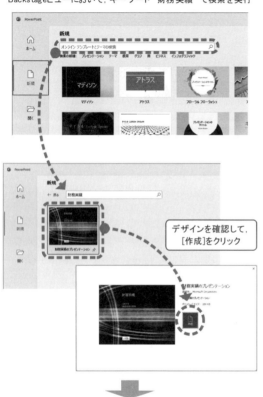

デザインを確認して，[作成]をクリック

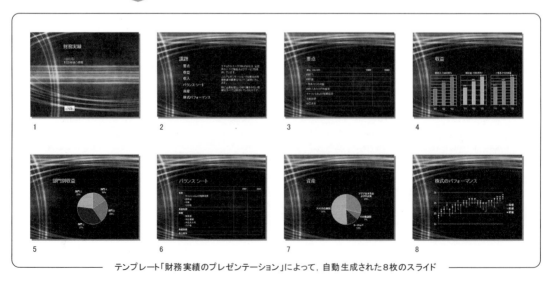

テンプレート「財務実績のプレゼンテーション」によって，自動生成された8枚のスライド

リボンの[表示]タブにある 表示切り替えボタン

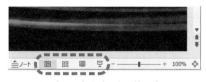

画面右下にある 表示切り替えボタン

4.1.4 いろいろな表示モード

PowerPoint には 5 つの画面表示モードがあり，リボンの[表示]タブにあるボタン，あるいは画面右下にある画面表示モードの切り替えボタンによって，作業内容に合わせた表示モードを選択することができます．

通常は，[標準表示]でスライドの編集を行いますが，全体の構成を考えたいときには[アウトライン表示]の方が効率的なこともあります．

ひととおりスライドの作成を終えたら，[スライド一覧表示]でプレゼンテーションの流れを確認しましょう．その後，[ノート表示]で発表用の原稿を作成し，[閲覧表示]でプレゼンテーション本番に備えたスライド表示の確認を行う，というように使い分けます．

【標準表示 – スライドのサムネイル表示】

最も基本となる表示モードで，画面左側のアウトライン ペインにすべてのスライドのサムネイル（縮小版）が，画面中央のスライド ペインには 1 枚の大きなスライドが表示されます．

アウトライン ペインの中では，スライド単位での移動／複写／追加／削除を行うことはできますが，スライド内容の編集はできません．

スライド ペインでは，表示されているスライドの内容を直接編集することが可能です．

また，画面下部にあるノート ペインには，プレゼンテーション実行時の原稿（メモ）として，テキストを入力することができます．

【アウトライン表示】

画面左側のアウトライン ペインには，本文テキストがアウトライン形式で表示されますが，図表やグラフなどのコンテンツは非表示となります．

アウトライン ペインの中では，段落単位での移動／複写／追加／削除，あるいはインデント レベルの設定などを行うことができるので，全体構成やスライドの順序を考えるなど，初期の作業を行うのに適した表示モードです．

スライド ペインとノート ペインの使い方は，[標準表示]の場合と同じです．

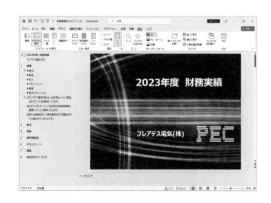

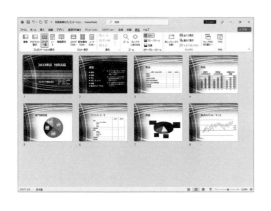

【スライド一覧表示】

　リボンの[表示]タブにある[スライド一覧]ボタンをクリックすると，画面全体にスライドのサムネイル（縮小版）が一覧表示されます（画面右下にある[スライド一覧]ボタンをクリックしても，同じ状態になります）．

　このモードでは，スライド単位での移動／複写／追加／削除を行うことはできますが，スライド内容の編集はできません．

　すべてのスライドの作成および編集が完了した段階で，プレゼンテーション全体の流れやバランスを確認するのに適しています．

【ノート表示】

　リボンの[表示]タブにある[ノート]ボタンをクリックすると，ノート ページが表示されます．

　このモードでは，1枚のスライド（縮小版）と，そのスライドに添付されているノートが表示されますが，スライド内容の編集はできません．

　ノート ページの下部にあるノート エリアでは，スライドの編集と同じようにテキストの入力や書式設定を行えるだけでなく，図表やグラフなどを挿入することもできます．

　ただし，ここで追加した図・表やグラフは，他の表示モードでは表示されません．

【閲覧表示】

　一般のスライド ショーが全画面で再生されるのに対して，この閲覧表示モードでは PowerPoint ウィンドウ内で再生される点だけが異なります．

　プレゼンテーションの本番と同じように，すべての図表，ビデオ，サウンドの表現だけでなく，スライドの切替え効果やアニメーション効果などを確認することができます．

　リボンの[表示]タブにある[閲覧表示]ボタンをクリックすると，必ず先頭のスライドからスライド ショーが再生されます．

　画面右下にある[閲覧表示]ボタンをクリックした場合は，選択中のスライドからスライド ショーが再生されます．

4.1.5 いろいろな印刷形式

PowerPoint にはいろいろな印刷形式があり，印刷時の色もカラー／グレースケール／単純白黒の中から選択できます．

資料として配布する場合には，配布資料グループの一覧の中から，1ページに印刷するスライド数を1～9枚の範囲で選択することができます．

印刷用紙の向き（縦方向／横方向）とともに，片面印刷／両面印刷の設定も重要です．

最後に，必ず印刷プレビュー画面で印刷イメージを確認してから，印刷を実行するようにしましょう．

ファイルの保存

データ入力や図形描画を終えたスライドをファイルとして保存することは重要です．何らかのトラブルによるデータ消失を避けるために，作業途中には頻繁に[上書き保存]を行うことを心がけましょう．

保存の手順は§1.2.4（ファイルの概念）で示したとおりなので，ここでは省略します．

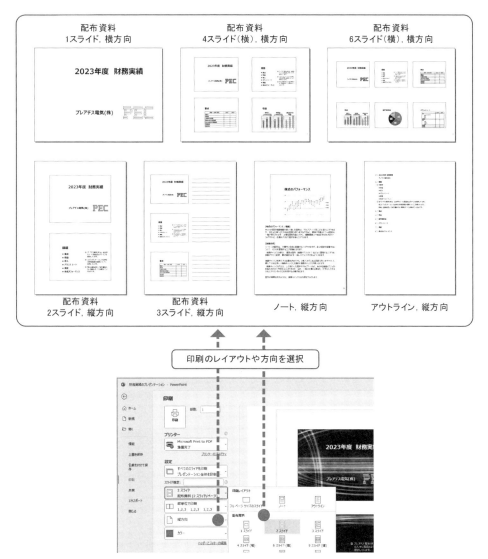

Backstageビューで[印刷]を選択すると，印刷設定と印刷プレビューが同時に表示される

4.2　スライドの編集

◇このセクションのねらい

新しいプレゼンテーションを作りながら，テーマにあったスライド デザインとレイアウト選択，スライドの編集手順などを習得します．スライド マスターの概念と使い方も学びましょう．

◆データ入力

📁 **chapt42.rtf**

令和 4 年 6 月に閣議決定された「デジタル田園都市国家構想基本方針」などを参考にして，『デジタル田園都市国家構想』というテーマでプレゼンテーション用のスライドを作成します．

アウトライン形式（リッチ テキスト形式の一種）で保存された教材ファイルを PowerPoint で読み込めば，データ入力を省略することができます．

デジタル田園都市国家構想
202X年7月　すばる国際大学　大田一郎

デジタル田園都市国家構想とは
- ○基本的な考え方
  - □地方の豊かさをそのままに，利便性と魅力備えた新たな地方像を提示
  - □全国どこでも誰もが便利で快適に暮らせる社会を目指す
- ○施策の方向
  - □デジタルの力を活用して地方の社会課題解決に向けた取組（地方創生）を加速化・深化
  - □そのために，デジタル実装の前提となる取組を国が強力に推進
- ○デジタルの力を活用した地方の社会課題解決
  - □地方に仕事をつくる
  - □人の流れをつくる
  - □結婚・出産・子育ての希望をかなえる
  - □魅力的な地域をつくる
- ○デジタル実装の基礎条件整備
  - □デジタル基盤整備
  - □デジタル人材の育成・確保
  - □誰一人取り残されないための取組

施策の方向(1)　デジタルの力を活用した地方の社会的課題解決
- ○地方に仕事をつくる
  - □地方のイノベーションを生む多様な人材・知・産業の集積を促し，自らの力で稼ぐ地域を作り出す
- ○人の流れをつくる
  - □都会から地方への人の流れを生み出し，地方から流出しようとする人を食い止め，にぎわいの創出や地域を支える担い手の確保を図る
- ○結婚・出産・子育ての希望をかなえる
  - □結婚・出産・子育てがしやすい地域づくり，若い女性を含め働きやすい環境づくりを進める
- ○魅力的な地域をつくる
  - □地方で暮らすことに対する不安を解消し，暮らしやすく，魅力あふれる地域づくりを進める

施策の方向(2)　デジタル実装の基礎条件整備
- ○デジタル基盤整備
  - □マイナンバーカードの普及推進・利活用拡大
  - □データ連携基盤の構築
  - □ICT活用による持続可能性と利便性の高い地域公共交通ネットワークの整備
  - □エネルギーインフラのデジタル化　など

- ○デジタル人材の育成・確保
  - □デジタル人材育成プラットフォームの構築
  - □職業訓練のデジタル分野の重点化
  - □高等教育機関等におけるデジタル人材の育成
  - □デジタル人材の地域への還流促進　など
- ○誰一人取り残されないための取組
  - □デジタル推進委員の展開
  - □経済的事情等に基づくデジタルデバイドの是正
  - □利用者視点でのサービスデザイン体制の確立
  - □「誰一人取り残されない」社会の実現に資する活動の周知・横展開　など

地域ビジョンの実現に向けた施策間連携・地域間連携の推進
- ○モデル地域ビジョンの例
- ○重要施策分野の例

デジタル田園都市国家構想の実現に向けた新たな主要KPI
- ○地方のデジタル実装に向けたKPI
  - □サテライトオフィス等を設置した地方公共団体
  - □1人1台端末を授業でほぼ毎日活用している学校の割合
  - □物流業務の自動化・機械化やデジタル化により，物流DXを実現している物流事業者の割合　など
- ○デジタル実装の基礎条件整備に関するKPI
  - □光ファイバの世帯カバー率
  - □5Gの人口カバー率
  - □地方データセンター拠点の整備
  - □デジタル推進人材の育成など
- ○地域ビジョンの実現に向けたKPI
  - □スマートシティの選定数
  - □「デジ活」中山間地域の登録数
  - □脱炭素先行地域の選定及び実現
  - □地域限定型の無人自動運転移動サービスの実現　など

データ1：都道府県別の労働生産性

データ2：高齢者におけるデジタル活用の現状

キーワードと参考資料
- ○キーワード
- ○参考Webサイト

◇ *Keywords*
スライド デザイン, スライドのレイアウト, コンテンツの種類,
テキスト スライド, リストのレベル, 表スライド, 表の編集,
スライド マスターの編集, ヘッダーとフッター

基本課題

PowerPoint には, たくさんのデザイン見本やレイアウト見本が用意されています. これらを組み合わせるだけでも十分に視覚効果の高いスライドを作ることができることを学びながら, 基本的なスライドの編集方法を習得しましょう.

基本課題の完成イメージ

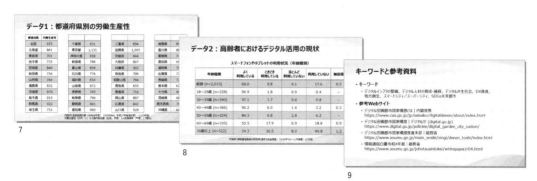

4.2.1 スライド デザインの設定

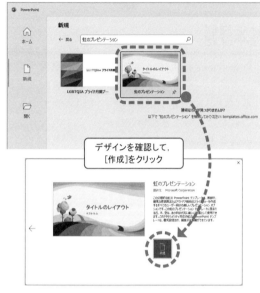

Backstageビューにおいて,
キーワード"虹のプレゼンテーション"で検索を実行

デザインを確認して,
[作成]をクリック

【新しいプレゼンテーションの作成】

　一般に, PowerPoint を起動した直後には, 新しい
プレゼンテーションを作成するための Backstage
ビュー画面が現れます.

　ここでは, [検索ボックス] にキーワード"虹のプ
レゼンテーション"を入力して検索を行い, 検索結
果一覧の中から該当するテンプレートを選択しま
す.

【スライド デザインの設定】

　まず注意すべき点は, 多くのテンプレートにお
いて, スライドのサイズが"ワイド画面(16:9)"に
なっていることです.

　これまで一般的だった"標準(4:3)"というサイ
ズに変更する必要がある場合は, リボンの[デザイ
ン]タブにある[スライドのサイズ]ボタンをクリッ
クして, "標準(4:3)"～"サイズに合わせて調整"
を選択します.

　続いて, [バリエーション]ボタンをクリックし
て, 自分好みの配色に変更します. あとは, テンプ
レートが用意している不要なスライドを削除し, 新
たなコンテンツを追加していきます.

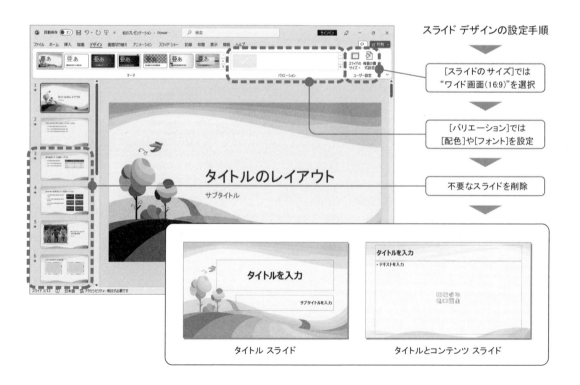

スライド デザインの設定手順

[スライドのサイズ]では
"ワイド画面(16:9)"を選択

[バリエーション]では
[配色]や[フォント]を設定

不要なスライドを削除

タイトル スライド　　　　　タイトルとコンテンツ スライド

[新しいスライド]ボタンで選択できるレイアウトの一覧

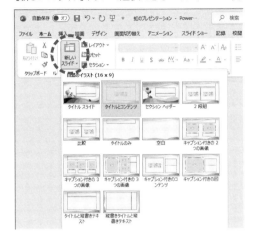

【新しいスライドの挿入】

リボンの[ホーム]タブにある[新しいスライド]ボタンをクリックすると，レイアウト一覧の中から必要なレイアウトのスライドを選択して挿入することができます．通常は，ここで「タイトルとコンテンツ」スライドを選択します．

あるいは，アウトライン ペインの中で適当な位置を選択してから [Enter]キーを押せば，自動的に「タイトルとコンテンツ」スライドが選ばれて，その位置に追加されます．

コンテンツの種類

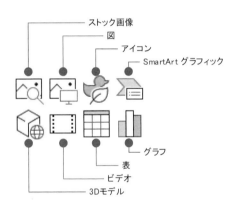

【コンテンツの種類】

スライドに配置することができる要素には，本文テキストのほか，表／グラフ／画像／ビデオなどのコンテンツがあります．

コンテンツ用のプレース ホルダに文字列を入力すれば，そのままテキスト スライドとして利用することができます．

また，中央部にあるアイコンには左図のように8種類のコンテンツが割り当てられています．いずれかのアイコンをクリックすれば，それに応じたダイアログ ボックスまたは作業ウィンドウが現れ，簡単な操作でそれぞれのコンテンツを追加できるようになっています（詳細は§4.3.1を参照）．

文字列を入力した タイトル スライド

【タイトル スライドの作成】

1枚目にあるタイトル スライドには，プレゼンテーションのタイトル（テーマ）を入力するためのプレース ホルダと，学校名（会社名）や発表者氏名などのサブ タイトルを入力するためのプレースホルダが配置されています．

入力した文字列に対しては，必要に応じてフォントのサイズや色の変更を行うことができます．

あるいは，プレース ホルダを直接ドラッグして場所を移動したり，サイズ変更ハンドルをドラッグして領域の大きさを変えることもできます．

基本的なテキスト スライドの構造

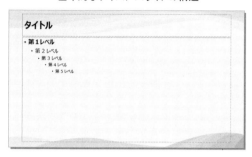

4.2.2 テキスト スライドの編集

【テキスト スライドの作成】

　通常，新しいスライドを挿入すると，自動的に「タイトルとコンテンツ」のレイアウトが割り当てられます．ここで，コンテンツ用のプレース ホルダに文字列を入力すれば，そのままテキスト スライドとなります．

　テキスト スライドには，スライドのタイトル（見出し）を入力するためのプレース ホルダと，テキスト（本文）を入力するためのプレース ホルダが配置されています．

リストのレベルや表示形式を編集するためのコマンド群

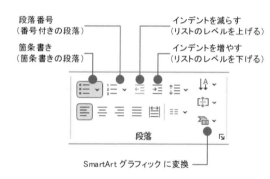

【リストのレベル】

　テキスト部分には5段階のリスト レベル（段落の階層）を設定することができます．この概念は，アウトライン編集を行ったり，スライド ショーを実行する際に，重要な意味を持ちます．

　通常入力するテキストは，最も上位の第1レベルに設定されています．テキストを入力した後，[ホーム]タブの[段落]グループにある[インデントを増やす]ボタンを押せばリスト レベルが下がり，[インデントを減らす]ボタンを押せばリスト レベルが上がります．

　なお，同じ[段落]グループにある[箇条書き]ボタンや[段落番号]ボタンを使えば，段落の行頭文字を変更することができます．

スライド ペイン の段落を選択して[インデントを増やす]

アウトライン ペイン の段落を選択して[インデントを増やす]

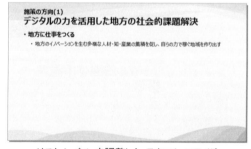

リスト レベル を調整した テキスト スライド

4.2.3 表スライドの編集

【表スライドの作成】

　通常の段落形式のテキストではなく，表形式のテキストでスライドを作成する場合も，まず「タイトルとコンテンツ」スライドを挿入するところから始めます．

　次に，プレース ホルダの中央部にある8つのアイコンの中から，[表の挿入]を選んでクリックします．[表の挿入]ダイアログ ボックスで列数と行数を指定すれば，等間隔に仕切られた表が自動生成されます．

　なお，リボンの[挿入]タブにある[表]ボタンをクリックして作表する方法もあります．

【表の編集】

　新たに挿入された表に対しては，Word の作表（§2.4）と同じ要領で文字の入力作業を進めていきます．文字の入力を終えたら，フォントの書式設定，列幅や行高さの変更，表サイズの変更や場所の移動などの調整を行います．

　表の編集作業中には，リボン上に表ツールとして[テーブル デザイン]タブと[レイアウト]タブが現れます．罫線やセルの塗りつぶし，文字の配置，行・列の挿入と削除など，編集に必要なすべての機能はこれらのタブ上に配置されています．

　[テーブル デザイン]タブにある[表のスタイル]ボタンをクリックすると，さまざまなテーマに基づいたスタイルが一覧表示されます．目的に合ったスタイルのアイコンをクリックすれば，表全体の書式をまとめて変更することができます．

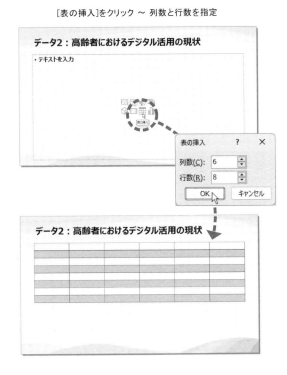

［表の挿入］をクリック ～ 列数と行数を指定

表の各セルに文字列を入力

フォント サイズ, 列幅, 行の高さなどを調整

スライド マスターの一覧表示

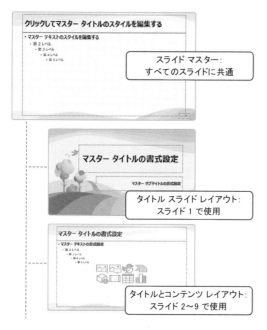

4.2.4 スライド マスターの編集

【スライド マスターの種類と役割】

　リボンの[表示]タブにある[スライド マスター]ボタンをクリックすると, 画面はマスター表示モードに切り替わります.

　元の標準表示モードに戻るには, 新たに現れた[スライド マスター]タブにある[マスター表示を閉じる]ボタンをクリックします.

　「マスター」とはデザイン テンプレートに関する基本情報が格納されるところで, スライド上に配置されているプレース ホルダのサイズや位置, タイトルやテキストのフォントや段落の書式設定, 背景のデザインや配色などの設定を保存します.

　最も基本となるのは最上位にある「スライド マスター」で, これを編集すれば, その変更内容はプレゼンテーション内のすべてのスライドに反映されます. 「スライド マスター」の下には, 「タイトル スライド レイアウト」「タイトルとコンテンツ レイアウト」「セクション見出しレイアウト」など, さまざまなレイアウトのマスターが用意されています.

スライド マスターの編集

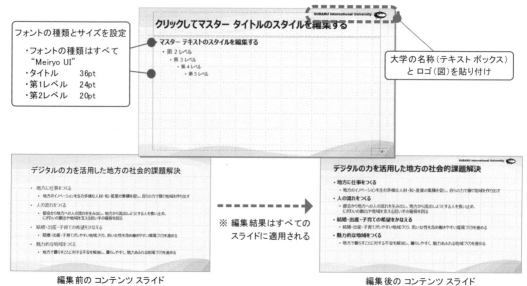

【スライド マスターの編集】

　マスター表示モードに切り替えたら,まず最上位にある「スライド マスター」の編集を行います.

　ここで配色や文字サイズなどを変更すると,その変更内容は,下位にある同様のレイアウトを持つすべてのマスターにも反映されます.

　試しに,スライド マスターの右上隅に大学のロゴ(§2.7で制作)と名称(テキスト ボックスを利用)を貼り付けてみましょう.このような編集内容は,タイトル スライドやセクション見出しなど一部のレイアウトに反映されないことがあるので,注意してください.

【タイトル スライド レイアウトの編集】

　次に「タイトル スライド レイアウト」のマスター編集を行います.ここでは,プレース ホルダの位置とフォントのサイズを変更してみましょう.

　ここで行った作業は,タイトル スライドに対してのみ有効です.例えば,タイトル スライド レイアウト(マスター)の背景色を変更しても,他のコンテンツ スライドには反映されません.

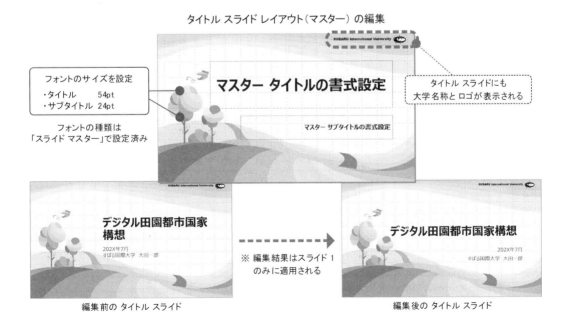

タイトル スライド レイアウト(マスター)の編集

フォントのサイズを設定
・タイトル　　　54pt
・サブタイトル 24pt

フォントの種類は
「スライド マスター」で設定済み

タイトル スライドにも
大学名称とロゴが表示される

編集前の タイトル スライド

※ 編集結果はスライド 1
のみに適用される

編集後の タイトル スライド

4.3 いろいろな コンテンツ

◇このセクションのねらい

PowerPoint のスライドに，SmartArt グラフィックやグラフなどのオブジェクトを挿入・編集して，プレゼンテーション用資料の表現力を高めるビジュアル化の方法を学びましょう.

◆データ入力

本節では，§4.2 で作成したプレゼンテーション『デジタル田園都市国家構想』という 9 枚のスライドをもとにして作業を行います.

前節で保存したファイル "chapt42.pptx" を読み込むところから始めましょう.

テキスト表現 と 図形表現

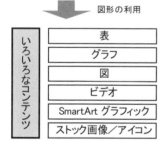

基本課題

前節で作成したスライドは，単純なテキストと表組みのテキストで構成しました. しかし，これではせっかくのプレゼンテーション用資料も，表現力に限界があります. そこで，ここではさまざまなコンテンツを使って資料のビジュアル化を行います.

左図を見てもわかるように，単純なテキストよりも図形を用いたほうが見た目に美しく，情報量と表現力も増します. そして，次のような効果を期待することができます.

> ➢ 聞き手に強い印象を与える
> ➢ 聞き手の理解を助ける
> ➢ 聞き手のイメージ形成を助ける

◆SmartArt グラフィック

PowerPoint のスライドには，自分が用意した画像の他にも，ストック画像やビデオなどのコンテンツを挿入することができますが，Office 2007 以降は「SmartArt グラフィック」というオブジェクトが導入されました.

これは単なる図形ではなく，凝ったデザインの図形パターンとテキスト編集機能を併せ持つもので，簡単な操作で視覚効果の高い図表を作成することができるようになりました.

SmartArt グラフィックは Word や Excel でも使えますが，PowerPoint で使ったときに最大の効果を発揮するといえるでしょう.

◇ *Keywords*
コンテンツの種類, グラフの挿入, サンプル グラフ,
SmartArt グラフィック,（SmartArt の）テキスト ウィンドウ,
入力済みのテキスト段落を SmartArt に変換, 3-D スタイル

基本課題の完成イメージ

※点線で囲んだスライド（6枚）は§4.2のまま

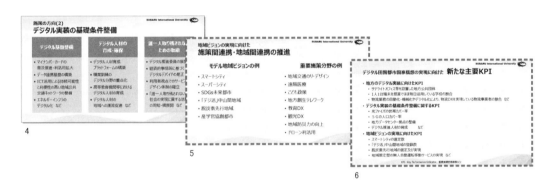

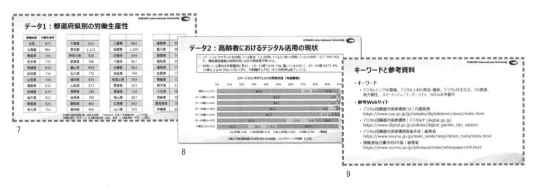

4.3.1 いろいろなコンテンツの挿入

§4.2で作成したプレゼンテーションは，テキストと表だけで構成したものでした．

しかし，「タイトルとコンテンツ」スライドでは，テキストと表のほかにも，さまざまなコンテンツを利用することができます．

【コンテンツの種類】

新しいスライドとして「タイトルとコンテンツ」を挿入すると，左のような画面が現れます．

ここでコンテンツ用のプレース ホルダに文字列を入力すれば，そのままテキスト スライドとして利用することができます．

また，プレース ホルダの中央に表示されるボタンには，ストック画像／図／アイコン／SmartArtグラフィック／3Dモデル／ビデオ／表／グラフという8種類のコンテンツが割り当てられており，簡単な操作でそれぞれのコンテンツを追加できるようになっています．

[タイトルとコンテンツ]スライド の初期状態

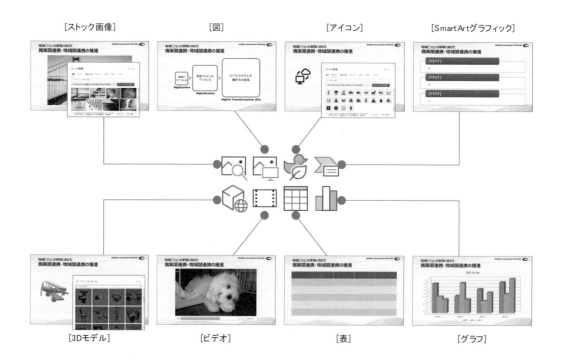

4.3.2 グラフの挿入

7枚目のスライド『データ1：都道府県別の労働生産性』と8枚目のスライド『データ2：高齢者におけるデジタル活用の現状』のように，多くの数値データを示す場合には，グラフ表現が有効です．

ここでは，8枚目のスライドをグラフ化する手順を見ていきます．作業に入る前に，すでに作成してある「表組み」部分は削除しておきます．

【サンプル グラフとサンプル データ】

スライド内の「表組み」を削除すると，プレースホルダの中央に8種類のアイコンが現れます．

ここで[グラフの挿入]をクリックしてダイアログ ボックスを呼び出し，グラフの種類一覧の中から"100%積み上げ横棒"を選択します．そうすると，スライド上にサンプル グラフが表示されるとともに，データ編集用のワークシートが現れます．

【データとグラフの変更】

最初に表示されるデータとグラフは，仮のものです．不要なデータを削除し，『スマートフォンやタブレットの利用状況』に関する項目名と数値データを入力してからデータ範囲の大きさを変更すれば，グラフは自動的に修正されます．データの編集を終えたら，ワークシートは閉じておきましょう．

あとは必要に応じて，データ系列の書式設定や軸の書式設定，凡例のレイアウトなど，各種オプションを調整して仕上げていきます．

■8枚目のスライドを編集

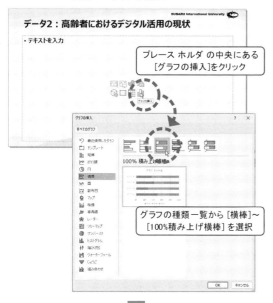

プレース ホルダ の中央にある
[グラフの挿入]をクリック

グラフの種類一覧から [横棒]～
[100%積み上げ横棒] を選択

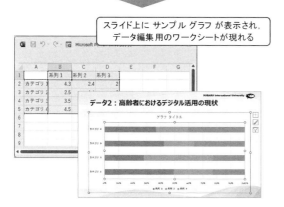

スライド上に サンプル グラフ が表示され，
データ編集用のワークシートが現れる

ワークシートのデータを編集し，
データ系列の範囲を変更

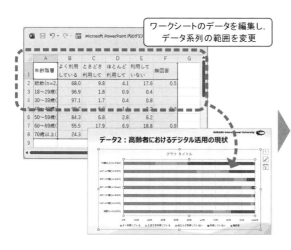

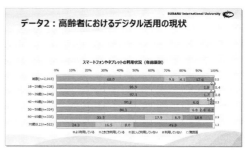

グラフ ツール を使って，データ系列の書式設定，
軸の書式設定，凡例のレイアウト などを調整

4.3.3 SmartArt グラフィックの活用

【PowerPoint の表とは】

　基本的に，[表の挿入]機能によって作成した表は，全体で１つのオブジェクトです．次節で紹介する「アニメーション機能」を用いる場合，動作の単位は表全体であり，セル単位で制御することはできません．

　ここでは，表組みを超えるものとして導入された「SmartArt グラフィック」（以下，SmartArt）の使い方を紹介します．

【SmartArt の挿入】

　では，４枚目のスライド『施策の方向(2) デジタル実装の基礎条件整備』にあるテキストを，SmartArt で作り直してみましょう．

　スライド内の「本文テキスト」部分を削除すると，プレース ホルダの中央に８種類のアイコンが現れます．

　ここで[SmartArt グラフィックの挿入]をクリックしてダイアログ ボックスを呼び出し，一覧の中から"横方向箇条書きリスト"を選択します．そうすると，スライド上には SmartArt のサンプル グラフィックが表示されます．

　SmartArt の **[テキスト]** と表示された部分には直接，テキストを入力することができます．あるいは，SmartArt の左端にある **〈** ボタンをクリックしてテキスト ウィンドウを呼び出し，その中でテキストを入力することも可能です．

■4枚目のスライドを編集

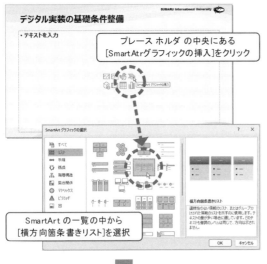

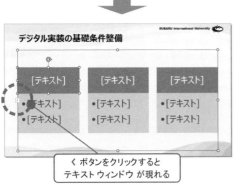

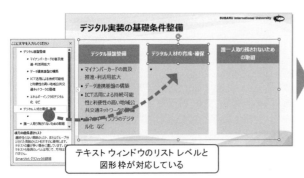

テキストの入力を終えた直後のスライド

フォントの種類やサイズなどを調整

【テキスト ウィンドウによる編集】

　テキスト ウィンドウを利用すると，簡単にテキスト編集ができるだけでなく，縦方向／横方向の図形枠の数を増やしたり，逆に減らしたりすることができます．

　図形枠の数が不足している場合には，第1レベルのテキストを追加することで，新たな図形枠が右方向に追加されていきます．

　このように，SmartArt の図形構成は，テキスト ウィンドウに表示されるリスト レベル（段落の階層）と密接な関係があります．

■3枚目のスライドを編集

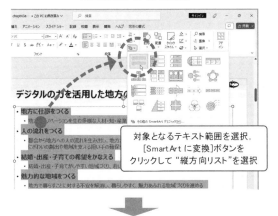

対象となるテキスト範囲を選択，[SmartArt に変換]ボタンをクリックして "縦方向リスト" を選択

【入力済みのテキスト段落を SmartArt に変換】

　3枚目のスライド『施策の方向(1) デジタルの力を活用した地方の社会的課題解決』にある，入力済みのテキスト（4つの段落で構成）を，SmartArt の箇条書きリストに変換してみましょう．

　対象となるプレース ホルダを選択し，[ホーム]タブの[段落]グループにある[SmartArt に変換]をクリックします．デザイン一覧の中から "縦方向リスト" を選択すれば，操作は完了です．

　あとは必要に応じて，SmartArt 全体のスタイル，フォントの種類やサイズ，色合いなどを調整しながら仕上げを行ってください．

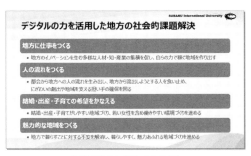

変換を終えた直後のスライド

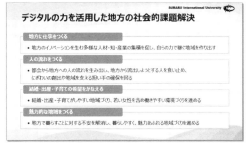

フォントの種類やサイズ，色などを調整

発展課題

基本課題では3枚のスライドを，SmartArtとグラフを用いてビジュアル化してきました．

発展課題では，残り6枚のスライドのうち「表紙」と「参考資料」を除く4枚のスライドを，同様の方法でビジュアル化していきましょう．

右ページに示した見本では，それぞれ次のようなデザインを使っていますが，さらに効果的な表現となるよう，スタイルや配色などを工夫してみてください．

> ➢ 2枚目：複数の図形を組み合わせ
> ➢ 5枚目：SmartArt - 積み木型の階層
> ➢ 6枚目：複数の図形を組み合わせ
> ➢ 7枚目：グラフ - 集合縦棒グラフ

◆SmartArt グラフィックの 3-D スタイル

SmartArtには多くの種類があるだけでなく，様々なスタイルも用意されています．

例えば，4枚目のスライドでは"横方向箇条書きリスト"を選択しましたが，[SmartArtのデザイン]タブにある[SmartArtのスタイル]というオプションを呼び出せば，下のような3-D（立体）効果を適用できるようになります．

SmartArtグラフィックの "3-D" スタイル

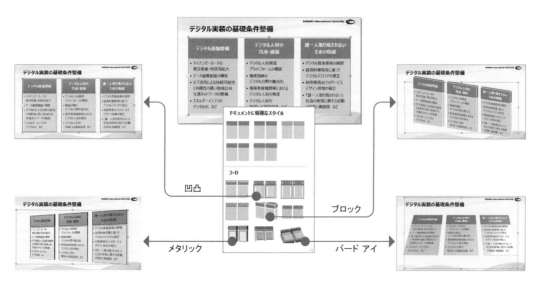

■2枚目のスライドを 図形 を組み合わせて表現

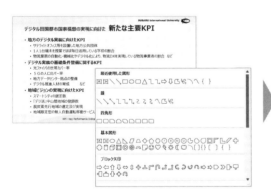

■5枚目のスライドを SmartArtグラフィック に変換
　さらに3-Dスタイルの"サンセット"を適用

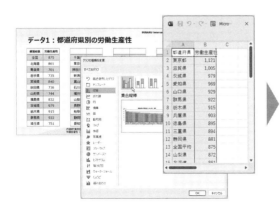

■6枚目のスライドを 図形 を組み合わせて表現

■7枚目のスライドを"集合縦棒グラフ"で表現

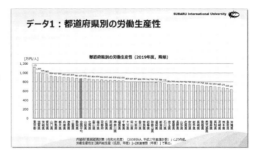

4.4 スライド ショーと アニメーション

◇このセクションのねらい

PowerPoint 実習の仕上げとして，制作したスライドを使って，プレゼンテーションを実施してみましょう．視覚効果を高めるアニメーション効果についても学習します．

◆プレゼンテーションの進め方

PowerPoint を使ったプレゼンテーションは，パソコン画面でスライド ショーを実行しながら，話し手はスライドと口頭説明を連動させて進行するというスタイルが一般的です．

このとき，PowerPoint がサポートしてくれるのは「メッセージの内容」を提示する部分だけであるということを忘れてはいけません．

実際のプレゼンテーションでは，会場環境や機器状態などの「環境・設備」だけでなく，話し方や態度などの「表現技術」が大きな部分を占めます．スライドが完成したからプレゼンテーションの準備は万全，というわけではありません．

表現技術	メッセージの内容 （Content）	声質や話し方 （Tone）	表情や態度 （Face）
	話す内容 配布資料 スライド その他の提示物	声のトーン 声の大きさ 話すスピード 話の間（メリハリ）	表情 アイコンタクト 身振り・態度 姿勢・服装

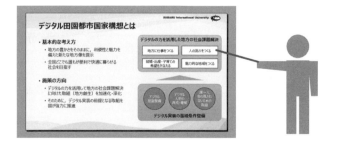

環境・設備	会場の広さ 座席のレイアウト 話し手の位置 聞き手との距離	会場の明るさ スクリーンの明るさ 会場の音響 室温の調整	スクリーンとプロジェクタ パソコンとソフトウェア コンテンツのデータ 機器の接続と操作
	空間 （Space）	環境 （Environment）	機器 （Equipment）

◇ *Keywords*

プレゼンテーションの進め方, スライド ショーの実行,
画面切り替え効果, アニメーション効果,
ペン／蛍光ペンによる書き込み, ハイパーリンク

基本課題:スライド ショーの実行

　複数のスライドを,紙芝居のように1枚ずつ表示することを「スライド ショー」といいます.

　そして,各スライドの図やテキストの表示に動きを付けたり,スライドの切り替えに変化を付けるなどのアニメーションを設定すれば,視覚効果を高めることができます. 設定と再生を交互に行いながら, アニメーションの効果を確認しましょう.

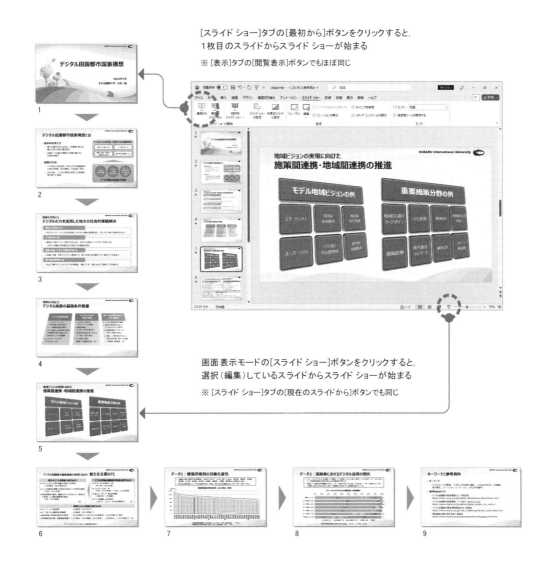

[スライド ショー]タブの[最初から]ボタンをクリックすると,
1枚目のスライドからスライド ショーが始まる

※ [表示]タブの[閲覧表示]ボタンでもほぼ同じ

画面 表示モードの[スライド ショー]ボタンをクリックすると,
選択（編集）しているスライドからスライド ショーが始まる

※ [スライド ショー]タブの[現在のスライドから]ボタンでも同じ

4.4.1 スライド ショーと画面切り替え効果

【スライド ショーの操作方法】

　スライド ショーを開始してから，次のスライド
に進むときは，キーボードの矢印キー[↓]か[→]を
押します．逆に，1つ前のスライドに戻すときは矢
印キー[↑]か[←]を押します．

　マウス操作の場合は，左クリックで次のスライ
ドに進みますが，右クリックするとショートカット
メニューが現れます．あるいは，画面左下に現れる
ボタンを使えば，マウスの左ボタンだけですべての
操作を行うことができます．

ポインター ツール
すべてのスライドを表示
スライドを拡大
その他のオプション
次へ
前へ

スライド ショー実行時，画面左下に現れる
マウス操作用のボタン

【画面切り替え効果の設定】

　あるスライドから次のスライドに切り替える際
に，アニメーション機能を使った画面切り替え効果
を設定することができます．

　対象となるスライド（複数も可）を選択して，リ
ボンの[画面切り替え]タブに表示される特殊効果
一覧の中から適当なものを選択すれば，すぐに動作
確認が行われ，設定は完了します．必要に応じて，
切り替えのタイミングや速さ，サウンド（効果音）
などを設定することもできます．

　また，[すべてに適用]をクリックすれば，すべて
のスライドに対して，同一の画面切り替え効果を設
定することができます．

画面切り替え効果の
設定手順

対象となるスライド
（複数も可）を選択

特殊効果一覧の中から
[プッシュ]を選択

切り替えのタイミングや
速さ，サウンドなどの
オプションを設定

【いろいろな画面切り替え効果】

　画面切り替え効果には数多くの種類があり，同じ効果でも移動する方向や動作速度を変えることで，聞き手に対してまったく違った印象を与えることができます．

　ただし，いろいろな効果を混在させると，かえって聞き手の集中力を損なうこともあります．基本的には同じ効果で統一し，特に強調したいスライドに限って，異なる効果を設定すると良いでしょう．

プッシュ（下から）

新しいスライドが画面の下方から，移動しながら現れます．
　上／下／左／右の動きを選択できます．

ワイプ（左から）

前のスライドを左から拭きとるように消しながら，新しいスライドを表示します．
　上／下／左／右のほか，斜め方向の動きを選択できます．

図形（イン）

前のスライドを外側から覆うように消しながら，新しいスライドを表示します．
　イン／アウトの方向のほか，図の形を選択できます．

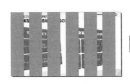  

ブラインド（縦）

窓のブラインドのように，羽根状の覆い板が徐々に開きながら新しいスライドが現れます．　ほかに横方向のブラインドもあります．

時計（時計回り）

扇を時計回りに広げるように，新しいスライドを表示します．
　ほかに，反時計回り／くさび形を選択できます．

4.4.2 アニメーションの設定

【テキスト表示のアニメーション設定】

テキストに対してアニメーションを設定する最も基本的な方法は，スライド マスターに表示される「マスター テキスト」に対してアニメーションの設定を行うことです．このようにして設定した効果は，そのまますべてのスライドの，すべてのテキストに対して適用されます．

具体的には，まずリボンの[表示]タブにある[スライド マスター]ボタンをクリックして，最も上にある「（テーマ）スライド マスター」を選択しておきます．次に，[アニメーション]タブの[アニメーション ウィンドウ]ボタンをクリックすると，画面右側に作業ウィンドウが現れます．

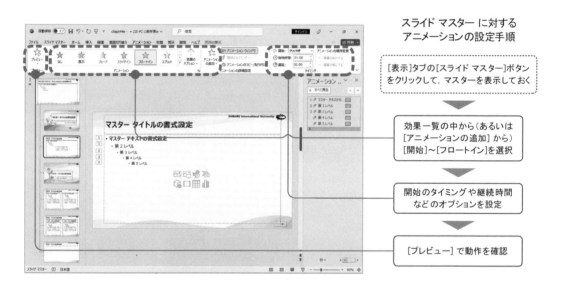

**スライド マスター に対する
アニメーションの設定手順**

[表示]タブの[スライド マスター]ボタンをクリックして，マスターを表示しておく

効果一覧の中から（あるいは[アニメーションの追加]から）[開始]～[フロートイン]を選択

開始のタイミングや継続時間などのオプションを設定

[プレビュー]で動作を確認

テキスト アニメーション の設定画面

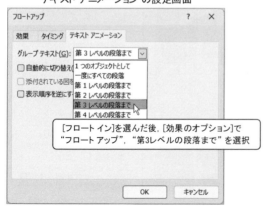

[フロート イン]を選んだ後，[効果のオプション]で"フロート アップ"，"第3レベルの段落まで"を選択

【段落のアニメーション設定】

テキストの段落には「レベル」という概念があります．そして，段落にアニメーションを設定する際には，どのレベルまでをグループ化するか（一緒に動かすか）が重要になります．

作業ウィンドウにおいて，設定したアニメーション効果の右端にあるドロップダウン矢印 ▼ をクリックして，[効果のオプション]を選択します．

左図のように[第3レベルの段落まで]を選択すると，第1レベルと第2レベルの段落は独立して動作し，第3レベルから第5レベルの段落は1つのグループとして一緒に動作することになります．

【いろいろなアニメーション効果】

　リボンの[アニメーション]タブには，多くのアニメーション効果が表示されていますが，一覧の下方にある[その他の開始効果]を選択すれば，さらに多くの効果を見つけることができます．

　また，各効果には動作の方向とスピード，開始のタイミングやサウンドなどのオプションが用意されています．[プレビュー]または[再生]ボタンで動作を確認しながら，設定を行いましょう．

　下に示したのはSmartArtに関する"開始"アニメーションの動作例ですが，テキストや画像など，他のオブジェクトでも同じような動作を設定できます．

　また，アニメーションの設定には，ここで紹介した"開始"のほかに，"強調"や"終了"などもあるので，効果的に使い分けてください．

フェード

オブジェクトの透明度を変化させながら，徐々にはっきりと表示していきます．
　一括のほか，レベルごとに表示させる方法もあります．

スライドイン（下から）

オブジェクトが画面の下から垂直移動しながら現れます．
　上／下／左／右のほか，斜め方向の動きも選択できます．

ワイプ（上から）

オブジェクトを上方から徐々に表示していきます．オブジェクトの大きさと位置は変化しません．
　上／下／左／右の方向を選択できます．

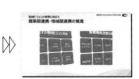

図形（アウト〜ボックス）

オブジェクトを内側から徐々に表示していきます．オブジェクトの大きさと位置は変化しません．
　イン／アウトの方向のほか，図の形を選択できます．

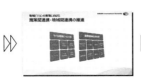

ズーム

オブジェクトを中心から外側に向けて，徐々に拡大しながら表示していきます．
　一括のほか，レベルごとに表示させる方法もあります．

SmartArt のアニメーション設定画面

【SmartArt のアニメーション設定】

　SmartArt は,そのままでは1つのオブジェクトとして動作しますが,グループ グラフィック機能を使えば,個別あるいはレベル別に,1つずつの要素を順に表示させることができます.

　まず[アニメーションの設定]作業ウィンドウで,SmartArt 全体に対してアニメーションを設定します.そして右端のドロップダウン矢印▼をクリックし,[効果のオプション]を呼び出します.ここで[レベル別(個別)]を選択すると,スライド ショー実行時には,下図のような順で SmartArt が表示されていきます.

グラフのアニメーション設定画面

【グラフのアニメーション設定】

　PowerPoint で作成したグラフは,そのままでは1つのオブジェクトとして動作しますが,グループ グラフ機能を使えば,系列別あるいは項目別に,1つずつの要素を順に表示させることができます.

　まず[アニメーションの設定]作業ウィンドウで,グラフ全体に対してアニメーションを設定します.そして右端のドロップダウン矢印▼をクリックし,[効果のオプション]を呼び出します.ここで[系列別]を選択すると,スライド ショー実行時には,下図のような順でグラフが表示されていきます.

 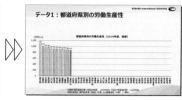 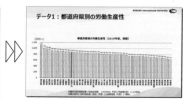

4.4.3 ペン機能とハイパーリンク

【ペンによる書き込み】

　スライド ショーを実行しながら，ペン機能を使ってスライドに書き込みを行うことができます．

　スライド ショーの実行中にマウス ポインタを少しだけ動かすと，画面左下に6つのボタンが現れます．ここで"ペン"または"蛍光ペン"を選択すると，マウス ポインタがペン先の形に変わり，この状態でマウスの左ボタンを押しながらドラッグすれば，その軌跡がスライド上に書き込まれます．

　なお，この書き込みは一時的なものなので，スライドを切り替えると画面から消えます．

　ペンの色を変更する場合は[インクの色]を，ペンの軌跡を消去する場合は[消しゴム]を選択してください．

【ハイパーリンクの利用】

　スライド上のテキストや図形などのオブジェクトにハイパーリンクを設定しておけば，スライド ショーの実行中に，リンク先のファイルや Web ページを呼び出すことができます．

　ハイパーリンクを設定するには，リンクを設定したいテキストまたはオブジェクトを選択してから，リボンの[挿入]タブにある[ハイパーリンクの追加]ボタンをクリックします．

　文字列や図形にリンクを設定するときは，[ハイパーリンクの挿入]（または編集）というダイアログ ボックスが現れます．オートシェイプの[動作設定ボタン]にリンクを設定することもできますが，この場合は[オブジェクトの動作設定]というダイアログ ボックスが現れます．

ペンの種類と色を選択して，スライドに書き込み

　ハイパーリンクのリンク先としては，Webページのほかにも，写真や動画などのメディア ファイル，他のプレゼンテーション ファイル，同じプレゼンテーションの別のスライド（ページ）などを指定することができます．

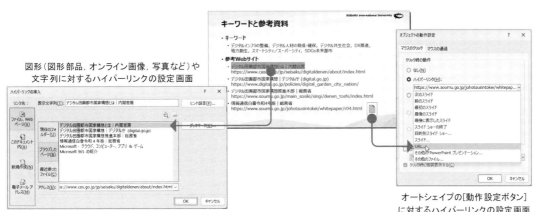

図形（図形部品，オンライン画像，写真など）や文字列に対するハイパーリンクの設定画面

オートシェイプの[動作設定ボタン]に対するハイパーリンクの設定画面

第5章 Web との連携

5.1　Webページのしくみ

◇このセクションのねらい

Web ページの基本構造と，それを記述するための HTML（Hyper Text Markup Language）について学習します．それをもとに，簡単な Web ページも作ってみましょう．

基本課題　　　　📁page1.html

Web ページを制作するためには，HTML を理解した上で「タグ」を駆使しながら，エディタで文字列を編集するというのが基本です．

もちろん，専用の HTML エディタを使えば，豊富なデザイン機能を駆使して，視覚的にきわめて優れた Web ページを比較的簡単に作ることができるでしょう．

それでも，基本的な仕組みを知っていれば，簡単な修正やちょっと気の利いた仕上げなどができるようになります．本節では，Windows に内蔵されている「メモ帳」だけを使って，簡単な Web ページを作ってみましょう．

ところで，ここまで学んできた Word / Excel で作成したデータ ファイルなら，簡単に Web ページ形式に変換して，インターネット上で公開することができます．そのような方法については，次節で説明します．

HTMLとは？

HTMLとは Hyper Text Markup Language の略です．マークアップ（Markup）というのは，テキストに文章の構造を表す目印をつけることで，これをインターネットのWWW（Webサービス）で使われるハイパーテキストに応用した言語が，HTMLです．

【基本課題１】

まず，Web ページの基本構造と，それを記述するための HTML について理解します．どのようなプログラミング言語の学習にも共通することですが，画面上に簡単な文字列，例えば

　　　　Hello World!

を表示することが基本中の基本です．

あとは，文字の大きさや色を変えたり，レイアウトを変更するなど，書式設定を中心として Web ページ "page1.html" を編集します．

HTMLファイルの拡張子

WebページはHTMLファイルをブラウザで表示したものです．HTMLファイルの拡張子は，一般に ".htm" または ".html" のどちらかが使用されますが，特に区別はありません．

しかしながら，一般的には ".html" が広く普及していることから，本書では ".html" をHTMLファイルの拡張子とします．

【基本課題２】

データの一覧表示だけでなく，レイアウト機能としても有効な「表組み」について学びながら，Web ページ "page2.html" を作成します．

そして，基本課題１で作成した "page1.html" との間で，双方向にリンクを張ってみましょう．

◇ *Keywords*

Webページ，HTML（Hyper Text Markup Language），タグ，
ヘッダー部<HEAD>，タイトル部<TITLE>，本体部<BODY>，
書式設定，画像の貼り付け，表組み，リンク，ページ背景

以下では，Windows 11で推奨されているWebブラウザ Edge を用いてWebページを表示しています．

基本課題1の完成イメージ

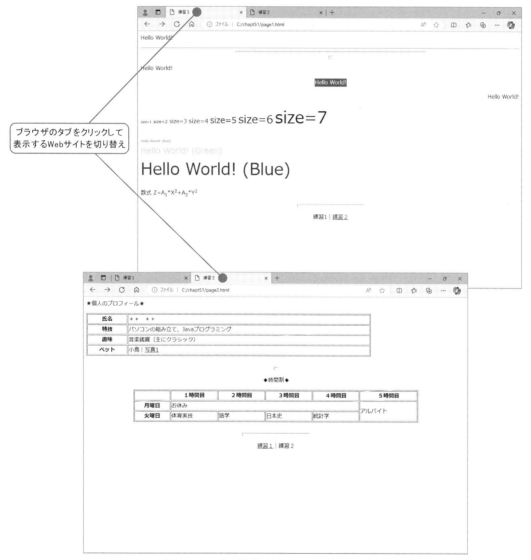

ブラウザのタブをクリックして表示するWebサイトを切り替え

基本課題2の完成イメージ

5.1.1 Web ページと HTML

【Web ページの基本構造】

Web ページの実態は，HTML（Hyper Text Markup Language）という形式で記述されるテキスト ファイルです．HTML の目印はすべて，「タグ」と呼ばれる特殊な記号で表されるので，Web ページはタグと文字列の集合体であるといえます．

最も単純な Web ページの例として，画面に1行だけ"Hello World!"と表示する HTML を紹介しておきましょう．この中には，Web ページに最低限必要とされるタグがすべて含まれています．

> HTML ファイルであることの宣言
> ヘッダー部分の宣言
> ヘッダー部分の内側でタイトルを宣言
> ボディ（本体）部分の宣言

最も基本的な HTML

```
<HTML>

<HEAD>
    <TITLE>New Page</TITLE>
</HEAD>

<BODY>
    <P>Hello World!</P>
</BODY>

</HTML>
```

メモ帳（あるいは他のエディタ）を起動して，左のようなテキストを入力し，"page1.html"というファイル名で保存すれば Web ページの完成です．これを Edge などのブラウザでを開いて，正しく表示されることを確認しましょう．

【タグの書き方】

タグには非常に多くの種類がありますが，その基本的なルールは次のとおりです．

> タグは半角（1バイト）の英数記号で書く
> タグは2個1組（始めと終わり）で使い，その間に内容を記述する
> タグは「入れ子」状に複数設定できる

なお，例外的に単独で使うタグもあります．

<IMG SRC="filename">	画像を挿入する
<HR WIDTH="80%">	水平線を引く
 	改行する

いろいろな水平線

```
<HR>
<HR WIDTH="50%" SIZE="5">
<HR WIDTH="10" SIZE="10">
```

【段落の表示位置】

段落を設定するのが<P>タグです．オプションを設定することによって，段落の位置を「左」，「中央」，「右」のいずれかに揃えることができます（省略時は左揃えになります）．

左揃え	<P ALIGN="left"> ～ </P>
中央揃え	<P ALIGN="center"> ～ </P>
右揃え	<P ALIGN="right"> ～ </P>

段落の表示位置

```
<P>Hello World!</P>
<P ALIGN="center">Hello World!</P>
<P ALIGN="right">Hello World!</P>
```

5.1.2 文字の書式設定

【文字のサイズと色】

Webページに表示するすべての文字は，フォントの種類・サイズ・色などを，かなり自由に設定できます．文字フォントのサイズを変更するだけなら，いろいろな方法がありますが，ここでは最も応用範囲の広い<FONT>タグを紹介します．

<FONT SIZE ="n"> 〜 </FONT>

このタグを使うと，文字フォントの大きさが1〜7の7段階で指定できます．また，"-1"や"+1"のように，標準のフォントサイズに対する相対サイズでの指定もできます．

<FONT>タグに COLOR="#RRGGBB"というオプションをつけることによって，フォントの色を指定することもできます．

<FONT COLOR="#RRGGBB"> 〜 </FONT>

色指定は6桁の16進数で行いますが，これについては次項の説明を参照してください．

見出しとしての文字サイズを指定するには<Hn>タグを使います．nには1〜6の数字を指定し，nが小さいほど見出しのレベルが上位になり，文字サイズは大きくなります

<H2> 〜 </H>

【上付き文字と下付き文字】

数式などに用いる「上付き文字」と「下付き文字」は，次のように指定します．

上付き文字　　<SUP> 〜 </SUP>
下付き文字　　<SUB> 〜 </SUB>

【Webページで使われる特殊文字】

タグの表記に使われる記号（", &, <, > 等）や，キーボードでは入力できない特殊記号（®,©等）を，文字として表示させたいときは，ネーム エンティティと呼ばれる書式を使います．

<FONT>タグによる文字サイズの変更

```
<P>
<FONT SIZE="1">size=1</FONT>
<FONT SIZE="2">size=2</FONT>
<FONT SIZE="3">size=3</FONT>
<FONT SIZE="4">size=4</FONT>
<FONT SIZE="5">size=5</FONT>
<FONT SIZE="6">size=6</FONT>
<FONT SIZE="7">size=7</FONT>
</P>
```

文字のサイズと色の変更

```
<P>
<FONT COLOR="#FF0000" SIZE="-2">
    Hello World! (Red)</FONT><BR>
<FONT COLOR="#00FF00" SIZE="+2">
    Hello World! (Green)</FONT><BR>
<FONT COLOR="#0000FF" SIZE="+4">
    Hello World! (Blue)</FONT>
</P>
```

上付き文字と下付き文字

```
<P>数式 Z=
    A<SUB>1</SUB>*X<SUP>2</SUP>
    +A<SUB>2</SUB>*Y<SUP>2</SUP>
</P>
```

ネーム エンティティ の例

"	&quot;	または	&#34;
&	&amp;	または	&#38;
<	&lt;	または	&#60;
>	&gt;	または	&#62;
空白		または	&#32;
®	&reg;		
©	&copy;		

215

5.1.3 画像の貼り付けとページの背景

画像のファイル形式

Web ページで扱える画像ファイル形式は，GIF，JPEG，そして PNG の3種類です．

GIF は 256 色しか扱えませんが，背景を透明にすることができる，簡単なアニメーションができるなどの特徴があり，単純な CG 画像によく使われます．

JPEG の圧縮率は可変で，フルカラー（24 ビット）を扱えるので，写真画像によく使われます．

PNG の圧縮率はそれほど高くありませんが，フルカラーを劣化なしで圧縮でき，1 ピクセルあたりの情報量が多い（最大 48 ビット）といった特長があります．

ページ背景色と標準文字色の設定

```
<BODY BGCOLOR="#FFFFFF"
    TEXT="#000000"
    LINK="#008000"
    VLINK="#808000"
    ALINK="#00FF00">
        :
        :
        :
</BODY>
```

色の指定の仕方

#RRGGBB とは，光の3原色である R（赤），G（緑），B（青）のそれぞれに 2 桁の 16 進数を設定することを意味します．つまり各色 256 階調，3色で 1670 万通り以上の色を指定できることになります．

代表的な色の設定を，下に示しておきます．

#000000	黒	#ffffff	白
#0000ff	青	#ffff00	黄
#00ff00	緑	#ff00ff	紫
#ff0000	赤	#00ffff	水色

ページの背景画像の設定

```
<BODY  TEXT="#000000"
    LINK="#008000"
    BACKGROUND="bkg.gif">
        :
        :
</BODY>
```

【画像の貼り付け】

HTML においては，基本的には画像（絵，図形，写真など）も文字と同等に扱われますが，タグを使って画像ファイル名 filename を指定します．

<IMG SRC ="filename" ALT="文字列"> 〜

ALT オプションでは，何らかの理由で画像を表示できない場合に，替わりに表示されるテキストを指定します．

【ページの背景色】

Web ページの標準は，白（またはグレー）の背景に，黒い文字を表示するものですが，これらは自由に設定できます．

<BODY BGCOLOR="#RRGGBB"> 〜

ページの背景色を変更する場合には，オプションの文字色にも気を付けましょう．以下のそれぞれの色を，背景色と紛らわしくないように設定する必要があります．

通常の文字	TEXT
リンク	LINK
表示済みのリンク	VLINK
アクティブ リンク	ALINK

【ページの背景画像】

ページの背景については，色指定だけでなく，画像をタイル状（表示画面全体を埋め尽くすこと）に貼り付けることも可能です．

<BODY BACKGROUND="filename"> 〜

5.1.4 表組みの方法

※ここから，主に"page2.html"の解説になります．

【基本的な表組み】

ブラウザ上で時間割のような「表」を表示するためには，「表組み」を行う必要があります．

表組み作業では，行と列で構成される１つ１つのセルにデータを埋め込むのが基本ですが，列幅／文字の配置／背景色／罫線の太さ（有無）など，いろいろな要素を設定することができます．

メモ帳を起動して，以下の説明に沿って作業を進めながら，"page2.html"を完成させましょう．

表組みを行うには，まずその宣言を行う必要があります．

<TABLE BORDER="n"> 〜 </TABLE>

BORDER オプションでは，罫線の太さを指定することができます．

また，<TABLE>タグの内側では，次のようなタグを使って表の構成要素を定義していきます．

表題	<CAPTION> 〜 </CAPTION>
行	<TR> 〜 </TR>
項目名	<TH> 〜 </TH>
データ	<TD> 〜 </TD>

データとしては，文字だけでなく画像を貼り付けることも可能です．もちろん段落の場合と同じように，ALIGN オプションを使って，セル単位で文字の配置（左，中央，右）を設定することもできます．

【行・列の結合】

複数のセルを結合したい場合には，<TH>タグや<TD>タグに，COLSPAN オプション（水平方向），または ROWSPAN オプション（垂直方向）をつけます．

【罫線を表示しない表組み】

<TABLE>タグの BORDER オプションで罫線の太さを"0"にすれば，罫線が非表示になります．

これを利用すれば，段落タグだけでは実現できない高度なレイアウトを，表組みによって実現することが可能になります．

基本的な表組み

```
<P>★個人のプロフィール★</P>
<TABLE WIDTH="75%" BORDER="1">
  <TR>
    <TH>氏名</TH>
    <TD>＊＊　＊＊</TD>
  </TR>
  <TR>
    <TH>特技</TH>
    <TD>パソコンの組み立て，Javaプログラミング</TD>
  </TR>
  <TR>
    <TH>趣味</TH>
    <TD>音楽鑑賞(主にクラシック)</TD>
  </TR>
  <TR>
    <TH>ペット</TH>
    <TD>小鳥｜写真1</TD>
  </TR>
</TABLE>
```

行・列の結合を伴う表組み

```
<P ALIGN="center">◆時間割◆</P>
<TABLE WIDTH="75%" BORDER="1" ALIGN="center">
  <TR>
    <TH> </TH>
    <TH>1時間目</TH>
    <TH>2時間目</TH>
    <TH>3時間目</TH>
    <TH>4時間目</TH>
    <TH>5時間目</TH>
  </TR>
  <TR>
    <TH>月曜日</TH>
    <TD COLSPAN="4">お休み</TD>
    <TD ROWSPAN="2">アルバイト</TD>
  </TR>
  <TR>
    <TH>火曜日</TH>
    <TD>体育実技</TD>
    <TD>語学</TD>
    <TD>日本史</TD>
    <TD>統計学</TD>
  </TR>
</TABLE>
```

5.1.5 ハイパーリンクの方法

Web ページの中では，任意のテキストや画像を「ボタン」がわりにして，これに関連付けられた他のページなどを呼び出すように設定することができます．

このような機能を「ハイパーリンク」あるいは単に「リンク」といい，<A>タグ（アンカー タグ）を用います．

page1 から page2 へのリンク

```
<P ALIGN="center">
    練習1 |
    <A HREF="page2.html">練習2</A>
</P>
```

```
<P ALIGN="center">
    <A HREF="page1.html">練習1</A> |
    練習2
</P>
```

page2 から page1 へのリンク

【他のページへのリンク】

最も一般的な使い方は，他のページへのリンクです．

```
<A HREF="nextpage.html">次のページ</A>
```

```
<A HREF="http://www.example.com/">
    <IMG SRC="example.gif"></A>
```

【画像ファイルへのリンク】

写真の説明文や，サムネイルと呼ばれる小さな見本の写真をクリックすれば，大きな写真が表示される，という使い方もできます．

```
<A HREF="photo01.jpg">写真 1 </A>
```

```
<A HREF="/pics/photo01.jpg">
    <IMG SRC="sample01.jpg"></A>
```

ネーム タグについて

アンカー タグの NAME オプションは，ブックマーク（本のしおり）の役割を果たすもので，1つの Web ページの中にいくつでも設定することができます．

```
<A NAME = "first">ページの先頭</A>
    :
<A NAME = "second">ページの中ほど</A>
    :
<A NAME = "end">ページの最後</A>
```

【ネーム タグへのリンク】

Web ページに対してリンクを張った場合，通常はページの先頭に飛ぶしかありません．しかし，Webページの中にブックマークを設定しておけば，その位置へ飛ばすことができます．

```
<A HREF="#end">最後へ</A>
```

```
<A HREF="nextpage.html#second">
    次ページの中ほど</A>
```

【メール送信へのリンク】

リンク設定を使って，メールの宛先を指定することもできます．

```
<A HREF="mailto:anony@example.com">
    メール宛先</A>
```

フレームによる画面分割の例

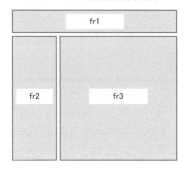

フレーム定義ファイル "frame.html" の例

```
<HTML>
<HEAD>
<TITLE>フレームの見本</TITLE>
</HEAD>

<FRAMESET ROWS="90, *">
  <FRAME NAME="fr1" SRC="title.html">
  <FRAMESET COLS="160, *">
    <FRAME NAME="fr2" SRC="menu.html">
    <FRAME NAME="fr3" SRC="contents.html">
  </FRAMESET>
</FRAMESET>

</HTML>
```

5.1.6 いろいろなテクニック

【フレーム】

フレーム機能を使うと，1つの Web ページの画面を複数の領域に分割して表示することができます．それぞれの領域は，全く独立したページでありながら，相互に連携も可能です．

ただし，フレームを使うには複数のファイルが必要になるなど，扱いも難しいので注意を要します．例えば，左のように3領域に分割するには，次のような4つのファイルが必要になります(各ファイルの名前は一例です)．

フレームの定義ファイル	frame.html
fr1 に表示するファイル	title.html
fr2 に表示するファイル	menu.html
fr3 に表示するファイル	contents.html

【動画と音声】

テキストや画像と同じように，音声や動画を Web ページに貼り付けたり，リンク先に指定したりすることが可能です．

なお，音声ファイルであれば，Web ページの BGM に使うこともできます．

- アニメーション GIF（簡易動画）
- MPEG ファイル（ビデオ動画）
- WAV ファイル（Windows 標準の音声）
- MIDI ファイル（電子音楽）

【さらに高度な機能】

インターネットは，まさに日進月歩の世界であって，次から次へと新しい技術が生まれてくるので，とてもすべてを網羅して紹介することはできません．

しかし，今後もインターネットと付き合いながら，さらに上を目指したいという方は，以下のようなキーワードについても研究しておいてください．これらの技術を使いこなすためには，専用のツールも必要になってきます．

- Java，Java Script
- Active X，VB Script
- FORM，CGI
- Shock Wave
- HTML 5，XML，CSS，etc…

5.2 Officeアプリで作る Webページ

◇このセクションのねらい

WordとExcelを使って，HTMLのタグを知らなくてもWebページを制作できることを学びます．さらに，インターネット上での文書交換に適したPDF/XPSドキュメントについても学びます．

基本課題

【基本課題】

まず，§5.1 で作成した Web ページ（HTML ファイル）を，Word で読み込んで編集できることを確認しましょう．

次に，§2.8 で作成した Word 文書"chapt28a.docx"を Web ページとして保存し，Web ブラウザで閲覧できることを確認します．

さらに，§3.6 で作成した Excel ブック ファイル"chapt36a.xlsx"を Web ページとして保存し，Web ブラウザで閲覧できることを確認します．

最後に，Word / Excel / PowerPoint で作成したそれぞれの文書から，PDF / XPS ドキュメントを作成し，ブラウザで閲覧できることを確認しましょう．

Webページのソース コード

前節では，HTMLのコードそのものを，エディタを使って記述する方法を示しました．

ところが，本節で見るようにWordやExcelでWebページを作る場合，HTMLのコードを意識する必要はありません．しかし，あらためてこれらのファイルをメモ帳などのエディタで見てみると，かなり複雑なコードが記述されていて，ほとんど理解できないことに気づくでしょう．

さらに，WordやExcelで作ったWebページのHTMLには，マイクロソフト社独自のタグが数多く加えられていて，汎用的なコードとは言い難いものになっています．

◆解説：Office とインターネットの関係

Word または Excel で作成された文書は，直接 HTML 形式で出力することができるようになっています．

また，Word / Excel / PowerPoint で作成された文書であれば，インターネット上での文書交換に適した，PDF 形式（または XPS 形式）での出力も可能になっています．

さらに，マイクロソフト社は Office for the web という Web 版 Office アプリを提供しています（従来から提供してきた "Office Web Apps" や "Office Online" の名称を変更）．

インターネット利用環境と Web ブラウザさえあれば，Web 版 Office アプリにアクセスすることで誰でもどこからでも，Word / Excel / PowerPoint の主要機能を利用することができます．ただし，あくまでもデスクトップ版の補完的なものと考えて利用しましょう（次節を参照）．

◇ *Keywords*
HTML ファイル, MHTML ファイル, Web ページとして保存,
PDF/XPSドキュメントの作成, PDF または XPS 形式で発行,
フレーム機能, ターゲット フレーム, ハイパーリンクの設定

Word で Webページ（HTMLファイル）を編集

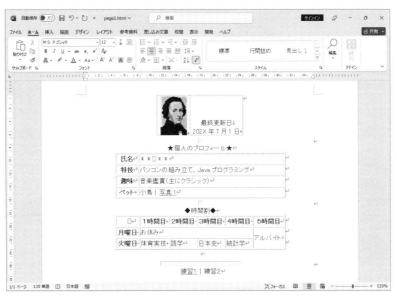

Word文書をWebページとして保存～ブラウザで表示

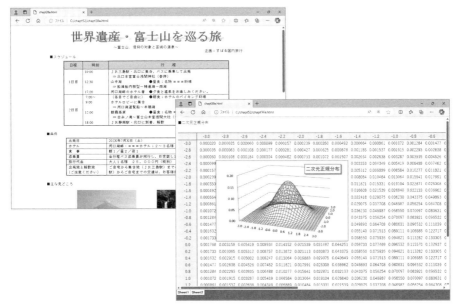

Excel文書をWebページとして保存～ブラウザで表示

5.2.1 Word で作る Web ページ

画像のファイル形式

　Webブラウザで表示することのできる画像のファイル形式は，GIF / JPEG / PNGに限られています．

　ところが，Wordでよく利用されるのはBMPやWMFといった形式のファイルです．また，ワードアートやオートシェイプなど，ファイル形式のわからないものもよく利用されます．

　しかし，Word文書をWebページとして保存するとき，そのようなことを意識する必要はなく，自動的に適切な形式に変換してくれます．

【Word 文書と HTML ファイル】

　Office 2000 以降の Word では，文書ファイルとして，通常の .docx（.doc）形式だけでなく HTML 形式も区別なく扱えるようになっています．

　したがって，Word の文書ファイルを HTML 形式で保存すれば，そのままインターネット上で公開することが可能です．逆にその HTML ファイルをもう一度 Word に読み込めば，普通の文書ファイルとして編集することもできます．

印刷レイアウト表示では表現が適切ではない

Webレイアウト表示ならブラウザと同等の表現

【HTML ファイルの読み込みと表示形式】

　§5.1 で制作した Web ページ"page2.html"を Word で読み込んでみましょう．

　Backstage ビューで[ファイルを開く]ダイアログボックスを呼び出して[ファイルの種類]の欄を見ると，"*.docx"と"*.html"は，どちらも Word 文書として同等に扱われていることがわかります．ファイル一覧の中から"page2.html"を選択して[開く]をクリックしてください．

　一般に，Word で HTML ファイルを開くときは，[Web レイアウト表示]モードに切り替えておくとよいでしょう．[印刷レイアウト表示]モードでは，実際の Web ブラウザ表示とのイメージ差が大きくなるので，Web ページの編集には適していません．

【HTML ファイルの編集と保存】

　基本課題を完成させるために，"page2.html"に少し手を加えてみましょう．

　ページの先頭には，適当な構図で用意した自分の写真か，オンライン画像一覧にある肖像画などを配置してみましょう．

　表のレイアウトが画面の左や右に偏っているときは，[表のプロパティ]ダイアログ ボックスで，表の[配置]を"中央揃え"に変更します．

　その他の必要な編集作業を終えたら，HTML 形式のままで[上書き保存]を行います．仕上がりは必ず，Web ブラウザで確認しておきましょう．

"page2.htm" の完成イメージ

【Word 文書を Web ページとして保存】

§2.8 で制作した "chapt28a.docx" を Word で読み込んで，Web ページとして保存してみましょう．

<通常の Web ページとして保存>

Backstage ビューで[名前を付けて保存]を選択し，[ファイルの種類]として"Webページ"を選んで [保存]をクリックすれば，1 つの HTML ファイル "chapt28a.html" と，1 つのフォルダ"chapt28a.files" が生成されます．

---

*.html ファイル　と　*.files フォルダ

右の例で，生成された "chapt28a.html" ファイルと "chapt28a.files" フォルダ（多くの関連ファイルを収納）は互いに密接に関係しており，どちらか一方だけを削除することはできません．

<単一ファイル Web ページとして保存>

上と同様の手順で，[ファイルの種類]として"単一ファイル Web ページ"を選ぶと，1 つの MHTML ファイル "chapt28a.mhtml" が生成されます．

MHTMLファイルとは

MHTML とは，HTML ファイルや画像ファイルなど Web ページに必要なすべての要素をまとめてカプセル化するファイル形式のことです．

なお，ブラウザで表示する限りにおいて，Web ページ（*.html）と単一ファイル Web ページ（*.mhtml）の間に違いはありません．

◆フレーム機能の利用

【フレームとは】

前節でも述べたように，フレームを使うと 1 つの Web ページの画面を複数の領域に分割して，それぞれの領域に別々の Web ページを表示できるようになります．

そして，Word の機能を使えば，専門的な知識がなくてもフレーム構造を持った Web ページを作ることができます．ただし，3 つの領域を作るならば，フレーム構造を定義するページとは別に，3 つの Web ページを制作しておく必要があります．

フレームによる画面分割の例

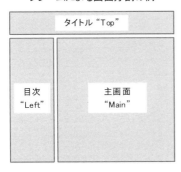

【フレームを操作するコマンド】

フレームを操作するコマンドは，Word のリボンの中にはありません．このようなとき，リボンの上方にあるクイックアクセス ツールバーのユーザー設定（カスタマイズ）機能を利用します．

左図を参考にして，[その他のコマンド]～[リボンにないコマンド]の中から，6 つのフレーム関連コマンドを探し出し，クイックアクセス ツールバーに追加してください（フレームに関する操作方法の説明は省略します）．

コマンドを追加した クイックアクセス ツールバー

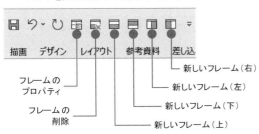

5.2.2 Excel で作る Web ページ

【Excel ブックを Web ページとして保存】

　§3.6 で制作した "chapt36a.xlsx" を Excel で読み込んで，Web ページとして保存してみましょう．

<通常の Web ページとして保存>

　Backstage ビューで[名前を付けて保存]を選択し，[ファイルの種類]として "Webページ" を選んで [保存]をクリックすれば，1 つの HTML ファイル "chapt36a.html" と，1 つのフォルダ "chapt36a.files" が生成されます．

<単一ファイル Web ページとして保存>

　上と同様の手順で，[ファイルの種類]として "単一ファイル Web ページ" を選ぶと，1 つの MHTML ファイル "chapt36a.mhtml" が生成されます．

Backstageビューにおいて [名前を付けて保存] を選択

保存する場所を選んだら
[名前を付けて保存]ダイアログ ボックスが現れる

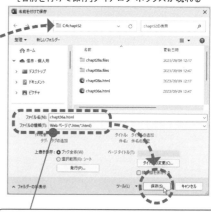

[ファイルの種類]で "Webページ" または
"単一ファイルWebページ" を選択して [保存] をクリック

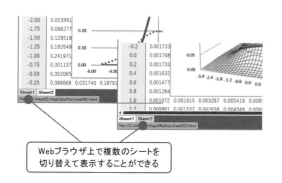

Webブラウザ上で複数のシートを
切り替えて表示することができる

【Excel で作った Web ページの限界】

　ブラウザで表示する限りにおいて，もとの Excel ファイル "chapt36a.xlsx" と，"chapt36a.html" および "chapt36a.mhtml" との間に大きな違いはなく，複数のワークシートもそのまま保たれています．

　しかし，Web ページとして保存したファイルからは数式が失われているので，Excel で再編集を行う際には注意が必要です．

【Web ページの発行】

前項と同様の手順で[名前を付けて保存]を選択し，[ファイルの種類]として"Webページ"あるいは"単一ファイルWebページ"を選択すると，[保存]とは別に，[発行]というオプションがあることに気づきます．

ここで[発行]をクリックして，[Web ページとして発行]ダイアログ ボックスを呼び出します．

[発行するアイテム]として"ブック全体"を選択した後，[発行]ボタンをクリックすれば作業は完了です．

保存と発行の違い

「Webページとして保存」という機能は，編集中のExcelファイルをHTML形式（またはMHTML形式）に変更した上で，名前を変えて保存します．

これに対して「発行」という機能は，編集中のExcelファイルはそのままにして，HTML形式（またはMHTML形式）のファイルを指定した場所にコピーして出力します．

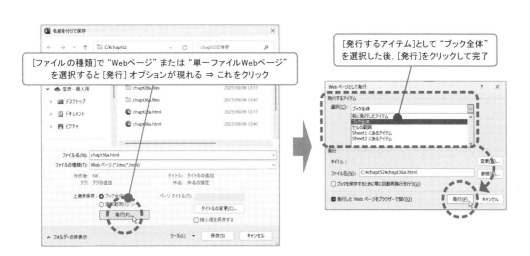

[ファイルの種類]で"Webページ"または"単一ファイルWebページ"を選択すると[発行]オプションが現れる ⇒ これをクリック

[発行するアイテム]として"ブック全体"を選択した後，[発行]をクリックして完了

アクティブ コンテンツとは

アクティブ コンテンツとは，Webサイト上で使用される対話型コンテンツや動画コンテンツのことで，ActiveX コントロールをはじめ，マイクロソフト社が開発したさまざまなインターネット関連技術（プログラム）で構成される Webコンテンツの総称です．

【セキュリティ保護に係る制限】

Excel で作る Web ページには，アクティブ コンテンツの技術が利用されています．

一般に，このようなコンテンツは，誤動作を引き起こしたり，利用者の意図に反して不正に利用されたりする可能性があることから，Web ブラウザで表示する際に制限がかかることがあります．

今回の課題のように完全に信頼できるコンテンツの場合，読み込みの際に画面下方に現れる情報バーの[ブロックされているコンテンツを許可]をクリックしてファイルを開きます．

重ねてセキュリティの警告が出されることもありますが，安全を確認しながら[はい]を選択していけばよいでしょう．

5.2.3 PDF/XPSドキュメントの作成

【PDF / XPS ドキュメントとは】

Office 2013 以降であれば，Word / Excel / PowerPoint で作成したファイルから，PDF 形式あるいは XPS 形式のドキュメントを作成（保存あるいは発行も同義）することができます．

ここでは，PowerPoint を使って PDF 形式のドキュメントを作成する手順を説明します（XPS 形式を作成する手順も，[ファイルの種類]の選択が異なるだけで，ほとんど同じです）．

まず，§4.3 で制作した PowerPoint プレゼンテーション "chapt43b.pptx"（あるいは "chapt43a.pptx"）を読み込んでおきましょう．

【PDF ファイルの作成手順】

Backstage ビューで[エクスポート]〜[PDF/XPS ドキュメントの作成]を選択し，[PDF/XPS の作成]ボタンをクリックします．

このときに現れるダイアログ ボックス内で，[ファイルの種類]として "PDF" を選択し，[オプション]をクリックします．

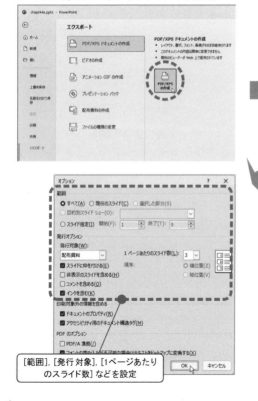

Backstageビューにおいて [エクスポート] を選択

[範囲], [発行対象], [1ページあたりのスライド数] などを設定

[PDF/XPSの作成]を選択したらダイアログ ボックスが現れる

ファイルの種類で [PDF]を選択して[オプション]をクリック

最後に [発行]をクリックすれば完了

作成されたPDFドキュメントを Webブラウザ Edge で表示

次に現れる[オプション]ダイアログ ボックスの設定は重要です．ここでは，[範囲]として"すべて"を，[発行対象]として"配布資料"を，[1 ページあたりのスライド数]として"3"を選択して，[OK]をクリックします．

元のダイアログ ボックスに戻って，[発行]ボタンをクリックすれば，作業は完了です．

このようにして作成されたドキュメントは，一般に広く普及しているブラウザ，あるいは専用のビューーアを用いて閲覧することができます．

【PDF 形式での印刷】

実は，Windows を使っていれば，Office だけでなくあらゆるアプリケーションから，プリンタで紙に印刷するのと同じ手順で PDF 形式のドキュメントを作成することができます．

Office や Edge などの印刷メニューにおいて，プリンター一覧の中から"Microsoft Print to PDF"を選択してください（左下図）．

あとは保存場所とファイル名を指定するだけで，印刷イメージがそのまま PDF 形式のドキュメントとして出力されます．

Backstageビューにおいて [印刷] を選択

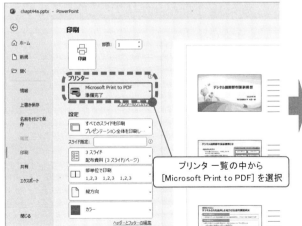

プリンター一覧の中から
[Microsoft Print to PDF] を選択

保存する場所を選んだら
[名前を付けて保存]ダイアログ ボックスが現れる

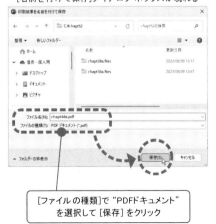

[ファイルの種類]で "PDFドキュメント"
を選択して [保存] をクリック

5.3 Web版Officeアプリ の利用

◇このセクションのねらい

Web 版 Office（旧 Office Online）アプリを使って，通常のデスクトップ版 Office と同じように，Word / Excel / PowerPoint の文書を Web ブラウザ上で閲覧・編集できることを学びましょう．

基本課題

右ページに示すように，デスクトップ版 Office ＝ Office〈Desktop〉で作成する文書と Web 版 Office ＝ Office〈for the web〉で作成する文書の間には，密接な対応関係があります．

Word 文書を例にして，次の基本操作を行ってみましょう．

1) Word〈Desktop〉で作成済みの文書を OneDrive へアップロードする．
2) Word〈Desktop〉で文書を編集し，OneDrive を保存場所に選んで保存する．
3) OneDrive に保存されている Word 文書を Word〈for the web〉で開いて編集，保存する．
4) Word〈for the web〉で編集中に[Word で開く]を選択し，Word〈Desktop〉を使ってハードディスクに保存する．
5) OneDrive に保存されている文書を直接，ハードディスクへダウンロードする．

慣れてきたら，Excel と PowerPoint の文書についても，同様の操作を行ってみましょう．

Web版Officeとは

マイクロソフト社は 2009 年から，Word / Excel / PowerPoint の主要機能を利用できる Web 版 Office アプリを提供してきました．そして，2019 年 7 月にその正式名称が“Office”に変更されたことで，デスクトップ版 Office アプリとの区別が困難になりました．

そこで本書では，例えばデスクトップ版の Word を“Word〈Desktop〉”，Web 版の Word を“Word〈for the web〉”と呼んで区別します．

Web版Officeには，Microsoftアカウントを使ってサイン インすれば，Word / Excel / PowerPoint 等の機能を無料で利用できるというメリットがあります．

ただし，通常のOffice〈Desktop〉に備わっているすべての機能を使えるわけではないので，あくまでも補完的なものと考えて利用しましょう．

◆解説：Microsoft アカウントについて

Microsoft アカウントとは，マイクロソフト社がインターネット上で個人認証を行う手段のひとつで，同社が提供する各種サービス間で共通利用が可能なユーザー名（電子メール アドレス）とパスワードを組み合わせたもののことです．

Office〈for the web〉や OneDrive など，マイクロソフト社が提供するインターネット上のサービスを利用するためには，あらかじめ Microsoft アカウントを取得しておく必要があります．

なお，自宅や職場などで既に利用している電子メール アドレスがあれば，そのまま Microsoft アカウントのユーザー名として利用・登録することができます．

OneDriveとは

Web版Officeを利用する際にファイルを保存する領域となるのが，インターネット上にある OneDriveで，Microsoftアカウントの登録ユーザーには無料で15GBの容量が割り当てられます．

Microsoftアカウントを使ってサイン インすれば，どこからでもOneDriveにアクセスして，Office〈for the web〉でファイルを呼び出したり，特定のユーザを指定してファイルを共有することもできるようになります．

※ 本書で紹介する Office〈for the web〉/ OneDrive の諸機能や画面イメージは，2023年10月時点のものをWebブラウザEdgeで表示しています．

◇ *Keywords*

Microsoft アカウント, Office〈for the web〉, Office〈Desktop〉,
OneDrive, サイン イン／サイン アウト, 閲覧表示, 編集表示,
ファイルの追加(アップロード), ダウンロード

Office〈for the web〉と Office〈Desktop〉との関係

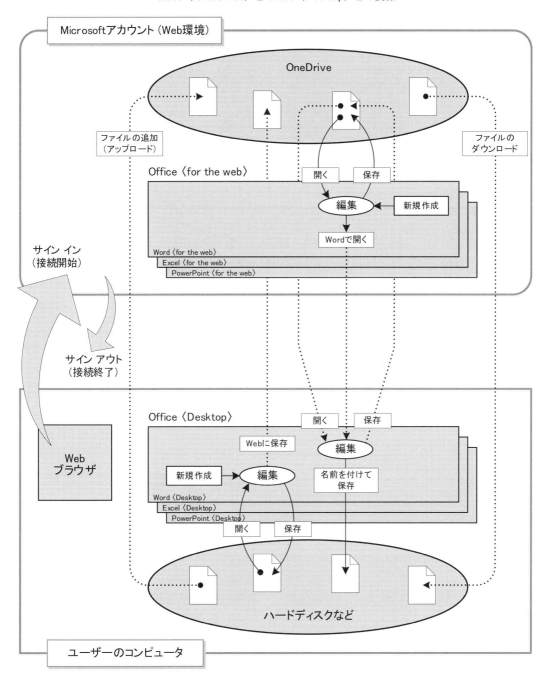

5.3.1 Office〈for the web〉の基本操作

マイクロソフト社は，多くのインターネット サービスを提供していますが，ここでは，以下のURLを紹介しておきます．

　　https://www.office.com/

ただし，このようなサイト情報は頻繁に変更されることがあるので，常に最新の情報を把握するよう努めてください．

【Office〈for the web〉へのサイン イン】

Office〈for the web〉や OneDrive などのサービスを利用するためには，まず Microsoft アカウントを使ってサイン インする必要があります．

Web ブラウザを起動して Office〈for the web〉のページを呼び出します．下のような画面が現れたら，取得済みの Microsoft アカウントとパスワードを入力してサイン インを行ってください．

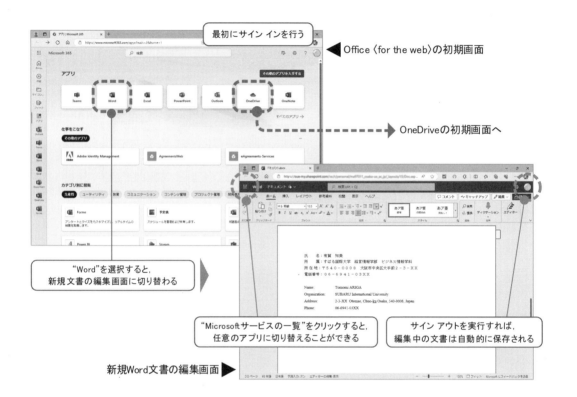

最初にサイン インを行う

◀ Office〈for the web〉の初期画面

OneDriveの初期画面へ

"Word"を選択すると，新規文書の編集画面に切り替わる

"Microsoftサービスの一覧"をクリックすると，任意のアプリに切り替えることができる

サイン アウトを実行すれば，編集中の文書は自動的に保存される

新規Word文書の編集画面▶

【新規文書の作成と保存】

Word〈for the web〉を使って新規文書を作成する手順を見てみましょう．

Office〈for the web〉の初期画面にあるアイコン "Word" をクリックすると，Web ブラウザの画面が Word〈for the web〉に切り替わります．

編集作業を終える際には，作業中の Web ブラウザのタブだけを閉じます．編集中の Word 文書は，自動的に OneDrive へ保存されます．

Office〈for the web〉の全ての作業を終える際には，画面右上にある[サイン アウト]をクリックします．

【OneDriveの使い方】

　保存済みの文書一覧を表示させたり，ある文書を選択して閲覧または編集を行いたいときは，Office〈for the web〉の初期画面にある"OneDrive"のアイコンをクリックします（直接，OneDriveにサイン インする方法もあります）．

　OneDrive 画面上に表示される文書一覧の中から，目的の文書を選んで右クリックすると，さまざまなメニューが現れます．ここで，[ブラウザーで開く]を選ぶと，新しいWebブラウザのタブとともにWord〈for the web〉の編集画面が現れます．

　編集作業を終える際には，Webブラウザのタブを閉じます．編集中のWord文書は自動的に保存され，OneDriveの画面に戻ります．

　なお，Word〈for the web〉の画面において[デスクトップ アプリで開く]を選択すると，編集中の文書がいったん保存された後，通常のWord〈Desktop〉による編集画面に切り替わります．

> 　Office〈for the web〉（あるいはOneDrive）での作業を終えるときは，Webブラウザを閉じる前に，必ずサイン アウトを行ってください．
> 　この手順を怠ると，Webサイトとの接続が維持されたままになる可能性があるので注意が必要です．

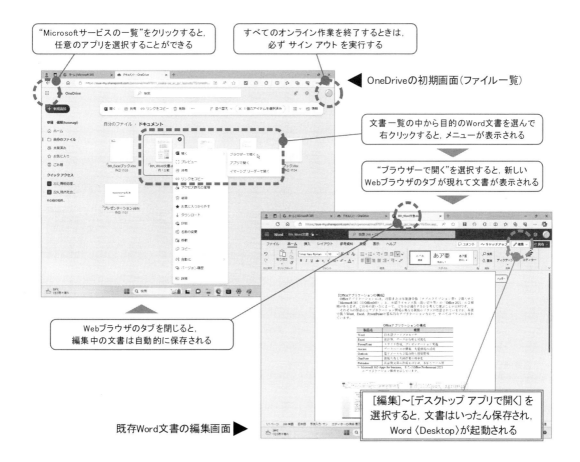

"Microsoftサービスの一覧"をクリックすると，任意のアプリを選択することができる

すべてのオンライン作業を終了するときは，必ず サイン アウト を実行する

◀ OneDriveの初期画面（ファイル一覧）

文書一覧の中から目的のWord文書を選んで右クリックすると，メニューが表示される

"ブラウザーで開く"を選択すると，新しいWebブラウザのタブ が現れて文書が表示される

Webブラウザのタブを閉じると，編集中の文書は自動的に保存される

既存Word文書の編集画面 ▶

[編集]～[デスクトップ アプリで開く] を選択すると，文書はいったん保存され，Word〈Desktop〉が起動される

5.3.2 Word〈for the web〉の機能

【閲覧表示と編集表示】

既存の Word 文書を Word〈for the web〉で呼び出すと，通常は編集表示になります．この状態は，Word〈Desktop〉における「印刷レイアウト」に相当するもので，基本的には Word〈Desktop〉に近い感覚で編集作業を行うことができます．

リボン右上方にある[編集/閲覧]切り替えボタンで[閲覧]を選択すると，「閲覧表示」に切り替わります．この状態は「編集表示」と見た目はほとんど変わりませんが，追加や修正などの編集作業はいっさい受け付けません．

【Word〈for the web〉のリボン】

Word〈for the web〉で利用できるタブと，そのリボンを右ページに示しました．

[ホーム]タブには書式設定に関する多くの機能が用意されており，[ファイル]タブをクリックすると Backstage ビューが現れるなど，一部に機能制限はあるものの，Word〈Desktop〉とよく似たメニュー群が用意されています．

文字フォントについて

WindowsにインストールされているすべてのフォントをOffice〈for the web〉で使えるわけではありません．

例えば，通常のWord〈Desktop〉で編集したファイルをアップロードすると，その文書内で使用されているフォントは，そのままWord〈for the web〉でも使えるようです．ただし，閲覧表示や印刷の際に正しく表示されないことがあるので，注意が必要です．

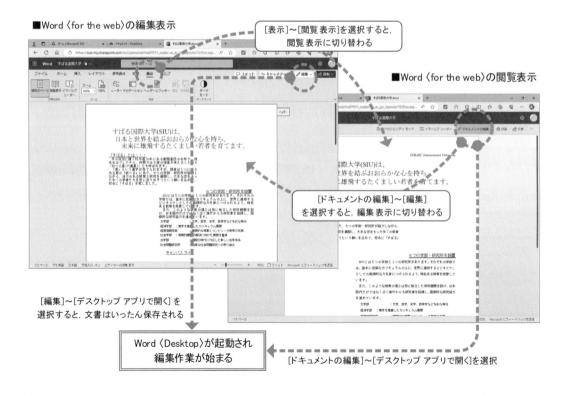

■Word〈for the web〉の編集表示

[表示]〜[閲覧 表示]を選択すると，閲覧 表示に切り替わる

■Word〈for the web〉の閲覧表示

[ドキュメントの編集]〜[編集]を選択すると，編集 表示に切り替わる

[編集]〜[デスクトップ アプリで開く]を選択すると，文書はいったん保存される

Word〈Desktop〉が起動され編集作業が始まる

[ドキュメントの編集]〜[デスクトップ アプリで開く]を選択

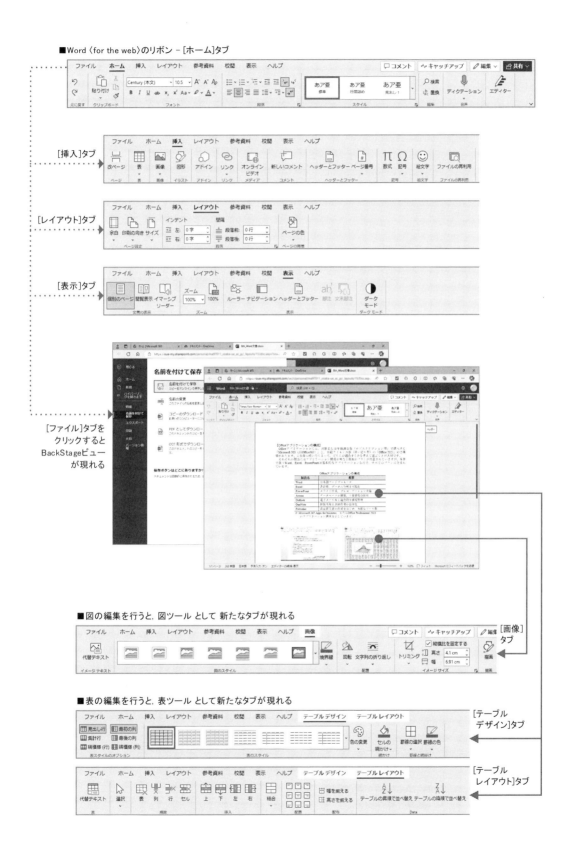

233

5.3.3 Excel〈for the web〉の機能

【閲覧表示と編集表示】

既存の Excel ブックを Excel〈for the web〉で呼び出すと，通常は「編集表示」となります．この状態は，Excel〈Desktop〉における「標準表示」に相当するもので，基本的には Excel〈Desktop〉に近い感覚で編集作業を行うことができます．

リボン右上方にある[編集/閲覧]切り替えボタンで[閲覧]を選択すると，「閲覧表示」に切り替わります．この状態は「編集表示」と見た目はほとんど変わりませんが，追加や修正などの編集作業はいっさい受け付けません．

【Excel〈for the web〉のリボン】

Excel〈for the web〉で利用できるタブと，そのリボンを右ページに示しました．

[ホーム]タブには書式設定に関する多くの機能が用意されており，[ファイル]タブをクリックすると Backstage ビューが現れるなど，一部に機能制限はあるものの，Excel〈Desktop〉とよく似たメニュー群が用意されています．

ファイルの保存について

Office〈for the web〉のBackstageビューには，[名前を付けて保存]という項目はありますが，[上書き保存]も[閉じる]もありません．

これは，Webブラウザのタブを閉じて編集を終了すれば，そのときの状態が自動的に保存されるようになっているからです．

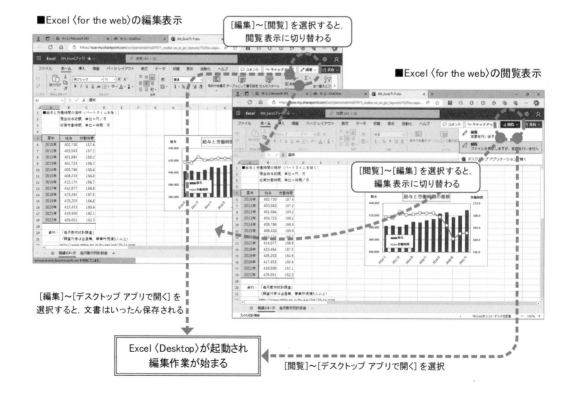

■Excel〈for the web〉の編集表示

[編集]〜[閲覧] を選択すると，閲覧表示に切り替わる

■Excel〈for the web〉の閲覧表示

[閲覧]〜[編集] を選択すると，編集表示に切り替わる

[編集]〜[デスクトップ アプリで開く] を選択すると，文書はいったん保存される

Excel〈Desktop〉が起動され編集作業が始まる

[閲覧]〜[デスクトップ アプリで開く] を選択

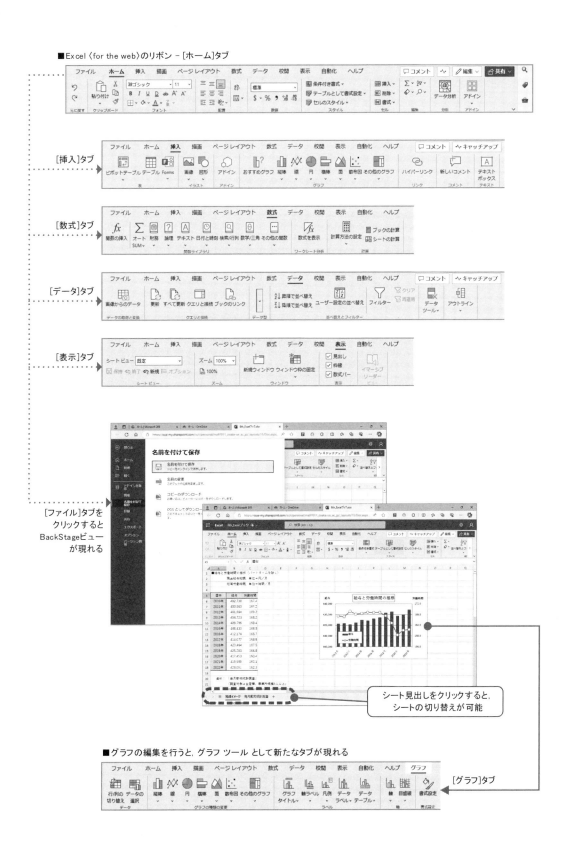

■Excel〈for the web〉のリボン － [ホーム]タブ

[挿入]タブ

[数式]タブ

[データ]タブ

[表示]タブ

[ファイル]タブを
クリックすると
BackStageビュー
が現れる

シート見出しをクリックすると,
シートの切り替えが可能

■グラフの編集を行うと, グラフ ツール として新たなタブが現れる

[グラフ]タブ

5.3.4 PowerPoint〈for the web〉の機能

【閲覧表示と編集表示】

既存のプレゼンテーション（PowerPoint 文書）を PowerPoint〈for the web〉で呼び出すと，通常は「編集表示」となります．この状態は，PowerPoint〈Desktop〉における「標準表示」に相当するもので，既存スライドの編集だけでなく，新しいスライドの追加も可能です．

リボン右上方にある[編集/表示]切り替えボタンで[編集]を選択すると，「編集表示」に切り替わります．この状態は，PowerPoint〈Desktop〉の「閲覧表示」とほぼ同じもので，スライドの編集はできませんが，アニメーション効果の確認を行うことができきます．

【PowerPoint〈for the web〉のリボン】

PowerPoint〈for the web〉で利用できるタブと，そのリボンを右ページに示しました．

グラフ作成機能がないなど，一部の機能に制限はあるものの，PowerPoint〈Desktop〉とよく似たメニュー群が用意されています．

ノート表示とスライドショー表示

PowerPoint〈for the web〉には，編集表示と閲覧表示のほかに，ノート表示とスライドショー表示というモードが用意されています．

ノート表示を選択すると，スライド下部にノートペインが現れます．また，スライドショー表示を選択すると，新しいブラウザ ウィンドウが開かれ，その中でスライドショーが開始されます．

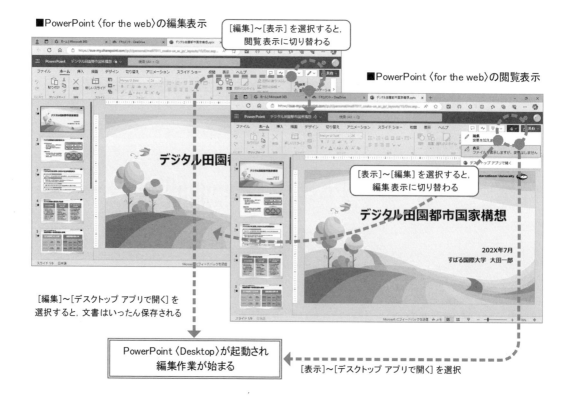

■PowerPoint〈for the web〉の編集表示

[編集]〜[表示] を選択すると，
閲覧表示に切り替わる

■PowerPoint〈for the web〉の閲覧表示

[表示]〜[編集] を選択すると，
編集表示に切り替わる

[編集]〜[デスクトップ アプリで開く] を
選択すると，文書はいったん保存される

PowerPoint〈Desktop〉が起動され
編集作業が始まる

[表示]〜[デスクトップ アプリで開く] を選択

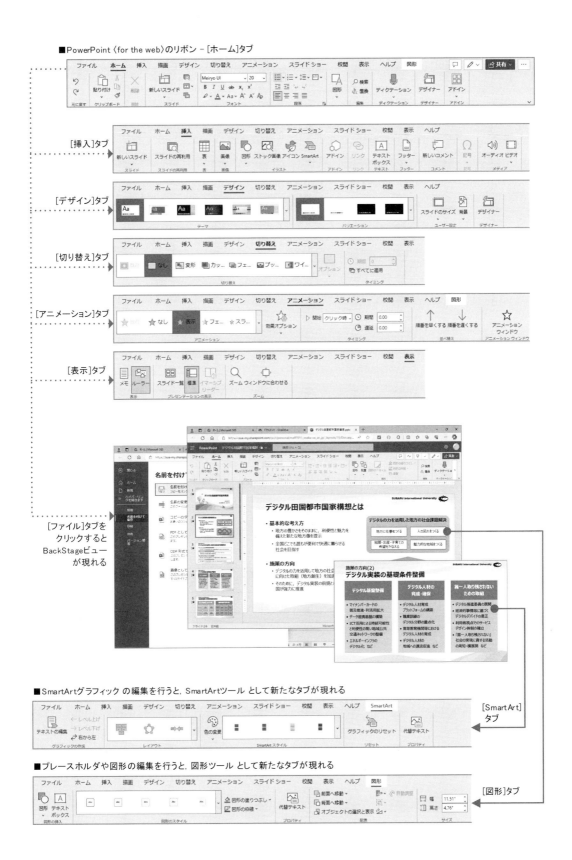

■PowerPoint〈for the web〉のリボン - [ホーム]タブ

[挿入]タブ

[デザイン]タブ

[切り替え]タブ

[アニメーション]タブ

[表示]タブ

[ファイル]タブを
クリックすると
BackStageビュー
が現れる

■SmartArtグラフィック の編集を行うと，SmartArtツール として新たなタブが現れる

[SmartArt]
タブ

■プレースホルダや図形の編集を行うと，図形ツール として新たなタブが現れる

[図形]タブ

237

付録

付録1 キーボードの種類

日本で普及しているパソコン用キーボードの主流は「109日本語キーボード」と呼ばれるもので，多くのソフトウェアもこのキーボードを事実上の標準として考えて作られています．

ところで，英語圏では「104英語キーボード」が主流ですが，これを日本語用キーボードと比べた場合，大きく異なる点が2つあります．

1つはいうまでもなく「カナ」文字の有無ですが，もう1つの意外に重要な点は，記号の配置が全く異なることです．したがって，外国人が日本へ来た場合，逆に日本人が外国へ行った場合に，記号の入力で苦労することが多いようです．

わが国で使われているパソコン用キーボードの多くは"JIS配列"，あるいはそれに準拠したものです．

しかしながら，メーカーによって独自のキーが追加されたり表記が違ったりするため，そのすべてを紹介することはとてもできません．

ここでは日本国内で使われている，主要な2種類のキーボードを取り上げました．

【104英語キーボード】

主としてアメリカで使われているキーボードで，当然のことながらいっさいの日本語表示がありません．ローマ字入力をするのであれば，これが最も使いやすいでしょう．ただし，日本語入力独特の[漢字]キーや[かな]キーなどの表記がないので，ちょっと戸惑う場合があります．

104英語キーボードは，101英語キーボードの拡張型で，Windows独自のキー（Windowsキー×2とアプリケーションキー）が増設されたものです．

【109日本語キーボード】

日本国内において普及しているパソコンで主流となっているキーボードです．日本語入力に必要なキーが配置されているため，英語キーボードよりキーの数が増えています．また，アルファベットや記号のキーに「かな文字」を配置しているため，1つのキーに最大で4つの文字が割り当てられるなど，非常に見づらいものになっています．

109日本語キーボードは106日本語キーボードの拡張型で，Windows独自のキーが増設されたものです．

これら2種類のキーボードに関する代表的なレイアウトを，次ページに示しておきます．

キーボード上の主な記号の読み方

	空白, スペース, ブランク
!	感嘆符, エクスクラメーション
?	疑問符, クエスチョン
@	単価記号, アット, アットマーク
#	番号記号, シャープ, 井げた
$	ドル記号, ダラー
%	パーセント
&	アンパサンド, アンド
*	アスタリスク, アスタリスク, スター
( )	左小括弧　　右小括弧
{ }	左中括弧　　右中括弧
[ ]	左大括弧　　右大括弧
<	不等号（より小）, 小なり
>	不等号（より大）, 大なり
^	アクサンシルコンフレックス, ハット, 山型
~	オーバライン, チルダ, 波ダッシュ
＿	アンダライン, アンダースコア, 下線
|	縦線, 縦棒
/	斜線, スラッシュ
\	バックスラッシュ
¥	円記号
"	引用符, ダブルクオーテーション
'	アポストロフィー, シングルクオテーション
;	セミコロン
:	コロン
,	コンマ, カンマ
.	ピリオド, ドット, 点, ぽち

※ **太字（ゴシック）**はJIS規格での名称

【その他のキーボード】

　パソコン用キーボードには，2つの進化方向が見られます．

　1つは「ホット キー」と呼ばれる新しい役割のキーを，従来のキーボードに追加するもので，電子メールや Web 用のアプリケーションをワン プッシュで起動したり，マルチメディア アプリケーションを操作するものなどがあります．

　もう1つはエルゴノミクス デザインの導入で，人間工学に基づいた使いやすいデザインのキーボードが考案されています．

【104 英語キーボード】

【109 日本語キーボード】

付録2 キーボード対応表

Windowsを操作する際に,英語キーボードと日本語キーボードではキーの割当てが異なります.ここでは,特定のメーカー・機種に依存しないよう「ジェネリック キー表記」を用いて,主な操作方法を紹介しています.

皆さんのキーボードの表記と異なる場合は,下の表を参考にしながら,キーの読み替えを行ってください.

ジェネリック キー表記	104英語キーボード	109日本語キーボード
Esc	[Esc]	[Esc]
Tab	[Tab]	[Tab]
Ctrl	[Ctrl]	[Ctrl]
CapsLock	[Caps Lock]	[Shift] + [Caps Lock]
NumLock	[Num Lock]	[Num Lock]
Pause	[Pause]	[Pause]
Shift	[Shift]	[Shift]
Alt	[Alt]	[Alt]
Space	[ ]	[ ]
Enter	[Enter]	[Enter]
BackSpace	[BackSpace]	[BackSpace]
Ins	[Insert]	[Insert]
Del	[Delete]	[Delete]
Home	[Home]	[Home]
End	[End]	[End]
PageDown	[PageDown]	[PageDown]
PageUp	[PageUp]	[PageUp]
Ctrl + Break	[Ctrl] + [Pause]	[Ctrl] + [Pause]
Print Screen	[Prt Sc]	[Prt Sc]
↑	[↑]	[↑]
↓	[↓]	[↓]
←	[←]	[←]
→	[→]	[→]
F1 ～ F12	[F1] ～ [F12]	[F1] ～ [F12]
漢字 （半角/全角 切替え）	[Alt] + [~]	[半角／全角]
（英字/かな 切替え）	[Ctrl] + [Shift] + [Caps Lock]	[Ctrl] + [Shift] + [カタカナ ひらがな]
（ひらがな入力）	[Ctrl] + [Caps Lock]	[カタカナ ひらがな]
（カタカナ入力）	[Alt] + [Caps Lock]	[Shift] + [カタカナ ひらがな]
変換	[ ]（＝[Space]キー）	[ ] または [変換]
無変換		[無変換]

【キーの配置と役割】

　キーボードには 100 個余り（ノート型パソコンの場合は 80 個余り）のキーがあります.

　付録 1 の図のように,中央部（色の薄い部分）には,「英字（アルファベット）」,「数字」,「記号」,そして日本語キーボードの場合には「かな」などの文字キーが配置されています.

　これに対して,周辺部（色の濃い部分）には,編集を行う上で特別な役割を果たす,さまざまな機能キーが配置されています.

【機能キーの名称と役割】

　機能キーの中でも特に重要と思われるものを,下にあげておきました.それぞれの役割については必要に応じて説明しますので,今は位置だけを確認しておいてください.

　　　[Enter], [Esc], [Tab], [Space], [変換]
　　　[Ctrl], [Alt], [Shift] …各 2 箇所にあります
　　　[PageDown], [PageUp]
　　　[↑], [↓], [←], [→]
　　　[Ins], [Del], [BackSpace]
　　　[F1], [F2], …, [F12]

【入力時に確認すべきキー】

　次にあげるキーは,文字入力を始める前にそれぞれの状態を確認しておかないと,正しい文字を入力できないことがあるので要注意です.

　　　[Caps Lock]　　　英大文字の ON / OFF
　　　[Num Lock]　　　数字キーの ON / OFF
　　　[カナ]　　　　　かな文字の ON / OFF
　　　[漢字]　　　　　漢字入力の ON / OFF

【1つのキーに割り当てられた4つの文字】

　日本語キーボードの場合,1 つのキーに最大 4 個の文字が割り当てられています.その場合,4 種類の文字の使い分けは,次のように行います.
　① [カナ]を OFF,そのままキーを押す
　② [カナ]を OFF,[Shift]を押しながらキーを押す
　③ [カナ]を ON ,そのままキーを押す
　④ [カナ]を ON ,[Shift]を押しながらキーを押す

　下の例では,①〜④までの方法を使い分けることによって,次のような文字が入力されることになります（[CapsLock]が OFF の場合）.
　① → "q"（英小文字）,② → "Q"（英大文字）
　③と④ → "た"

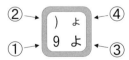

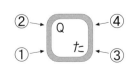

付録3 ローマ字／かな対応表

あ	い	う	え	お	A	I	U	E	O
ぁ	ぃ	ぅ	ぇ	ぉ	LA	LI	LU	LE	LO
か	き	く	け	こ	KA	KI	KU	KE	KO
きゃ	きぃ	きゅ	きぇ	きょ	KYA	KYI	KYU	KYE	KYO
さ	し	す	せ	そ	SA	SI	SU	SE	SO
しゃ	しぃ	しゅ	しぇ	しょ	SYA	SYI	SYU	SYE	SYO
しゃ	し	しゅ	しぇ	しょ	SHA	SHI	SHU	SHE	SHO
た	ち	つ	て	と	TA	TI	TU	TE	TO
		っ(※1)					LTU (XTU)		
ちゃ	ちぃ	ちゅ	ちぇ	ちょ	TYA	TYI	TYU	TYE	TYO
ちゃ	ち	ちゅ	ちぇ	ちょ	CHA	CHI	CHU	CHE	CHO
てゃ	てぃ	てゅ	てぇ	てょ	THA	THI	THU	THE	THO
な	に	ぬ	ね	の	NA	NI	NU	NE	NO
にゃ	にぃ	にゅ	にぇ	にょ	NYA	NYI	NYU	NYE	NYO
は	ひ	ふ	へ	ほ	HA	HI	HU	HE	HO
ひゃ	ひぃ	ひゅ	ひぇ	ひょ	HYA	HYI	HYU	HYE	HYO
ふぁ	ふぃ	ふ	ふぇ	ふぉ	FA	FI	FU	FE	FO
ふゃ	ふぃ	ふゅ	ふぇ	ふょ	FYA	FYI	FYU	FYE	FYO
ま	み	む	め	も	MA	MI	MU	ME	MO
みゃ	みぃ	みゅ	みぇ	みょ	MYA	MYI	MYU	MYE	MYO
や	い	ゆ	いぇ	よ	YA	YI	YU	YE	YO
ゃ	ぃ	ゅ	ぇ	ょ	LYA	LYI	LYU	LYE	LYO
ら	り	る	れ	ろ	RA	RI	RU	RE	RO
りゃ	りぃ	りゅ	りぇ	りょ	RYA	RYI	RYU	RYE	RYO
わ	うぃ	う	うぇ	を	WA	WI	WU	WE	WO
ん(※2)					NN				

が	ぎ	ぐ	げ	ご	GA	GI	GU	GE	GO
ぎゃ	ぎぃ	ぎゅ	ぎぇ	ぎょ	GYA	GYI	GYU	GYE	GYO
ざ	じ	ず	ぜ	ぞ	ZA	ZI	ZU	ZE	ZO
じゃ	じぃ	じゅ	じぇ	じょ	ZYA	ZYI	ZYU	ZYE	ZYO
じゃ	じ	じゅ	じぇ	じょ	JA	JI	JU	JE	JO
だ	ぢ	づ	で	ど	DA	DI	DU	DE	DO
ぢゃ	ぢぃ	ぢゅ	ぢぇ	ぢょ	DYA	DYI	DYU	DYE	DYO
でゃ	でぃ	でゅ	でぇ	でょ	DHA	DHI	DHU	DHE	DHO
ば	び	ぶ	べ	ぼ	BA	BI	BU	BE	BO
びゃ	びぃ	びゅ	びぇ	びょ	BYA	BYI	BYU	BYE	BYO
ぱ	ぴ	ぷ	ぺ	ぽ	PA	PI	PU	PE	PO
ぴゃ	ぴぃ	ぴゅ	ぴぇ	ぴょ	PYA	PYI	PYU	PYE	PYO
う゛ぁ	う゛ぃ	う゛	う゛ぇ	う゛ぉ	VA	VI	VU	VE	VO

※1： 子音が2つ続いても「っ」になります.　　（例）　**ATTA** → あった

※2： "N"＋子音でも「ん」になります.　　（例）　**KANJI** → かんじ

【50 音の入力】

　まず基本となる 50 音を入力してみましょう．"あいうえお"と入力するためには"aiueo"というように，ひらがなに対応するアルファベット キーを押します．各行の右端に達したら，[Enter]キーを押して改行しましょう．

【濁音／半濁音／拗音】

　濁音と半濁音については，説明するまでもないでしょう．

　拗音とは，"きゃきゅきょ"の"ゃゅょ"のように，他のかなの右下に小さく書く音のことです．

【撥音／促音／長音】

　撥音とは"ん"のことで"nn"と入力しますが，子音の前に来る場合は"n"だけでも OK です．

　促音とは"っ"のことで，単独では"ltu"と入力します．ただし子音の前に来ることが多いので，その子音を 2 つ続けて入力するのが一般的です．

　長音は長く伸ばす音で"ー"と表されます．マイナス記号"−"と紛らわしいので注意しましょう．

【読点／句点】

　いずれも文の区切りを明確にするための符号で，読点「、」は","を，句点「。」は"."を押します．読点と句点については，縦書きと横書きで符号を変えることもあるので，§1.3 の解説「句読点の用い方」を参照してください．

撥音の入力

(1) anni → あんい　　　kanni → かんい
(2) anki → あんき　　　kanki → かんき

促音の入力

(1) altu → あっ　　　　nltu → んっ
(2) atta → あった　　　gakkou → がっこう

[50音]	あいうえお　かきくけこ　さしすせそ　たちつてと　なにぬねの
	はひふへほ　まみむめも　やいゆえよ　らりるれろ　わいうえを
[濁音／半濁音]	がぎぐげご　ざじずぜぞ　だぢづでど　ばびぶべぼ　ぱぴぷぺぽ
[拗音]	きゃきゅきょ　しゃしゅしょ　ちゃちゅちょ　にゃにゅにょ
	ひゃひゅひょ　みゃみゅみょ　りゃりゅりょ
	ぎゃぎゅぎょ　じゃじゅじょ　びゃびゅびょ　ぴゃぴゅぴょ
[撥音]	ん；あんい　あんき　かんい　かんき　たんい　たんき
[促音]	っ；びっと　がっこう　ちぇっく　しょっく
[長音]	ー；でーた　かったー　こんぴゅーた　でーたべーす　はーどうぇあ
[読点／句点]	あさひが、のぼる。　がっこうへ、いった。　こんぴゅーたを、かった。

付録4 タッチタイプ

【タッチタイプとは何か】

　文字を入力するためにはキーボードのキーを押す（たたく）ことになりますが，もっとも合理的といわれる方法がタッチタイプです．キーの位置は感覚的に指に覚え込ませ，キーボードをほとんど見ずに，原稿あるいはディスプレイ画面に視線を置きながら入力する方法です．

【ホーム ポジション】

　キーボードを指の腹でなぞると，2つだけ触っただけで他のキーと区別できるキーがあります．1つは[F]，もう1つは[J]です．

　[F]に左手の人差し指を，[J]に右手の人差し指を置き，両方の中指，薬指，小指を順に外側に置いていきます．最後に両方の親指を[Space]キーに置いた状態，これがホーム ポジションです．

　親指以外の指が置かれている8個のキー[A], [S], [D], [F], [J], [K], [L], [;]は，ガイド キーと呼ばれます．

ホーム ポジション

【タッチタイプの意義】

　タッチタイプができない人の場合，文字を入力するたびに，原稿→キーボード→ディスプレイというように，3箇所に視線が移動します．

　タッチタイプを習得すると，視線の移動が減って作業がとぎれなくなるため，能率は上がり疲労度は少なくなります．さらに，誤字や脱字などの初歩的なミスも減少します．

【タッチタイプ習得の3原則】

　タッチタイプを習得するために，次の3つのことを心がけましょう．

1. 指は常にホーム ポジションに置く
2. キーボードを見ない
3. 各指の分担は必ず守る

　作業中は正しい姿勢でコンピュータに向かい，肩から指先まで力が入りすぎないようにしましょう．最初のうちは苦しく，かえって疲労度が増すように感じられるかもしれませんが，毎日これを実行していれば，目にみえて上達していくのがわかることでしょう．

【ホーム ポジションの練習】

ホーム ポジションに各指を置いた状態、つまり8個のガイド キーの練習を行います。

4文字ずつ入力しては、親指で[Space]キーを押して区切ります。各行の右端まで到達したら、[Enter]キーを押して改行します。

少し慣れてきたら、左手の人差し指には[F]に加えて[G]を、右手の人差し指には[J]に加えて[H]を分担させて練習を続けます。

【人差し指】

左手の人差し指の分担は、[F]を含む縦の列と、[G]を含む縦の列の2列です。

同様に右手の人差し指の分担は、[J]を含む縦の列と、[H]を含む縦の列の2列です。

他の指よりも分担は多いですが、もともと器用な指なので覚えてしまえば苦になりません。

【中指】

左手の中指の分担は[D]を含む縦の列、右手の中指の分担は[K]を含む縦の列です。

【薬指】

左手の薬指の分担は[S]を含む縦の列、右手の薬指の分担は[L]を含む縦の列です。

【小指】

左手の小指の分担は[A]を含む縦の列、右手の中指の分担は[;]を含む縦の列です。

ただし厳密にいうと、左手の小指は[A]より左側の列にあるキーはすべて、右手の小指は[;]より右側の列にあるキーはすべて分担することになるので、小指は最も忙しい指といえるかもしれません。

人差し指の分担

中指の分担

薬指の分担

小指の分担

付録5 保存可能なファイル形式

Word / Excel / PowerPoint の各アプリケーションにおいて [名前を付けて保存]〜[ファイルの種類] を選択したとき，以下の表に示すファイル形式のうち，いずれかを選択して保存することができます．

■Wordで保存できるファイル形式

名称	拡張子	説明
Word 文書	.docx	Word（2007 以降，以下同じ）で既定の XML ベース ファイル形式 （VBA マクロコードの保存は不可）．
Word マクロ有効文書	.docm	Word の XML ベースのマクロ有効ファイル形式．
Word 97-2003 文書	.doc	Word 97−2003 で使用できる文書形式．
Word テンプレート	.dotx	Word テンプレート用の既定のファイル形式 （VBA マクロコードの保存は不可）．
Word マクロ有効テンプレート	.dotm	Word テンプレート用のマクロ有効ファイル形式．
Word 97-2003 テンプレート	.dot	Word 97−2003 で使用できるテンプレート用のファイル形式．
PDF	.pdf	Portable Document Format；閲覧・印刷を目的とした交換用ファイル形式，PDF 専用ビューアが必要．
XPS 文書	.xps	XML Paper Specification；閲覧・印刷を目的とした交換用ファイル形式，XPS 専用ビューアが必要．
単一ファイル Web ページ	.mht .mhtml	Word 文書を，単一のファイル Web ページとして保存．
Web ページ	.htm .html	Word 文書を，HTML ファイルや画像ファイルで構成される Web ページとして保存．
Web ページ（フィルター後）	.htm .html	HTML Filter を適用した後，Web ページとして保存．
リッチ テキスト形式	.rtf	書式情報を保持し，編集が可能な交換用ファイル形式．
書式なし	.txt	書式情報を持たず，文字だけで構成されるテキスト形式．
Word XML ドキュメント	.xml	Word の XML データ形式．
Word 2003 XML ドキュメント	.xml	Word 2003 の XML データ形式．
完全 Open XML ドキュメント	.docx	ISO の Open XML 標準に厳密に従った Word 文書ファイル形式．
OpenDocument テキスト	.odt	OpenDocument ワードプロセッシング アプリケーションで使用できるファイル形式．

■Excelで保存できるファイル形式

名称	拡張子	説明
Excel ブック	.xlsx	Excel（2007 以降，以下同じ）で既定の XML ベース ファイル形式 （VBA マクロコードの保存は不可）．
Excel マクロ有効ブック	.xlsm	Excel の XML ベースのマクロ有効ファイル形式．
Excel バイナリ ブック	.xlsb	Excel のバイナリ ファイル形式（BIFF12）．
Excel 97-2003 ブック	.xls	Excel 97−2003 で使用できるブック形式（バイナリ ファイル形式，BIFF8）．
CSV UTF-8 (コンマ区切り)	.csv	作業中のワークシートだけを，UTF-8 文字エンコードの CSV ファイルとして保存．
XML データ	.xml	Excel の XML データ形式．
単一ファイル Web ページ	.mht .mhtml	Excel ブックを，単一ファイルの Web ページとして保存．
Web ページ	.htm .html	Excel ブックを，HTML ファイルや画像ファイルで構成される Web ページとして保存．
Excel テンプレート	.xltx	Excel テンプレート用の既定のファイル形式 （VBA マクロコードの保存は不可）．
Excel マクロ有効テンプレート	.xltm	Excel テンプレート用のマクロ有効ファイル形式．
Excel 97-2003 テンプレート	.xlt	Excel 97−2003 で使用できるテンプレート用のファイル形式．
テキスト（タブ区切り）	.txt	作業中のワークシートだけを，タブ区切りのテキスト ファイルとして保存．

Unicode テキスト	.txt	作業中のワークシートだけを，タブ区切りの Unicode テキスト ファイルとして保存.
XML スプレッドシート 2003	.xml	Excel 2003 の XML スプレッドシート形式（XMLSS）.
Microsoft Excel 5.0 / 95 ブック	.xls	Excel 5.0 / 95 バイナリ ファイル形式（BIFF5）.
CSV（コンマ区切り）	.csv	作業中のワークシートだけを，コンマ区切りのテキスト ファイルとして保存.
テキスト（スペース区切り）	.prn	作業中のワークシートだけを，スペース区切りのテキスト ファイルとして保存.
DIF	.dif	作業中のワークシートだけを，表計算用の DIF (データ交換形式) ファイルとして保存.
SYLK	.slk	作業中のワークシートだけを，表計算用の SYLK 形式（シンボリック リンク形式）ファイルとして保存.
Excel アドイン	.xlam	Excel のマクロ有効アドイン ファイル形式.
Excel 97-2003 アドイン	.xla	Excel 97−2003 で使用できるアドインファイル形式.
PDF	.pdf	Portable Document Format；閲覧・印刷を目的とした交換用ファイル形式.
XPS ドキュメント	.xps	XML Paper Specification；閲覧・印刷を目的とした交換用ファイル形式.
完全 Open XML スプレッドシート	.docx	ISO の Open XML 標準に厳密に従った Excel ブック ファイル形式.
OpenDocument スプレッドシート	.ods	OpenDocument スプレッドシート アプリケーションで使用できるファイル形式.

■PowerPointで保存できるファイル形式

PowerPoint プレゼンテーション	.pptx	PowerPoint（2007 以降，以下同じ）で既定の XML ベース ファイル形式（VBA マクロコードの保存は不可）.
PowerPoint マクロ有効プレゼンテーション	.pptm	PowerPoint の XML ベースのマクロ有効ファイル形式.
PowerPoint 97-2003 プレゼンテーション	.ppt	PowerPoint 97−2003 で使用できるプレゼンテーション形式.
PDF	.pdf	Portable Document Format；閲覧・印刷を目的とした交換用ファイル形式.
XPS 文書	.xps	XML Paper Specification；閲覧・印刷を目的とした交換用ファイル形式.
PowerPoint テンプレート	.potx	PowerPoint テンプレート用の既定のファイル形式（VBA マクロコードの保存は不可）.
PowerPoint マクロ有効テンプレート	.potm	PowerPoint テンプレート用のマクロ有効ファイル形式.
PowerPoint 97-2003 テンプレート	.pot	PowerPoint 97−2003 で使用できるテンプレート用のファイル形式.
Office テーマ	.thmx	カラー，フォント，効果などのテーマ定義が含まれるスタイルシートとして保存.
PowerPoint スライドショー	.ppsx	PowerPoint スライドショー用のファイル形式.
PowerPoint マクロ有効スライドショー	.ppsm	PowerPoint スライドショー用のマクロ ファイル形式.
PowerPoint 97-2003 スライドショー	.pps	PowerPoint 97−2003 で開いて使用できるスライドショー用のファイル形式.
PowerPoint アドイン	.ppam	PowerPoint のマクロ有効アドイン ファイル形式（アドインは，追加コードを実行するための補助プログラム）.
PowerPoint 97-2003 アドイン	.ppa	PowerPoint 97−2003 で使用できるアドイン ファイル形式.
PowerPoint XML プレゼンテーション	.xml	PowerPoint の XML データ形式.
MPEG-4 ビデオ	.mp4	プレゼンテーションを MPEG-4 ビデオ ファイルとして保存.
Windows Media ビデオ	.wmv	プレゼンテーションを WMV ビデオ ファイルとして保存.
アニメーション GIF 形式	.gif	各スライドをアニメーション付きグラフィック画像として GIF ファイル形式で保存.
JPEG ファイル交換形式	.jpg	各スライドをグラフィック画像として JPEG ファイル形式で保存.
PNG ポータブル ネットワーク グラフィックス形式	.png	各スライドをグラフィック画像として PNG ファイル形式で保存.
TIFF 形式	.tif	各スライドをグラフィック画像として TIFF ファイル形式で保存.
デバイスに依存しないビットマップ	.bmp	各スライドをグラフィック画像として BMP ファイル形式で保存.
Windows メタファイル	.wmf	各スライドを直線・テキストなどで構成される16ビット グラフィック画像形式で保存.
拡張 Windows メタファイル	.emf	各スライドを直線・テキストなどで構成される32ビット グラフィック画像形式で保存.
スケーラブル ベクター グラフィックス形式	.svg	各スライドを解像度が損なわれないベクター形式のグラフィック画像として SVG ファイル形式で保存.
アウトライン / リッチテキスト形式	.rtf	プレゼンテーション アウトライン（画像やノートペイン内のテキストは除く）を書式付きテキストとして保存.
PowerPoint 画像化プレゼンテーション	.pptx	すべてのスライドを画像に変換した PowerPoint プレゼンテーション用のファイル形式.
完全 Open XML プレゼンテーション	.pptx	ISO の Open XML 標準に厳密に従った PowerPoint プレゼンテーション ファイル形式.
OpenDocument プレゼンテーション	.odp	OpenDocument プレゼンテーション アプリケーションで使用できるファイル形式.

付録6 Excel のワークシート関数

Excel 2021 には，500 を超える便利なワークシート関数が用意されています（2023 年 7 月時点）．

ここでは，ワークシート関数の一覧を機能別にまとめ，その名称と役割を掲載しました．パラメーターの与え方など具体的な使い方については，オンライン ヘルプを参照してください．

Excel 2021では，Excel 2019と比べて30以上のワークシート関数が追加（関数名の前の〇印）され，これによって500を超える関数が用意されました．

ただし，これらのうち41個は「互換性関数」と呼ばれるもので，今のところ旧関数との併用は可能ですが，以前のバージョンとの互換性が必要でない場合は，新しい関数（"⇒ xxxxx "で示す関数）を使うことが推奨されます．

関数名の前の☆印は，その関数がVBA（Visual Basic for Applications）で利用できることを示しています．

- ➢ 互換性関数
- ➢ キューブ関数
- ➢ データベース関数
- ➢ 日付と時刻の関数
- ➢ エンジニアリング関数
- ➢ 財務関数
- ➢ 情報関数
- ➢ 論理関数
- ➢ 検索 / 行列関数
- ➢ 数学 / 三角関数
- ➢ 統計関数
- ➢ 文字列関数
- ➢ アドインと一緒にインストールされるユーザー定義関数
- ➢ Web 関数

■互換性関数

これらの関数はすべて，より精度が高く，その使用法をより適切に表す名前を持つ，新しい関数に置き換えられました（"⇒ xxxxx " は新関数名）．これらの関数は下位互換性のために引き続き利用可能ですが，Excel の将来のバージョンでは利用できなくなる可能性があります．

☆ BETADIST	⇒ BETA.DIST : β分布の分布関数の値を返します．
☆ BETAINV	⇒ BETA.INV : β分布の分布関数の逆関数の値を返します．
☆ BINOMDIST	⇒ BINOM.DIST : 二項分布の確率関数の値を返します．
☆ CHIDIST	⇒ CHISQ.DIST.RT : カイ2乗分布の片側確率の値を返します．
☆ CHIINV	⇒ CHISQ.INV.RT : カイ2乗分布の片側確率の逆関数の値を返します．
☆ CHITEST	⇒ CHISQ.TEST : カイ2乗（χ^2）検定を行います．
CONCATENATE	⇒ CONCAT : 複数の文字列を結合して1つの文字列にまとめます．
☆ CONFIDENCE	⇒ CONFIDENCE.NORM : 母集団に対する信頼区間を返します．
☆ COVAR	⇒ COVARIANCE.P : 共分散を返します． 共分散とは，2組の対応するデータ間での標準偏差の積の平均値です．
☆ CRITBINOM	⇒ BINOM.INV : 累積二項分布の値が基準値以上になるような最小の値を返します．
☆ EXPONDIST	⇒ EXPON.DIST : 指数分布関数を返します．
☆ FDIST	⇒ F.DIST.RT : F分布の確率関数の値を返します．
☆ FINV	⇒ F.INV.RT : F分布の確率関数の逆関数の値を返します．
☆ FLOOR	⇒ FLOOR.MATH : 数値を指定された桁数で切り捨てます．
FORECAST	⇒ FORECAST.LINEAR : 既存の値を使用して，将来の値を計算または予測します．

☆ FTEST	⇒ F.TEST : F検定の結果を返します.
☆ GAMMADIST	⇒ GAMMA.DIST : ガンマ分布関数の値を返します.
☆ GAMMAINV	⇒ GAMMA.INV : ガンマ分布の累積分布関数の逆関数の値を返します.
☆ HYPGEOMDIST	⇒ HYPGEOM.DIST : 超幾何分布関数の値を返します.
☆ LOGINV	⇒ LOGNORM.INV : 対数正規分布の累積分布関数の逆関数の値を返します.
☆ LOGNORMDIST	⇒ LOGNORM.DIST : 対数正規分布の累積分布関数の値を返します.
☆ MODE	⇒ MODE.SNGL : 最も頻繁に出現する値(最頻値)を返します.
☆ NEGBINOMDIST	⇒ NEGBINOM.DIST : 負の二項分布の確率関数の値を返します.
☆ NORMDIST	⇒ NORM.DIST : 正規分布の累積分布関数の値を返します.
☆ NORMINV	⇒ NORM.INV : 正規分布の累積分布関数の逆関数の値を返します.
☆ NORMSDIST	⇒ NORM.S.DIST : 標準正規分布の累積分布関数の値を返します.
☆ NORMSINV	⇒ NORM.S.INV : 標準正規分布の累積分布関数の逆関数の値を返します.
☆ PERCENTILE	⇒ PERCENTILE.INC : 配列のデータの中で,百分位で率に位置する値を返します.
☆ PERCENTRANK	⇒ PERCENTRANK.INC : 配列内での値の順位を百分率で表した値を返します.
☆ POISSON	⇒ POISSON.DIST : ポアソン分布の値を返します.
☆ QUARTILE	⇒ QUARTILE.INC : 配列に含まれるデータから四分位数を抽出します.
☆ RANK	⇒ RANK.EQ : 数値のリストの中で,指定した数値の序列を返します.
☆ STDEV	⇒ STDEV.S : 引数を正規母集団の標本と見なし, 標本に基づいて母集団の標準偏差の推定値を返します.
☆ STDEVP	⇒ STDEV.P : 引数を母集団全体と見なし,母集団の標準偏差を返します.
☆ TDIST	⇒ T.DIST.2T, T.DIST.RT : スチューデントのt分布の値を返します.
☆ TINV	⇒ T.INV.2T : スチューデントのt分布の逆関数の値を返します.
☆ TTEST	⇒ T.TEST : スチューデントのt検定に関連する確率を返します.
☆ VAR	⇒ VAR.S : 引数を正規母集団の標本と見なし, 標本に基づいて母集団の分散の推定値(不偏分散)を返します.
☆ VARP	⇒ VAR.P : 引数を母集団全体と見なし,母集団の分散(標本分散)を返します.
☆ WEIBULL	⇒ WEIBULL.DIST : ワイブル分布の値を返します.
☆ ZTEST	⇒ Z.TEST : z検定の片側 P 値を返します.

■キューブ関数

CUBEKPIMEMBER	主要業績評価指標(KPI)のプロパティを返し,KPI 名をセルに表示します. KPI は,月間粗利益や四半期従業員退職率など,定量化が可能な測定値であり,組織の業績をモニタリングするために使用されます.
CUBEMEMBER	キューブのメンバーまたは組を返します. キューブ内にメンバーまたは組が存在することを確認するために使用します.
CUBEMEMBER PROPERTY	キューブ内のメンバー プロパティの値を返します. メンバー名がキューブ内に存在することを確認し,このメンバーの特定のプロパティを取得するために使用します.
CUBERANKED MEMBER	セット内のn番目の(ランクされている)メンバーを返します. 売り上げトップの販売員,成績上位10位までの学生など,セット内の1つ以上の要素を取得するために使用します.
CUBESET	セット式をサーバー上のキューブに送信して,計算されたメンバーまたは組のセットを定義します. サーバー上のキューブによってセットが作成され,Microsoft Excel に返されます.
CUBESETCOUNT	セット内のアイテムの数を返します.
CUBEVALUE	キューブの集計値を返します.

■データベース関数

☆ DAVERAGE	リストまたはデータベースの指定された列を検索し,条件を満たすレコードの平均値を返します.
☆ DCOUNT	リストまたはデータベースの指定された列を検索し,条件を満たすレコードの中で数値が入力されているセルの個数を返します.
☆ DCOUNTA	リストまたはデータベースの指定された列を検索し,条件を満たすレコードの中の空白でないセルの個数を返します.
☆ DGET	リストまたはデータベースの列から,指定された条件を満たす1つの値を抽出します.
☆ DMAX	リストまたはデータベースの指定された列を検索し,条件を満たすレコードの最大値を返します.
☆ DMIN	リストまたはデータベースの指定された列を検索し,条件を満たすレコードの最小値を返します.
☆ DPRODUCT	リストまたはデータベースの指定された列を検索し,条件を満たすレコードの特定のフィールド値を積算します.
☆ DSTDEV	リストまたはデータベースの列を検索し,指定された条件を満たすレコードを母集団の標本と見なして,母集団に対する標準偏差を返します.
☆ DSTDEVP	リストまたはデータベースの指定された列を検索し,条件を満たすレコードを母集団全体と見なして,母集団の標準偏差を返します.
☆ DSUM	リストまたはデータベースの指定された列を検索し,条件を満たすレコードの合計を返します.
☆ DVAR	リストまたはデータベースの指定された列を検索し,条件を満たすレコードを母集団の標本と見なして,母集団に対する分散を返します.
☆ DVARP	リストまたはデータベースの指定された列を検索し,条件を満たすレコードを母集団全体と見なして,母集団の分散を返します.

■日付と時刻の関数

DATE	指定された日付に対応するシリアル値を返します.
DATEDIF	2つの日付の間の日数,月数,または年数を計算します. (DATEDIF 関数では,特定のシナリオで誤った計算結果を返すことがあります.)
DATEVALUE	日付を表す文字列をシリアル値に変換します.
DAY	シリアル値を日付に変換します.
☆ DAYS	2つの日付間の日数を返します.
☆ DAYS360	1年を360日(30日×12)として,支払いの計算などに使用される2つの日付の間の日数を返します.
☆ EDATE	開始日から起算して,指定した月数だけ前または後の日付に対応するシリアル値を返します.
☆ EOMONTH	開始日から起算して,指定した月数だけ前または後の月の最終日に対応するシリアル値を返します.
HOUR	シリアル値を時刻に変換します.
☆ ISOWEEKNUM	指定された日付のその年における ISO 週番号を返します.
MINUTE	シリアル値を時刻の分に変換します.
MONTH	シリアル値を月に変換します.
☆ NETWORKDAYS	開始日と終了日を指定して,その期間内の稼動日の日数を返します.
☆ NETWORKDAYS.INTL	週末がどの曜日で何日間あるかを示すパラメーターを使用して,開始日と終了日の間にある稼働日の日数を返します.
NOW	現在の日付と時刻に対応するシリアル値を返します.
SECOND	シリアル値を時刻の秒に変換します.
TIME	指定した時刻に対応するシリアル値を返します.
TIMEVALUE	時刻を表す文字列をシリアル値に変換します.
TODAY	現在の日付に対応するシリアル値を返します.
☆ WEEKDAY	シリアル値を曜日に変換します.
☆ WEEKNUM	シリアル値をその年の何週目に当たるかを示す値に変換します.

☆ WORKDAY	開始日から起算して, 指定した稼動日数だけ前または後の日付に対応するシリアル値を返します.
☆ WORKDAY.INTL	週末がどの曜日で何日間あるかを示すパラメーターを使用して, 開始日から起算して指定した稼働日数だけ前または後の日付に対応するシリアル値を返します.
YEAR	シリアル値を年に変換します.
☆ YEARFRAC	開始日と終了日を指定して, その間の期間が1年間に対して占める割合を返します.

■エンジニアリング関数

☆ BESSELI	修正ベッセル関数 $I_n(x)$ を返します.
☆ BESSELJ	ベッセル関数 $J_n(x)$ を返します.
☆ BESSELK	修正ベッセル関数 $K_n(x)$ を返します.
☆ BESSELY	ベッセル関数 $Y_n(x)$ を返します.
☆ BIN2DEC	2進数を10進数に変換します.
☆ BIN2HEX	2進数を16進数に変換します.
☆ BIN2OCT	2進数を8進数に変換します.
☆ BITAND	2つの数値のビット単位の'AND'(論理積)を返します.
☆ BITLSHIFT	shift_amount ビットだけ左へシフトした数値を返します.
☆ BITOR	2つの数値のビット単位の'OR'(論理和)を返します.
☆ BITRSHIFT	shift_amount ビットだけ右へシフトした数値を返します.
☆ BITXOR	2つの数値のビット単位の'XOR'(排他的論理和)を返します.
☆ COMPLEX	実数係数および虚数係数を"x+yi"または"x+yj"の形式の複素数に変換します.
☆ CONVERT	数値の単位を変換します.
☆ DEC2BIN	10進数を2進数に変換します.
☆ DEC2HEX	10進数を16進数に変換します.
☆ DEC2OCT	10進数を8進数に変換します.
☆ DELTA	2つの値が等しいかどうかを調べます.
☆ ERF	下限〜上限の範囲で, 誤差関数の積分値を返します.
☆ ERF.PRECISE	誤差関数の積分値を返します.
☆ ERFC	相補誤差関数の積分値を返します.
☆ ERFC.PRECISE	x〜無限大の範囲で, 相補誤差関数の積分値を返します.
☆ GESTEP	数値がしきい値以上であるかどうかを調べます.
☆ HEX2BIN	16進数を2進数に変換します.
☆ HEX2DEC	16進数を10進数に変換します.
☆ HEX2OCT	16進数を8進数に変換します.
☆ IMABS	指定した複素数の絶対値を返します.
☆ IMAGINARY	指定した複素数の虚数係数を返します.
☆ IMARGUMENT	引数シータ(ラジアンで表した角度)を返します.
☆ IMCONJUGATE	複素数の複素共役を返します.
☆ IMCOS	複素数のコサイン(余弦)を返します.
☆ IMCOSH	複素数の双曲線余弦を返します.
☆ IMCOT	複素数の余接を返します.
☆ IMCSC	複素数の余割を返します.
☆ IMCSCH	複素数の双曲線余割を返します.
☆ IMDIV	2つの複素数の商を返します.
☆ IMEXP	複素数のべき乗を返します.
☆ IMLN	複素数の自然対数を返します.

☆ IMLOG10	複素数の10を底とする対数(常用対数)を返します.
☆ IMLOG2	複素数の2を底とする対数を返します.
☆ IMPOWER	複素数の整数乗を返します.
☆ IMPRODUCT	2〜255個の複素数の積を返します.
☆ IMREAL	複素数の実数係数を返します.
☆ IMSEC	複素数の正割を返します.
☆ IMSECH	複素数の双曲線正割を返します.
☆ IMSIN	複素数のサイン(正弦)を返します.
☆ IMSINH	複素数の双曲線正弦(ハイパーボリック サイン)を返します.
☆ IMSQRT	複素数の平方根を返します.
☆ IMSUB	2つの複素数の差を返します.
☆ IMSUM	複素数の和を返します.
☆ IMTAN	複素数の正接を返します.
☆ OCT2BIN	8進数を2進数に変換します.
☆ OCT2DEC	8進数を10進数に変換します.
☆ OCT2HEX	8進数を16進数に変換します.

■財務関数

☆ ACCRINT	定期的に利息が支払われる証券の未収利息額を返します.
☆ ACCRINTM	満期日に利息が支払われる証券の未収利息額を返します.
☆ AMORDEGRC	減価償却係数を使用して,各会計期における減価償却費を返します.
☆ AMORLINC	各会計期における減価償却費を返します.
☆ COUPDAYBS	利払期間の第1日目から受渡日までの日数を返します.
☆ COUPDAYS	受渡日を含む利払期間内の日数を返します.
☆ COUPDAYSNC	受渡日から次の利払日までの日数を返します.
☆ COUPNCD	受領日後の次の利息支払日を返します.
☆ COUPNUM	受領日と満期日の間に利息が支払われる回数を返します.
☆ COUPPCD	受領日の直前の利息支払日を返します.
☆ CUMIPMT	指定した期間に,貸付金に対して支払われる利息の累計を返します.
☆ CUMPRINC	指定した期間に,貸付金に対して支払われる元金の累計を返します.
☆ DB	定率法(Fixed-declining Balance Method)を使用して, 特定の期における資産の減価償却費を返します.
☆ DDB	倍額定率法(Double-declining Balance Method)を使用して, 特定の期における資産の減価償却費を返します.
☆ DISC	証券に対する割引率を返します.
☆ DOLLARDE	分数で表されたドル単位の価格を,小数表示に変換します.
☆ DOLLARFR	小数で表されたドル単位の価格を,分数表示に変換します.
☆ DURATION	定期的に利子が支払われる証券の年間のマコーレーデュレーションを返します.
☆ EFFECT	実効年利率を返します.
☆ FV	投資の将来価値を返します.
☆ FVSCHEDULE	投資期間内の一連の金利を複利計算することにより,初期投資の元金の将来価値を返します.
☆ INTRATE	全額投資された証券の利率を返します.
☆ IPMT	投資期間内の指定された期に支払われる金利を返します.
☆ IRR	一連の定期的なキャッシュフローに対する内部利益率を返します.
☆ ISPMT	投資期間内の指定された期に支払われる金利を返します.

☆ MDURATION	額面価格を$100と仮定して, 証券に対する修正マコーレーデュレーションを返します.
☆ MIRR	定期的に発生する一連の支払い(負の値)と収益(正の値)に基づいて, 修正内部利益率を返します.
☆ NOMINAL	名目年利率を返します.
☆ NPER	投資に必要な期間を返します.
☆ NPV	定期的に発生する一連の支払い(負の値)と収益(正の値), および割引率を指定して, 投資の正味現在価値を算出します.
☆ ODDFPRICE	1期目の日数が半端な証券に対して, 額面$100あたりの価格を返します.
☆ ODDFYIELD	1期目の日数が半端な証券の利回りを返します.
☆ ODDLPRICE	最終期の日数が半端な証券に対して, 額面$100あたりの価格を返します.
☆ ODDLYIELD	最終期の日数が半端な証券の利回りを返します.
☆ PDURATION	投資が指定した価値に達するまでの投資期間を返します.
☆ PMT	定期支払額を算出します.
☆ PPMT	指定した期に支払われる元金を返します.
☆ PRICE	定期的に利息が支払われる証券に対して, 額面$100あたりの価格を返します.
☆ PRICEDISC	割引証券の額面$100あたりの価格を返します.
☆ PRICEMAT	満期日に利息が支払われる証券に対して, 額面$100あたりの価格を返します.
☆ PV	投資の現在価値を返します.
☆ RATE	投資の利率を返します.
☆ RECEIVED	全額投資された証券に対して, 満期日に支払われる金額を返します.
☆ RRI	投資の成長に対する等価利率を返します.
☆ SLN	定額法(Straight-line Method)を使用して, 資産の1期あたりの減価償却費を返します.
☆ SYD	級数法(Sum-of-Year's Digits Method)を使用して, 特定の期における減価償却費を返します.
☆ TBILLEQ	米国財務省短期証券(TB)の債券換算利回りを返します.
☆ TBILLPRICE	米国財務省短期証券(TB)の額面$100あたりの価格を返します.
☆ TBILLYIELD	米国財務省短期証券(TB)の利回りを返します.
☆ VDB	倍額定率法または指定した方法を使用して, 指定した期間における資産の減価償却費を返します.
☆ XIRR	定期的でないキャッシュフローに対する内部利益率を返します.
☆ XNPV	定期的でないキャッシュフローに対する正味現在価値を返します.
YIELD	利息が定期的に支払われる証券の利回りを返します.
☆ YIELDDISC	米国財務省短期証券(TB)などの割引債の年利回りを返します.
☆ YIELDMAT	満期日に利息が支払われる証券の年利回りを返します.

■情報関数

CELL	セルの書式, 位置, 内容についての情報を返します.
ERROR.TYPE	エラーの種類に対応する数値を返します.
INFO	現在の操作環境についての情報を返します. 注:この関数は, Web 用 Excel では使用できません.
ISBLANK	対象が空白セルを参照するときに TRUE を返します.
☆ ISERR	対象が#N/A 以外のエラー値のときに TRUE を返します.
☆ ISERROR	対象が任意のエラー値のときに TRUE を返します.
☆ ISEVEN	数値が偶数のときに TRUE を返します.
☆ ISFORMULA	数式が含まれるセルへの参照がある場合に TRUE を返します.
☆ ISLOGICAL	対象が論理値のときに TRUE を返します.
☆ ISNA	対象がエラー値#N/A のときに TRUE を返します.

☆ ISNONTEXT	対象が文字列以外のときに TRUE を返します.
☆ ISNUMBER	対象が数値のときに TRUE を返します.
☆ ISODD	数値が奇数のときに TRUE を返します.
○ ISOMITTED	LAMBDA 関数の値が見つからないかどうかを確認し, TRUE または FALSE を返します
ISREF	対象がセル参照のときに TRUE を返します.
☆ ISTEXT	対象が文字列のときに TRUE を返します.
N	値を数値に変換します.
NA	エラー値#N/A を返します.
SHEET	参照されるシートのシート番号を返します.
SHEETS	参照内のシート数を返します.
TYPE	データ型を表す数値を返します.

■論理関数

☆ AND	すべての引数が TRUE のときに TRUE を返します.
○ BYCOL	各列に LAMBDA 関数を適用し, 結果の配列を返します.
○ BYROW	各行に LAMBDA 関数を適用し, 結果の配列を返します.
FALSE	論理値 FALSE を返します.
IF	値または数式が条件を満たしているかどうかを判定します.
☆ IFERROR	数式の結果がエラーの場合は指定した値を返し, それ以外の場合は数式の結果を返します.
☆ IFNA	それ以外の場合は, 式の結果を返します.
IFS	1つ以上の条件が満たされているかどうかをチェックして, 最初の TRUE 条件に対応する値を返します.
○ LAMBDA	カスタムで再利用可能な関数を作成し, フレンドリ名で呼び出します.
○ LET	計算結果に名前を割り当てます.
○ MAKEARRAY	LAMBDA 関数を適用して, 指定した行と列のサイズの計算された配列を返します.
○ MAP	LAMBDA 関数を適用して新しい値を作成することで, 配列内の各値を新しい値にマッピングして形成された配列を返します.
NOT	引数の論理値(TRUE または FALSE)を逆にして返します.
☆ OR	いずれかの引数が TRUE のときに TRUE を返します.
○ REDUCE	各値に LAMBDA 関数を適用し, アキュムレータの合計値を返すことで, 配列を累積値に減らします.
○ SCAN	各値に LAMBDA 関数を適用して配列をスキャンし, 各中間値を持つ配列を返します.
SWITCH	値の一覧に対して式を評価し, 最初に一致する値に対応する結果を返します. いずれにも一致しない場合は, 任意指定の既定値が返されます.
TRUE	論理値 TRUE を返します.
☆ XOR	すべての引数の排他的論理和を返します.

■検索 / 行列関数

ADDRESS	ワークシート上のセル参照を文字列として返します.
AREAS	指定された範囲に含まれる領域の個数を返します.
☆ CHOOSE	引数リストの値の中から特定の値を1つ選択します.
○ CHOOSECOLS	配列から指定された列を返します.
○ CHOOSEROWS	配列から指定された行を返します.
COLUMN	セル参照の列番号を返します.
COLUMNS	セル参照の列数を返します.
○ DROP	配列の先頭または末尾から指定した数の行または列を除外します.

○	EXPAND	指定した行と列のディメンションに配列を展開または埋め込みます.
○ ☆	FIELDVALUE	引数に指定したリンクされたデータの種類から, 一致するすべてのフィールドを返します.
○ ☆	FILTER	フィルターは定義した条件に基づいたデータ範囲です.
	FORMULATEXT	指定された参照の位置にある数式をテキストとして返します.
	GETPIVOTDATA	ピボットテーブルレポートに格納されているデータを返します.
☆	HLOOKUP	配列の上端行で特定の値を検索し, 対応するセルの値を返します.
○	HSTACK	配列を水平方向および順番に追加して, 大きな配列を返します.
	HYPERLINK	ネットワークサーバー, イントラネット, またはインターネット上に格納されている ドキュメントを開くために, ショートカットまたはジャンプを作成します.
○	IMAGE	特定のソースからイメージを返します.
☆	INDEX	セル参照または配列から, 指定された位置の値を返します.
	INDIRECT	参照文字列によって指定されるセルに入力されている文字列を介して, 間接的にセルを指定します.
☆	LOOKUP	ベクトル(1行または1列で構成されるセル範囲)または配列を検索し, 対応する値を返します.
☆	MATCH	照合の型に従って参照または配列に含まれる値を検索し, 検査値と一致する要素の相対的な位置を数値で返します.
	OFFSET	指定された行数と列数だけシフトした位置にあるセルまたはセル範囲への 参照(オフセット参照)を返します.
	ROW	セル参照の行番号を返します.
	ROWS	セル参照の行数を返します.
☆	RTD	COM オートメーションに対応するプログラムからリアルタイムのデータを取得します.
○ ☆	SORT	SORT 関数では, 範囲または配列の内容を並べ替えます.
○ ☆	SORTBY	範囲または配列の内容を, 対応する範囲または配列の値に基づいて並べ替えます.
○	TAKE	配列の先頭または末尾から, 指定した数の連続する行または列を返します.
○	TOCOL	1つの列の配列を返します.
○	TOROW	1行の配列を返します.
☆	TRANSPOSE	配列で指定された範囲のデータの行列変換を行います.
○ ☆	UNIQUE	一覧または範囲内の一意の値の一覧を返します.
☆	VLOOKUP	配列の左端列で特定の値を検索し, 対応するセルの値を返します.
○ ☆	VSTACK	より大きな配列を返すために, 配列を垂直方向および順番に追加します.
○	WRAPCOLS	指定した数の要素の後に, 指定した行または列の値を列でラップします.
○	WRAPROWS	指定した数の要素の後に, 指定された行または値の列を行ごとにラップします.
○ ☆	XLOOKUP	範囲または配列を検索し, 最初に見つかった一致に対応する項目を返します. 一致するものがない場合, XLOOKUP は最も近い(近似)一致を返します.
○ ☆	XMATCH	セルの配列またはセルの範囲内で指定された項目の相対的な位置を返します.

■数学 / 三角関数

	ABS	数値の絶対値を返します.
☆	ACOS	数値のアークコサイン(逆余弦)を返します.
☆	ACOSH	数値の双曲線逆余弦(ハイパーボリックコサインの逆関数)を返します.
☆	ACOT	数値の逆余接を返します.
☆	ACOTH	数値の双曲線逆余接を返します.
☆	AGGREGATE	リストまたはデータベースの集計値を返します.
☆	ARABIC	ローマ数字をアラビア数字に変換します.
☆	ASIN	数値のアークサイン(逆正弦)を返します.
☆	ASINH	数値の双曲線逆正弦(ハイパーボリックサインの逆関数)を返します.

	ATAN	数値のアークタンジェント(逆正接)を返します.
☆	ATAN2	指定された x-y 座標のアークタンジェント(逆正接)を返します.
☆	ATANH	数値の双曲線逆正接(ハイパーボリックタンジェントの逆関数)を返します.
☆	BASE	指定された基数(底)のテキスト表現に, 数値を変換します.
☆	CEILING	基準値の倍数のうち, 絶対値に換算して最も近い値に切り上げられた数値を返します.
☆	CEILING.MATH	数値を最も近い整数, または基準値の倍数で最も近い数に切り上げます.
☆	CEILING.PRECISE	最も近い整数に切り上げた値, または, 指定された基準値の倍数のうち最も近い値を返します. 数値は正負に関係なく切り上げられます.
☆	COMBIN	指定された個数を選択するときの組み合わせの数を返します.
☆	COMBINA	指定された個数を選択するときの組み合わせ(反復あり)の数を返します.
	COS	指定された角度のコサイン(余弦)を返します.
☆	COSH	数値の双曲線余弦(ハイパーボリックコサイン)を返します.
☆	COT	角度の双曲線余接を返します.
☆	COTH	数値の双曲線余接を返します.
☆	CSC	角度の余割を返します.
☆	CSCH	角度の双曲線余割を返します.
☆	DECIMAL	指定された底の数値のテキスト表現を 10 進数に変換します.
☆	DEGREES	ラジアンを度に変換します.
☆	EVEN	指定された数値を最も近い偶数に切り上げた値を返します.
	EXP	e を底とする数値のべき乗を返します.
☆	FACT	数値の階乗を返します.
☆	FACTDOUBLE	数値の二重階乗を返します.
☆	FLOOR.MATH	← FLOOR : 指定された基準値の倍数のうち, 最も近い値に数値を切り捨てます.
☆	FLOOR.PRECISE	指定された基準値の倍数のうち, 最も近い値に数値を切り捨てます. 数値は正負に関係なく切り捨てられます.
☆	GCD	最大公約数を返します.
	INT	指定された数値を最も近い整数に切り捨てます.
☆	ISO.CEILING	最も近い整数に切り上げた値, または, 指定された基準値の倍数のうち最も近い値を返します.
☆	LCM	最小公倍数を返します.
○	LET	計算結果に名前を割り当てることにより, 中間計算, 値, 定義名などを数式内に格納できます.
☆	LN	数値の自然対数を返します.
☆	LOG	指定された数を底とする数値の対数を返します.
☆	LOG10	10 を底とする数値の対数(常用対数)を返します.
☆	MDETERM	配列の行列式を返します.
☆	MINVERSE	行列の逆行列を返します.
☆	MMULT	2つの配列の行列積を返します.
	MOD	数値を除算したときの剰余を返します.
☆	MROUND	指定された値の倍数になるように, 数値を切り上げまたは切り捨てます.
☆	MULTINOMIAL	指定された複数の数値の多項係数を返します.
☆	MUNIT	指定された次元の単位行列を返します.
☆	ODD	指定された数値を最も近い奇数に切り上げた値を返します.
☆	PI	円周率 π を返します.
☆	POWER	数値のべき乗を返します.
☆	PRODUCT	引数リストの積を返します.
☆	QUOTIENT	除算の商の整数部を返します.
☆	RADIANS	度をラジアンに変換します.

	RAND	0以上1未満の乱数を返します.
○ ☆	RANDARRAY	0から1までのランダムな数値の配列を返します. ただし, 入力する行と列の数, 最小値と最大値, および整数または10進数の値を返すかどうかを指定できます.
☆	RANDBETWEEN	指定された範囲内の整数の乱数を返します.
☆	ROMAN	アラビア数字を, ローマ数字を表す文字列に変換します.
☆	ROUND	数値を四捨五入して指定された桁数にします.
☆	ROUNDDOWN	数値を指定された桁数で切り捨てます.
☆	ROUNDUP	数値を指定された桁数に切り上げます.
☆	SEC	角度の正割を返します.
☆	SECH	角度の双曲線正割を返します.
☆	SERIESSUM	数式で定義されるべき級数を返します.
○ ☆	SEQUENCE	1, 2, 3, 4など, 配列内の連続した数値の一覧を生成します.
	SIGN	数値の正負を調べます.
	SIN	指定された角度のサインを返します.
☆	SINH	数値の双曲線正弦(ハイパーボリック サイン)を返します.
	SQRT	正の平方根を返します.
☆	SQRTPI	(数値*π)の平方根を返します.
☆	SUBTOTAL	リストまたはデータベースの集計値を返します.
☆	SUM	引数を合計します.
☆	SUMIF	指定された検索条件に一致するセルの値を合計します.
☆	SUMIFS	指定した複数の条件を満たすセルの値を合計します.
☆	SUMPRODUCT	指定された配列で対応する要素の積を合計します.
☆	SUMSQ	引数の2乗の和(平方和)を返します.
☆	SUMX2MY2	2つの配列で対応する配列要素の平方差を合計します.
☆	SUMX2PY2	2つの配列で対応する配列要素の平方和を合計します.
☆	SUMXMY2	2つの配列で対応する配列要素の差を2乗して合計します.
	TAN	指定された角度のタンジェントを返します.
☆	TANH	数値の双曲線正接(ハイパーボリックタンジェント)を返します.
	TRUNC	数値の小数部を切り捨てて, 整数または指定された桁数にします.

■統計関数

☆	AVEDEV	データ全体の平均値に対するそれぞれのデータの絶対偏差の平均を返します.
☆	AVERAGE	引数の平均値を返します.
	AVERAGEA	数値, 文字列, および論理値を含む引数の平均値を返します.
☆	AVERAGEIF	範囲内の検索条件に一致するすべてのセルの平均値(算術平均)を返します.
☆	AVERAGEIFS	複数の検索条件に一致するすべてのセルの平均値(算術平均)を返します.
☆	BETA.DIST	← BETADIST : β分布の分布関数の値を返します.
☆	BETA.INV	← BETAINV : β分布の分布関数の逆関数の値を返します.
☆	BINOM.DIST	← BINOMDIST : 二項分布の確率関数の値を返します.
☆	BINOM.DIST.RANGE	二項分布を使用した試行結果の確率を返します.
☆	BINOM.INV	← CRITBINOM : 累積二項分布の値が基準値以上になるような最小の値を返します.
☆	CHISQ.DIST	カイ2乗分布の左側確率の値を返します.
☆	CHISQ.DIST.RT	← CHIDIST : カイ2乗分布の片側確率の値を返します.
☆	CHISQ.INV	カイ2乗分布の左側確率の逆関数の値を返します.
☆	CHISQ.INV.RT	← CHIINV : カイ2乗分布の片側確率の逆関数の値を返します.

☆ CHISQ.TEST		← CHITEST : カイ2乗（χ^2）検定を行います.
☆ CONFIDENCE.NORM		← CONFIDENCE : 母集団に対する信頼区間を返します.
☆ CONFIDENCE.T		スチューデントのt分布を使用して, 母集団に対する信頼区間を返します.
☆ CORREL		2つの配列データの相関係数を返します.
☆ COUNT		引数リストの各項目に含まれる数値の個数を返します.
☆ COUNTA		引数リストの各項目に含まれるデータの個数を返します.
☆ COUNTBLANK		指定された範囲に含まれる空白セルの個数を返します.
☆ COUNTIF		指定された範囲に含まれるセルのうち, 検索条件に一致するセルの個数を返します.
☆ COUNTIFS		指定された範囲に含まれるセルのうち, 複数の検索条件に一致するセルの個数を返します.
☆ COVARIANCE.P		← COVAR : 共分散を返します. 　（共分散とは, 2組の対応するデータ間での標準偏差の積の平均値です.）
☆ COVARIANCE.S		標本の共分散を返します.
☆ DEVSQ		標本の平均値に対する各データの偏差の平方和を返します.
☆ EXPON.DIST		← EXPONDIST : 指数分布関数を返します.
☆ F.DIST		F分布の確率関数の値を返します.
☆ F.DIST.RT		← FDIST : F分布の確率関数の値を返します.
☆ F.INV		F分布の確率関数の逆関数値を返します.
☆ F.INV.RT		← FINV : F分布の確率関数の逆関数の値を返します.
☆ F.TEST		← FTEST : F検定の結果を返します.
☆ FISHER		フィッシャー変換の値を返します.
☆ FISHERINV		フィッシャー変換の逆関数値を返します.
○ ☆ FORECAST.ETS		指数平滑化(ETS)アルゴリズムの AAA バージョンを使って, 既存の(履歴)値に基づき将来価値を返します.
○ ☆ FORECAST.ETS.CONFINT		特定の目標日の予測値について信頼区間を返します.
○ ☆ FORECAST.ETS.SEASONALITY		指定された時系列に見られる反復パターンの長さを返します.
○ ☆ FORECAST.ETS.STAT		時系列予測の結果として統計値を返します.
○ ☆ FORECAST.LINEAR		← FORECAST : 既存の値に基づいて, 将来価値を返します.
☆ FREQUENCY		頻度分布を縦方向の数値の配列として返します.
☆ GAMMA		ガンマ関数値を返します.
☆ GAMMA.DIST		← GAMMADIST : ガンマ分布関数の値を返します.
☆ GAMMA.INV		← GAMMAINV : ガンマ分布の累積分布関数の逆関数の値を返します.
☆ GAMMALN		ガンマ関数 $\Gamma(x)$ の値の自然対数を返します.
☆ GAMMALN.PRECISE		ガンマ関数 $\Gamma(x)$ の値の自然対数を返します.
☆ GAUSS		標準正規分布の累積分布関数より0.5小さい値を返します.
☆ GEOMEAN		相乗平均を返します.
☆ GROWTH		指数曲線から予測される値を返します.
☆ HARMEAN		調和平均を返します.
☆ HYPGEOM.DIST		← HYPGEOMDIST : 超幾何分布関数の値を返します.
☆ INTERCEPT		回帰直線の切片を返します.
☆ KURT		指定されたデータの尖度を返します.
☆ LARGE		指定されたデータの中で k 番目に大きなデータを返します.
☆ LINEST		回帰直線の係数の値を配列で返します.
☆ LOGEST		回帰指数曲線の係数の値を配列で返します.
☆ LOGNORM.DIST		← LOGNORMDIST : 対数正規分布の累積分布関数の値を返します.
☆ LOGNORM.INV		← LOGINV : 対数正規分布の累積分布関数の逆関数の値を返します.
☆ MAX		引数リストに含まれる最大の数値を返します.

	MAXA	数値，文字列，および論理値を含む引数リストから最大の数値を返します．
○ ☆	MAXIFS	条件セットで指定されたセルの中の最大値を返します．
☆	MEDIAN	引数リストに含まれる数値のメジアン(中央値)を返します．
☆	MIN	引数リストに含まれる最小の数値を返します．
	MINA	数値，文字列，および論理値を含む引数リストから最小の数値を返します．
○ ☆	MINIFS	条件セットで指定されたセルの中の最小値を返します．
☆	MODE.MULT	配列またはセル範囲として指定されたデータの中で，最も頻繁に出現する値(最頻値)を縦方向の配列として返します．
☆	MODE.SNGL	← MODE : 最も頻繁に出現する値(最頻値)を返します．
☆	NEGBINOM.DIST	← NEGBINOMDIST : 負の二項分布の確率関数の値を返します．
☆	NORM.DIST	← NORMDIST : 正規分布の累積分布関数の値を返します．
☆	NORM.INV	← NORMINV : 正規分布の累積分布関数の逆関数の値を返します．
☆	NORM.S.DIST	← NORMSDIST : 標準正規分布の累積分布関数の値を返します．
☆	NORM.S.INV	← NORMSINV : 標準正規分布の累積分布関数の逆関数の値を返します．
☆	PEARSON	ピアソンの積率相関係数 r の値を返します．
☆	PERCENTILE.EXC	特定の範囲に含まれるデータの第 k 百分位数に当たる値を返します (k は0より大きく1より小さい値)．
☆	PERCENTILE.INC	← PERCENTILE : 配列のデータの中で，百分位で率に位置する値を返します．
☆	PERCENTRANK.EXC	配列内での値の順位を百分率(0より大きく1より小さい)で表した値を返します．
☆	PERCENTRANK.INC	← PERCENTRANK : 配列内での値の順位を百分率で表した値を返します．
☆	PERMUT	与えられた標本数から指定した個数を選択する場合の順列を返します．
☆	PERMUTATIONA	指定した数の対象から，指定された数だけ(重複あり)抜き取る場合の順列の数を返します．
☆	PHI	標準正規分布の密度関数の値を返します．
☆	POISSON.DIST	← POISSON : ポアソン分布の値を返します．
☆	PROB	指定した範囲に含まれる値が上限と下限との間に収まる確率を返します．
☆	QUARTILE.EXC	0より大きく1より小さい百分位値に基づいて，配列に含まれるデータから四分位数を返します．
☆	QUARTILE.INC	← QUARTILE : 配列に含まれるデータから四分位数を抽出します．
☆	RANK.AVG	数値のリストの中で，指定した数値の序列を返します．
☆	RANK.EQ	← RANK : 数値のリストの中で，指定した数値の序列を返します．複数の数値が同じ順位にある場合は，最上位の順位を返します．
☆	RSQ	ピアソンの積率相関係数の2乗値を返します．
☆	SKEW	分布の歪度を返します．歪度とは，分布の平均値周辺での両側の非対称度を表す値です．
☆	SKEW.P	母集団に基づく分布の歪度を返します．
☆	SLOPE	回帰直線の傾きを返します．
☆	SMALL	指定されたデータの中で，k 番目に小さなデータを返します．
☆	STANDARDIZE	正規化された値を返します．
☆	STDEV.P	← STDEVP : 引数を母集団全体と見なし，母集団の標準偏差を返します．
☆	STDEV.S	← STDEV : 引数を正規母集団の標本と見なし，標本に基づいて母集団の標準偏差の推定値を返します．
	STDEVA	数値，文字列，および論理値を含む引数を正規母集団の標本と見なし，母集団の標準偏差の推定値を返します．
	STDEVPA	数値，文字列，および論理値を含む引数を母集団全体と見なし，母集団の標準偏差を返します．
☆	STEYX	回帰直線上の予測 y 値の標準誤差を返します．
☆	T.DIST	スチューデントの t 分布のパーセンテージ(確率)を返します．
☆	T.DIST.2T	← TDIST : 両側のスチューデントのt分布の値を返します．
☆	T.DIST.RT	← TDIST : 右側のスチューデントのt分布の値を返します．
☆	T.INV	スチューデントの t 分布の t 値を，確率と自由度の関数として返します．

☆ T.INV.2T	← TINV : スチューデントのt分布の両側逆関数の値を返します.
☆ T.TEST	← TTEST : スチューデントのt検定に関連する確率を返します.
☆ TREND	回帰直線による予測値を配列で返します.
☆ TRIMMEAN	データの中間項の平均を返します.
☆ VAR.P	← VARP : 引数を母集団全体と見なし, 母集団の分散(標本分散)を返します.
☆ VAR.S	← VAR : 引数を正規母集団の標本と見なし, 標本に基づいて母集団の分散の 推定値(不偏分散)を返します.
VARA	数値, 文字列, および論理値を含む引数を正規母集団の標本と見なし, 標本に基づいて 母集団の分散の推定値(不偏分散)を返します.
VARPA	数値, 文字列, および論理値を含む引数を母集団全体と見なし, 母集団の分散(標本分散)を 返します.
☆ WEIBULL.DIST	← WEIBULL : ワイブル分布の値を返します.
☆ Z.TEST	← ZTEST : z検定の片側 P 値を返します.

■文字列関数

☆ ASC	全角(2バイト)の英数カナ文字を半角(1バイト)の文字に変換します.
○ ☆ ARRAYTOTEXT	指定した範囲のテキスト値の配列を返します.
☆ BAHTTEXT	数値を四捨五入し, バーツ通貨書式を設定した文字列に変換します.
CHAR	数値で指定された文字を返します.
☆ CLEAN	文字列から印刷できない文字を削除します.
CODE	テキスト文字列内の先頭文字の数値コードを返します.
☆ CONCAT	← CONCATENATE : 複数の範囲や文字列からのテキストを結合しますが, 区切り記号または IgnoreEmpty 引数は提供しません.
☆ DBCS	文字列内の半角(1バイト)の英数カナ文字を全角(2バイト)の文字に変換します.
☆ DOLLAR	数値を四捨五入し, ドル($)通貨書式を設定した文字列に変換します.
EXACT	2つの文字列が等しいかどうかを判定します.
☆ FIND	指定された文字列を他の文字列の中で検索します. 大文字と小文字は区別されます.
☆ FINDB	FIND 関数と同じですが, 結果をバイト数で返します.
☆ FIXED	数値を四捨五入し, 書式設定した文字列に変換します.
LEFT	文字列の先頭(左端)から指定された文字数の文字を返します.
LEFTB	LEFT 関数と同じですが, 結果をバイト数で返します.
LEN	文字列に含まれる文字数を返します.
LENB	LEN 関数と同じですが, 結果をバイト数で返します.
LOWER	文字列に含まれる英字をすべて小文字に変換します.
MID	文字列の任意の位置から指定された文字数の文字を返します.
MIDB	MID 関数と同じですが, 結果をバイト数で返します.
☆ NUMBERVALUE	文字列をロケールに依存しない方法で数値に変換します.
☆ PHONETIC	文字列からふりがなを抽出します.
☆ PROPER	文字列に含まれる英単語の先頭文字だけを大文字に変換します.
☆ REPLACE	文字列中の指定された数の文字を他の文字に置き換えます.
☆ REPLACEB	REPLACE 関数と同じですが, 結果をバイト数で返します.
☆ REPT	文字列を指定された回数だけ繰り返して表示します.
RIGHT	文字列の末尾(右端)から指定された文字数の文字を返します.
RIGHTB	RIGHT 関数と同じですが, 結果をバイト数で返します.
☆ SEARCH	指定された文字列を他の文字列の中で検索します. 大文字と小文字は区別されません.
☆ SEARCHB	SEARCH 関数と同じですが, 結果をバイト数で返します.

	☆	SUBSTITUTE	文字列中の指定された文字を他の文字に置き換えます.
		T	引数を文字列に変換します.
	☆	TEXT	数値を書式設定した文字列に変換します.
○		TEXTAFTER	指定された文字または文字列の後に発生するテキストを返します.
○		TEXTBEFORE	指定された文字または文字列の前に発生するテキストを返します.
○	☆	TEXTJOIN	複数の範囲または文字列のテキストを結合します.
○		TEXTSPLIT	列区切り記号と行区切り記号を使用してテキスト文字列を分割します.
	☆	TRIM	文字列から余分なスペースを削除します.
	☆	UNICHAR	指定された数値により参照されるUnicode文字を返します.
	☆	UNICODE	文字列の最初の文字に対応する番号(コードポイント)を返します.
		UPPER	文字列に含まれる英字をすべて大文字に変換します.
		VALUE	文字列を数値に変換して返します.
○	☆	VALUETOTEXT	指定した値からテキストを返します.
	☆	YEN	数値を四捨五入し, 円(¥)通貨書式を設定した文字列に変換します.

■アドインと一緒に インストールされる ユーザー定義関数

インストールしたアドインに関数が含まれている場合, これらのアドイン / オートメーション関数は, [関数の挿入]ダイアログ ボックスの[ユーザー定義]カテゴリに表示されます. ユーザー定義関数(UDF)は, Web版Excelでは使用できません.

CALL	ダイナミック リンク ライブラリ, またはコード リソースで, プロシージャを呼び出します.
EUROCONVERT	数値からユーロ通貨への換算, ユーロ通貨からユーロ通貨使用国の現地通貨への換算, またはユーロ通貨を基にしてユーロ通貨を使用する参加国間の通貨の換算を行います.
REGISTER.ID	あらかじめ登録されている, 指定のダイナミック リンク ライブラリ(DLL), またはコード リソースのレジスタIDを返します.

■Web 関数

Web関数は, Web版Excelでは使用できません.

☆	ENCODEURL	URL形式でエンコードされた文字列を返します.
☆	FILTERXML	指定されたXPathに基づいてXMLコンテンツの特定のデータを返します.
☆	WEBSERVICE	Webサービスからのデータを返します.

■ 参考文献 ■

草薙信照「コンピュータと情報システム [第3版]」，サイエンス社，2022年

草薙信照「情報処理 [第3版] ― Concept & Practice ―」，サイエンス社，2012年

日本規格協会編「JISハンドブック 2011-64 情報基本」，日本規格協会，2011年

蓑谷千凰彦「数理統計ハンドブック」，みみずく舎，2009年

「広辞苑 第六版」，岩波書店，2008年

草薙信照・青山千彰「Excel VBAによるWindowsプログラミング」，サイエンス社，2000年

文化庁「言葉に関する問答集総集編」，大蔵省印刷局，1995年

松本安弘・松本アイリン「技術英文作成ガイド」，北星堂書店，1986年

■ 参考Webサイト ■
（2023年10月時点）

マイクロソフト「Windows 11のご紹介」，https://www.microsoft.com/ja-jp/windows/windows-11

マイクロソフト「Microsoft 365の紹介」，https://www.microsoft.com/ja-JP/microsoft-365

マイクロソフト「Microsoft 365トレーニング」，https://support.microsoft.com/ja-jp/training

国税庁「税について調べる」，https://www.nta.go.jp/taxes/shiraberu/

総務省「e-Gov法令検索」，https://elaws.e-gov.go.jp/

総務省「情報通信統計データベース」，https://www.soumu.go.jp/johotsusintokei/

総務省「情報通信白書」，https://www.soumu.go.jp/johotsusintokei/whitepaper/

独立行政法人 統計センター「e-Stat 政府統計の総合窓口」，https://www.e-stat.go.jp/

一般社団法人 日本自動車工業会 JAMA ホームページ，https://www.jama.or.jp/

一般社団法人 日本百貨店協会 JDSA ホームページ，https://www.depart.or.jp/

一般社団法人 日本フランチャイズチェーン協会 JFA ホームページ，https://www.jfa-fc.or.jp/

一般社団法人 電子情報技術産業協会 JEITA ホームページ，https://www.jeita.or.jp/japanese/

インセプト「IT用語辞典 e-Words」，https://e-words.jp/

文科系のためのコンピュータ リテラシ
[第8版]

索 引

著者略歴

草薙 信照（くさなぎ のぶてる）
　1983 年　　大阪大学大学院工学研究科　修士課程修了
　現在　　　大阪経済大学情報社会学部　教授，工学修士
　E-Mail　kusanagi@osaka-ue.ac.jp

植松 康祐（うえまつ こうゆう）
　1986 年　　大阪大学大学院工学研究科　博士課程単位取得退学
　現在　　　大阪国際大学　教授，博士（工学）
　E-Mail　uematsu@ef.oiu.ac.jp

Information & Computing ex.-49

文科系のための
コンピュータ リテラシ [第 8 版]
−Microsoft Office による−

1997 年 4 月 25 日©	初　版　発　行	
2001 年 1 月 25 日©	第 2 版　発　行	
2004 年 12 月 25 日©	第 3 版　発　行	
2008 年 1 月 25 日©	第 4 版　発　行	
2011 年 1 月 25 日©	第 5 版　発　行	
2014 年 12 月 25 日©	第 6 版　発　行	
2019 年 2 月 10 日©	第 7 版　発　行	
2023 年 12 月 25 日©	第 8 版　発　行	

著　者　草薙信照　　　　　発行者　森平敏孝
　　　　植松康祐　　　　　印刷者　篠倉奈緒美
　　　　　　　　　　　　　製本者　小西惠介

発行所　　株式会社　サイエンス社
〒 151–0051　東京都渋谷区千駄ヶ谷 1 丁目 3 番 25 号
営業 ☎ (03) 5474–8500 （代）　　振替 00170–7–2387
編集 ☎ (03) 5474–8600 （代）
FAX ☎ (03) 5474–8900

印刷　（株）ディグ　　製本　（株）ブックアート
《検印省略》

ISBN978–4–7819–1594–4

PRINTED IN JAPAN

サイエンス社のホームページのご案内
https://www.saiensu.co.jp
ご意見・ご要望は
rikei@saiensu.co.jp　まで．